MANUEL

DES

MATIÈRES D'OR ET D'ARGENT

COMPTES FAITS EN GRAMMES ET DÉCIGRAMMES

A L'USAGE

DES

ORFÈVRES, JOAILLIERS, BIJOUTIERS, HORLOGERS,

ET GÉNÉRALEMENT

De toutes les personnes qui achètent et vendent des Matières d'Or et d'Argent,

PAR

VICTOR AMAIL

Essayeur du Commerce

PRIX : **5** FRANCS.

PARIS

CHEZ L'AUTEUR, RUE SAINT-MARTIN, 186.

1860

MAISON AMAIL

POUR LES ESSAIS DES MATIÈRES D'OR ET D'ARGENT, ET ANALYSE
DES MÉTAUX ET DES MINERAIS.

186, Rue Saint-Martin, 186

MONSIEUR,

J'ai l'honneur d'appeler votre attention sur deux Brochures que je publie aujourd'hui, comme auteur, et qui, bien que distinctes, traitent l'une et l'autre des matières d'or et d'argent.

Pendant plusieurs années, je me suis occupé de la fabrication du bijou d'or et d'argent, et depuis 15 ans j'exerce la profession d'Essayeur. Mon expérience m'a donc permis d'entreprendre et de mener à bonne fin ce travail, qui est exact, et assez étendu pour que l'on puisse bien comprendre toutes les opérations que je décris dans ces deux ouvrages. J'oserai même affirmer que tout ce qui a été publié jusqu'à ce jour sur ce sujet est bien inférieur, comme renseignements précis et utiles, à ce que j'offre en ce moment au commerce des matières d'or et d'argent.

Mes ouvrages sont destinés spécialement aux personnes qui s'occupent de cette industrie, et si mon travail est accueilli favorablement, ce sera la récompense la plus flatteuse des soins qu'il m'a coûtés.

La première brochure traite des alliages d'or et d'argent, et se divise en trois parties:

La PREMIÈRE PARTIE se compose de tableaux de chiffres qui indiquent très-exactement la manière de faire les alliages d'or et d'argent à des titres commençant, pour l'or, par le 775, 760, 755, 750, 745, 740, 735, 730, 725, 700 et plus bas.

On pourra rehausser ou descendre de 2 et 3 millièmes les titres ci-dessus.

Pour l'argent, en commençant par le 950, 925, 900, 875, 850, 825, 800, 775, 750, 725, 700 et plus bas.

On pourra rehausser ou descendre de 5 et 10 millièmes les titres ci-dessus.

La DEUXIÈME PARTIE se compose : 1° des alliages pour faire les ors de couleur et toutes les soudures d'or et d'argent, de la plus forte à la plus faible ;

2° Du procédé pour la mise en couleur du bijou d'or, et pour précipiter et fondre le résidu des eaux de couleur.

La TROISIÈME PARTIE contient un Traité très-étendu sur la fonte des matières d'or et d'argent, et des procédés pour fondre l'or neuf avec son alliage et l'obtenir bien doux, ainsi que l'argent ; pour fondre les limailles, pour les affiner lorsqu'on désire les employer ; pour fondre les poncés, lavure de mains, cornue de cendres, le gros, le menu gros et toute espèce de déchet contenant de l'or et de l'argent.

Donc, pour les personnes qui s'occupent d'un commerce quelconque ayant rapport aux matières d'or et d'argent, et qui n'ont pas l'habitude de fondre elles-mêmes les vieilles matières qu'elles échangent ou achètent, cet ouvrage sera d'un avantage précieux, car il leur permettra de faire avec succès cette opération, en leur donnant tous les détails, mêmes les plus minimes, pour bien opérer, ainsi que la nomenclature de tous les ustensiles qui leur sont nécessaires et qu'ils doivent se procurer.

Enfin, j'offre aux personnes qui le désireraient, de leur fournir le matériel complet nécessaire pour fondre.

Ce premier ouvrage est vendu au prix de 4 fr. 50 c. (C.)

Mon second ouvrage contient le Manuel des comptes faits, pour la vente et l'achat des matières d'or et d'argent, par kilogramme, gramme et décigramme.

La PREMIÈRE PARTIE se compose de tableaux de chiffres qui indiquent très-exactement le prix du gramme d'or à partir de 1 centime le gramme jusqu'à 3 fr. 50 c., en augmentant de centime par centime, et en commençant depuis 1 gramme jusqu'à 1,000 grammes, et même jusqu'à 5 kilogrammes. — Au-dessous de chaque tableau se trouve le prix du décigramme à partir du 1/2 décigramme.

D'autres tableaux indiquent le prix de l'argent depuis 1 jusqu'à 16 centimes le gramme, soit 160 fr. le kilo. A partir de ce prix, le kilo va en augmentant de 1 fr. par kilo jusqu'à 230 fr. le kilo, toujours divisé en gramme.

La SECONDE PARTIE contient la description la plus simple et la plus facile à comprendre, de la méthode à suivre pour se rendre compte de la valeur d'un lingot que l'on veut vendre d'après l'essai, et contenant de l'or et de l'argent.

Des tableaux indiquent le prix des millièmes de fin contenus dans le lingot, et par une simple multiplication, l'on obtient la valeur réelle de ce lingot, quel qu'en soit le titre. Enfin, un exemple indique la manière d'opérer.

La TROISIÈME PARTIE comprend les prix variés des droits d'affinage, un abrégé des titres et valeurs des monnaies françaises et étrangères, de celles ayant le plus cours en France, et des renseignements sur les poinçons et le droit de contrôle.

Au moyen de cet ouvrage, il n'est plus possible de commettre aucune erreur dans les comptes que l'on est obligé de faire à la plume, et qui souvent sont aussi préjudiciables à ceux qui vendent qu'à ceux qui achètent.

Le prix du second ouvrage est de 5 fr.

Je publie également en ce moment :

Des tableaux collés sur carton donnant les comptes faits pour l'or et l'argent contrôlés et non contrôlés, aux divers prix les plus usités dans le commerce, en commençant par le gramme, jusqu'à 1,000 grammes et plus, avec les fractions du décigramme et 1/2 décigramme.

Prix et Composition des Tableaux.

OR à 750 millièmes contrôlé : 2 fr. 88 c., 2 fr. 89 c.,
2 fr. 90 c., 2 fr. 91 c.
OR non contrôlé : 2 fr. 60 c., 2 fr. 62 c., 2 fr. 63 c.,
2 fr. 65 c. } double face.. 1 f. 25 c.

Pour l'OR contrôlé, la répétition des prix séparés en
quatre tableaux.
Pour l'OR non contrôlé, un seul prix, 2 fr. 65 c. } simple face.. » 75

Pour l'argent, les comptes sont faits par le prix du kilo divisé en grammes.

ARGENT à 950 millièmes, 1er titre, contrôlé, 226 fr.,
226 fr. 50 c., 227 fr., (216 fr. 900 millièmes).
ARGENT à 950 millièmes, non contrôlé, 214 fr., 214 fr.
50 c., 215 fr., (204 fr. 900 millièmes). } double face.. 1 25

Tableau pour l'argent, comptes faits par grammes.

Contrôlé et non contrôlé, 19 c., 20 c., 21 c., 22 c. . simple face. , 1 »

Pour le non contrôlé, le 19 sert pour le 20, le 20 pour le 21, le 21 pour le 22.

Ces tableaux sont de nature à pouvoir être placés sur un bureau sans embarrasser, et les chiffres sont d'un caractère assez gros pour permettre de lire immédiatement le prix dont on a besoin.

On trouvera également toujours chez moi, l'acide à toucher, des flacons, pierres de touche et toucheaux pour l'or et l'argent.

Enfin, Monsieur, je terminerai cette circulaire en vous renouvelant l'offre de mes services pour les essais des matières d'or et d'argent, essais de cendres, bains de dorure et argenture, et analyse des métaux et minerais. Ces travaux seront toujours faits comme par le passé, avec la plus grande exactitude et la plus grande précision, dans votre intérêt et avec la pensée de me montrer digne de la confiance que vous voudrez bien m'accorder.

J'ai l'honneur, Monsieur, de vous saluer avec respect.

MANUEL

MATIÈRES D'OR ET D'ARGENT

Les exemplaires voulus par la loi ont été déposés à la direction de l'imprimerie.

Les exemplaires non revêtus de ma signature seront réputés contrefaits, et tout contrefacteur ou débitant de contrefaçons de cet ouvrage sera poursuivi suivant la rigueur des lois.

Victor Amail

MANUEL

DES

MATIÈRES D'OR ET D'ARGENT

COMPTES FAITS EN GRAMMES ET DÉCIGRAMMES

A L'USAGE

DES

ORFÈVRES, JOAILLIERS, BIJOUTIERS, HORLOGERS,

ET GÉNÉRALEMENT

De toutes les personnes qui achètent et vendent des Matières d'Or et d'Argent,

PAR

VICTOR AMAIL

Essayeur du Commerce

PRIX : **5** FRANCS.

PARIS

CHEZ L'AUTEUR, RUE SAINT-MARTIN, 186.

1860

IMPRIMERIE MICHELS-CARRÉ, PASSÁGE DU CAIRE, 8 ET 10.

INTRODUCTION

Depuis longtemps le commerce du bijou d'or et d'argent éprouvait le besoin d'un nouveau travail offrant des comptes faits par kilos, grammes et décigrammes, sans concordance avec les anciens poids, dont on ne parle plus, et qui put donner tous les résultats désirables.

Lors de la réformation des anciens poids, plusieurs ouvrages, qui donnaient le prix des marcs, onces et gros, concordant avec les nouveaux poids, kilos, grammes et décigrammes, ont été publiés. Ils pouvaient être bons alors; je ne conteste pas leur mérite; mais aujourd'hui, et depuis que l'on a entièrement cessé de compter avec les anciens prix du marc pour l'or et l'argent, ces livres, qui ne sont plus en rapport avec le nouveau système, ne suffisent plus aux besoins et ne peuvent être utiles dans les variétés de prix auxquelles donnent lieu l'emploi des kilos, grammes et décigrammes pour les bijoux d'or et d'argent.

Le travail méthodique qui forme l'objet de ce recueil a été conçu pour remplacer les livres dont nous venons de parler. Il est spécialement destiné aux vendeurs et acheteurs en détail, et à toutes les personnes qui font commerce des matières d'or et d'argent.

Des tableaux de chiffres indiquent le résultat du prix dont on a besoin. Pour l'or, on trouve en tête de chaque tableau le prix du gramme et des 100 grammes. Au-dessous de ces mêmes tableaux est placé le prix du décigramme.

La même opération a lieu pour l'argent, si ce n'est qu'en tête des tableaux le prix des 100 grammes et du kilo est divisé en grammes.

1re Opération du prix de l'Or.

1re de 1 centime le gramme à 1 fr. » c. augmentant de centime à centime.

2me de 1 fr. » c. le gramme à 2 fr. 45 c. augmentant de 5 cent. à 5 cent.

3me de 2 fr. 45 c. le gramme à 3 fr. » c. augmentant de 1 cent. à 1 cent.

4me de 3 fr. » c. le gramme à 3 fr. 40 c. augmentant de 5 cent. à 5 cent.

5me de 3 fr. 40 c. le gramme à 3 fr. 50 c. augmentant de 1 cent. à 1 cent.

J'ai été obligé de varier les opérations de prix, afin de rester dans les limites usitées dans le commerce pour les achats et les ventes.

1ᵉ Opération du prix de l'Argent.

De 1 centime le gramme à 16 centimes, augmentant de 1 centime à 1 centime, ce qui donne, par kilo, une variation de prix de 10 francs.

Ainsi de l'argent à 10 cent. le gramme met à 100 fr. le kilo.

— à 11 cent. le gramme met à 110 fr. le kilo.

En continuant sur cette base, je ne satisferais pas aux besoins que l'on a de trouver des prix plus rapprochés; je vais donc faire une différence de 1 fr. de kilo à kilo.

2ᵐᵉ Opération.

Ainsi de l'argent à 16 cent. le gramme met à 160 fr. le kilo, de 150 fr. le kilo à 230 fr., augmentant de 1 fr. à 1 fr.

OBSERVATION DONT IL FAUT TENIR COMPTE.

Lorsque l'on voudra trouver le prix juste du gramme à 20, 21, 22 cent., il faudra lire en tête des tableaux : argent à 20 fr. les 100 grammes, sans fraction de centime ; car c'est toujours par le prix juste des 100 grammes que l'on obtient celui du gramme.

Sans cette remarque, il serait facile de se tromper; car dans l'argent à 196 fr. le kilo jusqu'à 206 fr., le prix du gramme se répète 9 fois à 20 cent. Il en est de même pour les autres prix.

Cet ouvrage renferme également :

Des tableaux de conversion des anciens poids en nouveaux, et vice-versa ;

Un abrégé pour la valeur et le titre des monnaies ;

Les prix variés des droits d'affinage ;

L'opération pour trouver la valeur d'un lingot d'après le titre de l'essai.

On a pu apprécier, d'après ce rapide aperçu, que rien n'a été négligé pour rendre cet ouvrage aussi complet que possible. Les nombreux calculs qui s'y trouvent ont été faits avec le plus grand soin, et ils ont été soumis à des vérifications successives qui m'autorisent à en garantir la rigoureuse exactitude. Si ce livre épargne à ceux qui en useront des recherches souvent longues et difficiles, qui absorbent beaucoup de temps et entraînent quelquefois à des erreurs préjudiciables; s'il est accueilli favorablement par le commerce auquel il est destiné, ce sera la récompense la plus flatteuse de tous les soins qu'il m'a coûtés.

NOTIONS
SUR LE SYSTÈME DES POIDS ET DE LEURS DIVISIONS.

Division du kilo en grammes, décigrammes et centigrammes.

Le kilo représente mille grammes et se divise ainsi :

1 poids de 500 grammes.	500 gr.
1 — de 200 —	200
2 — de 100 —	200
1 — de 50 —	50
1 — de 20 —	20
2 — de 10 —	20
1 — de 5 —	5
2 — de 2 —	4
1 — de 1 —	1
Total.	1000 gr.

Le gramme représente dix décigrammes et se divise ainsi :

1 poids de 5 décigrammes. . . .	5 décig.
2 — de 2 —	4
1 — de 1 —	1
Total.	10 décig.

Le décigramme représente dix centigrammes et se divise ainsi :

1 poids de 5 centigrammes. . .	5 centig.
2 — de 2 —	4
1 — de 1 —	1
Total.	10 centig.

Cette dénomination est celle dont l'on se sert généralement pour le commerce des matières d'or et d'argent.

Avant l'usage des poids décimaux, l'on comptait par livres, marcs, onces, gros, 1/2 gros, deniers, grains, primes.

La livre était de 16 onces ou 2 marcs.
Le marc — de 8 onces.
L'once — de 8 gros.
Le gros — de 72 grains ou 3 deniers.
Le 1/2 gros — de 36 grains ou 1 denier 12 grains.
Le denier — de 24 grains.
Le grain — de 24 primes.

Bien que l'usage de ces poids soit formellement interdit, il arrive quelquefois que MM. les Fabricants Orfèvres-Bijoutiers reçoivent de la province ou de l'étranger des demandes formulées dans les termes dont on se servait anciennement, et qu'ils sont obligés d'en opérer la conversion en poids décimaux. J'ai pensé qu'il leur serait agréable de trouver des comptes faits.

Les tableaux qui suivent leur donneront une économie de temps en les dispensant de tout calcul.

TABLEAU de conversion des grains, 1/2 gros, gros, onces et marcs,

En grammes du poids décimal.

POIDS de marcs.	POIDS DÉCIMAUX. (gram. centig.)	POIDS de marcs.	POIDS DÉCIMAUX. (gram. centig.)	POIDS de marcs.	POIDS DÉCIMAUX. (gram. centig.)
grains 1	0 5	grains 25	1 32	onces 6	183 56
— 2	0 10	— 26	1 38	— 7	214 15
— 3	0 15	— 27	1 43	marcs 1	244 75
— 4	0 21	— 28	1 48	— 2	489 50
— 5	0 26	— 29	1 54	— 3	734 25
— 6	0 31	— 30	1 59	— 4	979 01
— 7	0 37	— 31	1 64	— 5	1223 76
— 8	0 42	— 32	1 69	— 6	1468 51
— 9	0 47	— 33	1 75	— 7	1713 26
— 10	0 53	— 34	1 80	— 8	1958 02
— 11	0 58	— 35	1 85	— 9	2202 77
— 12	0 63	1/2 gros 1/2	1 91	— 10	2447 52
— 13	0 69	gros 1	3 82	— 11	2692 27
— 14	0 74	— 2	7 64	— 12	2937 03
— 15	0 79	— 3	11 47	— 13	3181 78
— 16	0 85	— 4	15 29	— 14	3426 54
— 17	0 90	— 5	19 12	— 15	3671 29
— 18	0 95	— 6	22 94	— 16	3916 04
— 19	1 00	— 7	26 76	— 17	4160 80
— 20	1 06	onces 1	30 59	— 18	4405 55
— 21	1 11	— 2	61 18	— 19	4650 30
— 22	1 16	— 3	91 78	— 20	4895 04
— 23	1 22	— 4	122 37	— 21	5139 79
— 24	1 27	— 5	152 97	— 22	5384 54

Usage de ce Tableau.

On veut savoir combien 8 marcs 3 onces 5 gros 1/2 12 grains font en grammes. Il faut chercher successivement dans la colonne du poids de marcs, les nombres 8 marcs 3 onces, etc., en regard desquels vous trouverez comme ci-dessous :

	grammes.	centigrammes.
8 marcs.	1958	02
3 onces.	91	78
5 gros.	19	12
1/2 gros.	1	91
12 grains.	0	63
Faites l'addition. — Total	2071	46

Le résultat vous donne la conversion demandée, c'est-à-dire, 2 kilos 71 grammes 46 centigrammes. On opère de même pour tous les nombres.

TABLEAU de conversion des poids décimaux

En poids de marcs.

POIDS décimaux.	marcs.	onces.	gros.	1/2 gros.	grains.	dixièmes.
centig. 5	»	»	»	»	»	9 1/2
— 10	»	»	»	»	1	9
— 20	»	»	»	»	3	7 1/2
— 30	»	»	»	»	5	6 1/2
— 40	»	»	»	»	7	5
— 50	»	»	»	»	9	4
— 60	»	»	»	»	11	3
— 70	»	»	»	»	13	1 1/2
— 80	»	»	»	»	15	0 1/2
— 90	»	»	»	»	16	9 1/2
gram. 1	»	»	»	»	18	8
— 2	»	»	»	1/2	1	6
— 3	»	»	»	1/2	20	5
— 4	»	»	1	»	3	3
— 5	»	»	1	»	22	1
— 6	»	»	1	1/2	5	0
— 7	»	»	1	1/2	23	8
— 8	»	»	2	»	6	6
— 9	»	»	2	»	25	4

POIDS décimaux.	marcs.	onces.	gros.	1/2 gros.	grains.	dixièmes.
gram. 10	»	»	2	1/2	8	3
— 20	»	»	5	»	16	5
— 30	»	»	7	1/2	24	8
— 40	»	1	2	»	33	1
— 50	»	1	5	»	5	4
— 60	»	1	7	1/2	13	6
— 70	»	2	2	»	21	9
— 80	»	2	4	1/2	30	2
— 90	»	2	7	1/2	2	4
— 100	»	3	2	»	10	7
— 200	»	6	4	»	21	4
— 300	1	1	6	»	32	1
— 400	1	5	»	1/2	6	9
— 500	2	»	2	1/2	17	6
— 600	2	3	4	1/2	28	3
— 700	2	6	7	»	3	0
— 800	3	2	1	»	13	7
— 900	3	5	3	»	24	4
kilos 1	4	»	5	»	35	1

POIDS décimaux.	marcs.	onces.	gros.	1/2 gros.	grains.	dixièmes.
kilos 2	8	1	2	1/2	34	3
— 3	12	2	»	»	33	4
— 4	16	2	5	1/2	32	6
— 5	20	3	3	»	31	7
— 6	24	4	»	1/2	30	9
— 7	28	4	6	»	30	0
— 8	32	5	3	1/2	29	2
— 9	36	6	1	»	28	3
— 10	40	6	6	1/2	27	4
— 11	44	7	4	»	26	6
— 12	49	»	1	1/2	25	8
— 13	53	»	7	»	24	9
— 14	57	1	4	1/2	24	1
— 15	61	2	2	»	23	2
— 16	65	2	7	1/2	22	4
— 17	69	3	5	»	21	5
— 18	73	4	2	1/2	20	7
— 19	77	5	»	»	19	8
— 20	81	5	5	1/2	19	0

Usage de ce Tableau.

On veut savoir combien 8 kilos 125 grammes 35 centigrammes font en poids de marcs. Il faut chercher successivement dans la colonne du poids des kilos et grammes, les nombres 8 kilos 100 grammes, etc., en regard desquels vous trouverez comme ci-dessous :

	marcs.	onces.	gros.	1/2 gros.	grains.	dixièmes.
8 kilos.	32	5	3	1/2	29	2
100 grammes.	»	3	2	»	10	7
20 grammes.	»	»	5	»	16	5
5 grammes.	»	»	1	»	22	1
30 centigrammes	»	»	»	»	5	6 1/2
5 centigrammes	»	»	»	»	»	9 1/2
Faites l'addition. — Total. . .	33	1	4	1/2	13	1

Le résultat vous donne la conversion demandée, c'est-à-dire, 33 marcs 1 once 4 gros 1/2 13 grains 1 dixième. On opère de même pour tous les nombres.

TABLE.

Or à 1 centime le gramme.
1 franc les 100 grammes.

gram.	fr.	c.	gram.	fr.	c.	gram.	fr.	c.
1	0	1	39	0	39	77	0	77
2	0	2	40	0	40	78	0	78
3	0	3	41	0	41	79	0	79
4	0	4	42	0	42	80	0	80
5	0	5	43	0	43	81	0	81
6	0	6	44	0	44	82	0	82
7	0	7	45	0	45	83	0	83
8	0	8	46	0	46	84	0	84
9	0	9	47	0	47	85	0	85
10	0	10	48	0	48	86	0	86
11	0	11	49	0	49	87	0	87
12	0	12	50	0	50	88	0	88
13	0	13	51	0	51	89	0	89
14	0	14	52	0	52	90	0	90
15	0	15	53	0	53	91	0	91
16	0	16	54	0	54	92	0	92
17	0	17	55	0	55	93	0	93
18	0	18	56	0	56	94	0	94
19	0	19	57	0	57	95	0	95
20	0	20	58	0	58	96	0	96
21	0	21	59	0	59	97	0	97
22	0	22	60	0	60	98	0	98
23	0	23	61	0	61	99	0	99
24	0	24	62	0	62	100	1	00
25	0	25	63	0	63	200	2	00
26	0	26	64	0	64	300	3	00
27	0	27	65	0	65	400	4	00
28	0	28	66	0	66	500	5	00
29	0	29	67	0	67	600	6	00
30	0	30	68	0	68	700	7	00
31	0	31	69	0	69	800	8	00
32	0	32	70	0	70	900	9	00
33	0	33	71	0	71	1 k.	10	00
34	0	34	72	0	72	2 k.	20	00
35	0	35	73	0	73	3 k.	30	00
36	0	36	74	0	74	4 k.	40	00
37	0	37	75	0	75	5 k.	50	00
38	0	38	76	0	76			

PRODUIT des DÉCIGRAMMES.	décig.	fr.	c.	décig.	fr.	c.
	½	0	0	5	0	0
	1	0	0	6	0	0
	2	0	0	7	0	0
	3	0	0	8	0	0
	4	0	0	9	0	0

Or à 2 centimes le gramme.
2 francs les 100 grammes.

gram.	fr.	c.	gram.	fr.	c.	gram.	fr.	c.
1	0	2	39	0	78	77	1	54
2	0	4	40	0	80	78	1	56
3	0	6	41	0	82	79	1	58
4	0	8	42	0	84	80	1	60
5	0	10	43	0	86	81	1	62
6	0	12	44	0	88	82	1	64
7	0	14	45	0	90	83	1	66
8	0	16	46	0	92	84	1	68
9	0	18	47	0	94	85	1	70
10	0	20	48	0	96	86	1	72
11	0	22	49	0	98	87	1	74
12	0	24	50	1	00	88	1	76
13	0	26	51	1	02	89	1	78
14	0	28	52	1	04	90	1	80
15	0	30	53	1	06	91	1	82
16	0	32	54	1	08	92	1	84
17	0	34	55	1	10	93	1	86
18	0	36	56	1	12	94	1	88
19	0	38	57	1	14	95	1	90
20	0	40	58	1	16	96	1	92
21	0	42	59	1	18	97	1	94
22	0	44	60	1	20	98	1	96
23	0	46	61	1	22	99	1	98
24	0	48	62	1	24	100	2	00
25	0	50	63	1	26	200	4	00
26	0	52	64	1	28	300	6	00
27	0	54	65	1	30	400	8	00
28	0	56	66	1	32	500	10	00
29	0	58	67	1	34	600	12	00
30	0	60	68	1	36	700	14	00
31	0	62	69	1	38	800	16	00
32	0	64	70	1	40	900	18	00
33	0	66	71	1	42	1 k.	20	00
34	0	68	72	1	44	2 k.	40	00
35	0	70	73	1	46	3 k.	60	00
36	0	72	74	1	48	4 k.	80	00
37	0	74	75	1	50	5 k.	100	00
38	0	76	76	1	52			

PRODUIT des DÉCIGRAMMES.	décig.	fr.	c.	décig.	fr.	c.
	½	0	0	5	0	1
	1	0	0	6	0	1
	2	0	0	7	0	1
	3	0	0	8	0	1
	4	0	0	9	0	1

Ajoutez le produit des décigrammes, chaque fois qu'il y aura des fractions dans les pesées.

Or à 3 centimes le gramme.
3 francs les 100 grammes.

gram.	fr.	c.	gram.	fr.	c.	gram.	fr.	c.
1	0	3	39	1	17	77	2	31
2	0	6	40	1	20	78	2	34
3	0	9	41	1	23	79	2	37
4	0	12	42	1	26	80	2	40
5	0	15	43	1	29	81	2	43
6	0	18	44	1	32	82	2	46
7	0	21	45	1	35	83	2	49
8	0	24	46	1	38	84	2	52
9	0	27	47	1	41	85	2	55
10	0	30	48	1	44	86	2	58
11	0	33	49	1	47	87	2	61
12	0	36	50	1	50	88	2	64
13	0	39	51	1	53	89	2	67
14	0	42	52	1	56	90	2	70
15	0	45	53	1	59	91	2	73
16	0	48	54	1	62	92	2	76
17	0	51	55	1	65	93	2	79
18	0	54	56	1	68	94	2	82
19	0	57	57	1	71	95	2	85
20	0	60	58	1	74	96	2	88
21	0	63	59	1	77	97	2	91
22	0	66	60	1	80	98	2	94
23	0	69	61	1	83	99	2	97
24	0	72	62	1	86	100	3	00
25	0	75	63	1	89	200	6	00
26	0	78	64	1	92	300	9	00
27	0	81	65	1	95	400	12	00
28	0	84	66	1	98	500	15	00
29	0	87	67	2	01	600	18	00
30	0	90	68	2	04	700	21	00
31	0	93	69	2	07	800	24	00
32	0	96	70	2	10	900	27	00
33	0	99	71	2	13	1 k.	30	00
34	1	02	72	2	16	2 k.	60	00
35	1	05	73	2	19	3 k.	90	00
36	1	08	74	2	22	4 k.	120	00
37	1	11	75	2	25	5 k.	150	00
38	1	14	76	2	28			

PRODUIT des DÉCIGRAMMES.	décig.	fr.	c.	décig.	fr.	c.
	1/2	0	0	5	0	1
	1	0	0	6	0	2
	2	0	0	7	0	2
	3	0	0	8	0	2
	4	0	1	9	0	3

Or à 4 centimes le gramme.
4 francs les 100 grammes.

gram.	fr.	c.	gram.	fr.	c.	gram.	fr.	c.
1	0	4	39	1	56	77	3	08
2	0	8	40	1	60	78	3	12
3	0	12	41	1	64	79	3	16
4	0	16	42	1	68	80	3	20
5	0	20	43	1	72	81	3	24
6	0	24	44	1	76	82	3	28
7	0	28	45	1	80	83	3	32
8	0	32	46	1	84	84	3	36
9	0	36	47	1	88	85	3	40
10	0	40	48	1	92	86	3	44
11	0	44	49	1	96	87	3	48
12	0	48	50	2	00	88	3	52
13	0	52	51	2	04	89	3	56
14	0	56	52	2	08	90	3	60
15	0	60	53	2	12	91	3	64
16	0	64	54	2	16	92	3	68
17	0	68	55	2	20	93	3	72
18	0	72	56	2	24	94	3	76
19	0	76	57	2	28	95	3	80
20	0	80	58	2	32	96	3	84
21	0	84	59	2	36	97	3	88
22	0	88	60	2	40	98	3	92
23	0	92	61	2	44	99	3	96
24	0	96	62	2	48	100	4	00
25	1	00	63	2	52	200	8	00
26	1	04	64	2	56	300	12	00
27	1	08	65	2	60	400	16	00
28	1	12	66	2	64	500	20	00
29	1	16	67	2	68	600	24	00
30	1	20	68	2	72	700	28	00
31	1	24	69	2	76	800	32	00
32	1	28	70	2	80	900	36	00
33	1	32	71	2	84	1 k.	40	00
34	1	36	72	2	88	2 k.	80	00
35	1	40	73	2	92	3 k.	120	00
36	1	44	74	2	96	4 k.	160	00
37	1	48	75	3	00	5 k.	200	00
38	1	52	76	3	04			

PRODUIT des DÉCIGRAMMES.	décig.	fr.	c.	décig.	fr.	c.
	1/2	0	0	5	0	2
	1	0	0	6	0	2
	2	0	1	7	0	3
	3	0	1	8	0	3
	4	0	2	9	0	4

Ajoutez le produit des décigrammes, chaque fois qu'il y aura des fractions dans les pesées.

Or à 5 centimes le gramme.
5 francs les 100 grammes.

gram.	fr.	c.	gram.	fr.	c.	gram.	fr.	c.
1	0	05	39	1	95	77	3	85
2	0	10	40	2	00	78	3	90
3	0	15	41	2	05	79	3	95
4	0	20	42	2	10	80	4	00
5	0	25	43	2	15	81	4	05
6	0	30	44	2	20	82	4	10
7	0	35	45	2	25	83	4	15
8	0	40	46	2	30	84	4	20
9	0	45	47	2	35	85	4	25
10	0	50	48	2	40	86	4	30
11	0	55	49	2	45	87	4	35
12	0	60	50	2	50	88	4	40
13	0	65	51	2	55	89	4	45
14	0	70	52	2	60	90	4	50
15	0	75	53	2	65	91	4	55
16	0	80	54	2	70	92	4	60
17	0	85	55	2	75	93	4	65
18	0	90	56	2	80	94	4	70
19	0	95	57	2	85	95	4	75
20	1	00	58	2	90	96	4	80
21	1	05	59	2	95	97	4	85
22	1	10	60	3	00	98	4	90
23	1	15	61	3	05	99	4	95
24	1	20	62	3	10	100	5	00
25	1	25	63	3	15	200	10	00
26	1	30	64	3	20	300	15	00
27	1	35	65	3	25	400	20	00
28	1	40	66	3	30	500	25	00
29	1	45	67	3	35	600	30	00
30	1	50	68	3	40	700	35	00
31	1	55	69	3	45	800	40	00
32	1	60	70	3	50	900	45	00
33	1	65	71	3	55	1 k.	50	00
34	1	70	72	3	60	2 k.	100	00
35	1	75	73	3	65	3 k.	150	00
36	1	80	74	3	70	4 k.	200	00
37	1	85	75	3	75	5 k.	250	00
38	1	90	76	3	80			

Or à 6 centimes le gramme.
6 francs les 100 grammes.

gram.	fr.	c.	gram.	fr.	c.	gram.	fr.	c.
1	0	06	39	2	34	77	4	62
2	0	12	40	2	40	78	4	68
3	0	18	41	2	46	79	4	74
4	0	24	42	2	52	80	4	80
5	0	30	43	2	58	81	4	86
6	0	36	44	2	64	82	4	92
7	0	42	45	2	70	83	4	98
8	0	48	46	2	76	84	5	04
9	0	54	47	2	82	85	5	10
10	0	60	48	2	88	86	5	16
11	0	66	49	2	94	87	5	22
12	0	72	50	3	00	88	5	28
13	0	78	51	3	06	89	5	34
14	0	84	52	3	12	90	5	40
15	0	90	53	3	18	91	5	46
16	0	96	54	3	24	92	5	52
17	1	02	55	3	30	93	5	58
18	1	08	56	3	36	94	5	64
19	1	14	57	3	42	95	5	70
20	1	20	58	3	48	96	5	76
21	1	26	59	3	54	97	5	82
22	1	32	60	3	60	98	5	88
23	1	38	61	3	66	99	5	94
24	1	44	62	3	72	100	6	00
25	1	50	63	3	78	200	12	00
26	1	56	64	3	84	300	18	00
27	1	62	65	3	90	400	24	00
28	1	68	66	3	96	500	30	00
29	1	74	67	4	02	600	36	00
30	1	80	68	4	08	700	42	00
31	1	86	69	4	14	800	48	00
32	1	92	70	4	20	900	54	00
33	1	98	71	4	26	1 k.	60	00
34	2	04	72	4	32	2 k.	120	00
35	2	10	73	4	38	3 k.	180	00
36	2	16	74	4	44	4 k.	240	00
37	2	22	75	4	50	5 k.	300	00
38	2	28	76	4	56			

PRODUIT des DÉCIGRAMMES.	décig.	fr.	c.	décig.	fr.	c.
	1/2	0	0	5	0	2
	1	0	0	6	0	3
	2	0	1	7	0	3
	3	0	1	8	0	4
	4	0	2	9	0	4

PRODUIT des DÉCIGRAMMES.	décig.	fr.	c.	décig.	fr.	c.
	1/2	0	0	5	0	3
	1	0	0	6	0	4
	2	0	1	7	0	4
	3	0	2	8	0	5
	4	0	2	9	0	5

Ajoutez le produit des décigrammes, chaque fois qu'il y aura des fractions dans les pesées.

Or à 7 centimes le gramme.
7 francs les 100 grammes.

gram.	fr.	c.	gram.	fr.	c.	gram.	fr.	c.
1	0	07	39	2	73	77	5	39
2	0	14	40	2	80	78	5	46
3	0	21	41	2	87	79	5	53
4	0	28	42	2	94	80	5	60
5	0	35	43	3	01	81	5	67
6	0	42	44	3	08	82	5	74
7	0	49	45	3	15	83	5	81
8	0	56	46	3	22	84	5	88
9	0	63	47	3	29	85	5	95
10	0	70	48	3	36	86	6	02
11	0	77	49	3	43	87	6	09
12	0	84	50	3	50	88	6	16
13	0	91	51	3	57	89	6	23
14	0	98	52	3	64	90	6	30
15	1	05	53	3	71	91	6	37
16	1	12	54	3	78	92	6	44
17	1	19	55	3	85	93	6	51
18	1	26	56	3	92	94	6	58
19	1	33	57	3	99	95	6	65
20	1	40	58	4	06	96	6	72
21	1	47	59	4	13	97	6	79
22	1	54	60	4	20	98	6	86
23	1	61	61	4	27	99	6	93
24	1	68	62	4	34	100	7	00
25	1	75	63	4	41	200	14	00
26	1	82	64	4	48	300	21	00
27	1	89	65	4	55	400	28	00
28	1	96	66	4	62	500	35	00
29	2	03	67	4	69	600	42	00
30	2	10	68	4	76	700	49	00
31	2	17	69	4	83	800	56	00
32	2	24	70	4	90	900	63	00
33	2	31	71	4	97	1 k.	70	00
34	2	38	72	5	04	2 k.	140	00
35	2	45	73	5	11	3 k.	210	00
36	2	52	74	5	18	4 k.	280	00
37	2	59	75	5	25	5 k.	350	00
38	2	66	76	5	32			

PRODUIT des DÉCIGRAMMES.	décig.	fr.	c.	décig.	fr.	c.
	1/2	0	0	5	0	3
	1	0	0	6	0	4
	2	0	1	7	0	5
	3	0	2	8	0	6
	4	0	3	9	0	6

Or à 8 centimes le gramme.
8 francs les 100 grammes.

gram.	fr.	c.	gram.	fr.	c.	gram.	fr.	c.
1	0	08	39	3	12	77	6	16
2	0	16	40	3	20	78	6	24
3	0	24	41	3	28	79	6	32
4	0	32	42	3	36	80	6	40
5	0	40	43	3	44	81	6	48
6	0	48	44	3	52	82	6	56
7	0	56	45	3	60	83	6	64
8	0	64	46	3	68	84	6	72
9	0	72	47	3	76	85	6	80
10	0	80	48	3	84	86	6	88
11	0	88	49	3	92	87	6	96
12	0	96	50	4	00	88	7	04
13	1	04	51	4	08	89	7	12
14	1	12	52	4	16	90	7	20
15	1	20	53	4	24	91	7	28
16	1	28	54	4	32	92	7	36
17	1	36	55	4	40	93	7	44
18	1	44	56	4	48	94	7	52
19	1	52	57	4	56	95	7	60
20	1	60	58	4	64	96	7	68
21	1	68	59	4	72	97	7	76
22	1	76	60	4	80	98	7	84
23	1	84	61	4	88	99	7	92
24	1	92	62	4	96	100	8	00
25	2	00	63	5	04	200	16	00
26	2	08	64	5	12	300	24	00
27	2	16	65	5	20	400	32	00
28	2	24	66	5	28	500	40	00
29	2	32	67	5	36	600	48	00
30	2	40	68	5	44	700	56	00
31	2	48	69	5	52	800	64	00
32	2	56	70	5	60	900	72	00
33	2	64	71	5	68	1 k.	80	00
34	2	72	72	5	76	2 k.	160	00
35	2	80	73	5	84	3 k.	240	00
36	2	88	74	5	92	4 k.	320	00
37	2	96	75	6	00	5 k.	400	00
38	3	04	76	6	08			

PRODUIT des DÉCIGRAMMES.	décig.	fr.	c.	décig.	fr.	c.
	1/2	0	0	5	0	4
	1	0	1	6	0	5
	2	0	2	7	0	6
	3	0	2	8	0	6
	4	0	3	9	0	7

Ajoutez le produit des décigrammes, chaque fois qu'il y aura des fractions dans les pesées.

Or à 9 centimes le gramme.
9 francs les 100 grammes.

gram.	fr.	c.	gram.	fr.	c.	gram.	fr.	c.
1	0	9	39	3	51	77	6	93
2	0	18	40	3	60	78	7	02
3	0	27	41	3	69	79	7	11
4	0	36	42	3	78	80	7	20
5	0	45	43	3	87	81	7	29
6	0	54	44	3	96	82	7	38
7	0	63	45	4	05	83	7	47
8	0	72	46	4	14	84	7	56
9	0	81	47	4	23	85	7	65
10	0	90	48	4	32	86	7	74
11	0	99	49	4	41	87	7	83
12	1	08	50	4	50	88	7	92
13	1	17	51	4	59	89	8	01
14	1	26	52	4	68	90	8	10
15	1	35	53	4	77	91	8	19
16	1	44	54	4	86	92	8	28
17	1	53	55	4	95	93	8	37
18	1	62	56	5	04	94	8	46
19	1	71	57	5	13	95	8	55
20	1	80	58	5	22	96	8	64
21	1	89	59	5	31	97	8	73
22	1	98	60	5	40	98	8	82
23	2	07	61	5	49	99	8	91
24	2	16	62	5	58	100	9	00
25	2	25	63	5	67	200	18	00
26	2	34	64	5	76	300	27	00
27	2	43	65	5	85	400	36	00
28	2	52	66	5	94	500	45	00
29	2	61	67	6	03	600	54	00
30	2	70	68	6	12	700	63	06
31	2	79	69	6	21	800	72	00
32	2	88	70	6	30	900	81	00
33	2	97	71	6	39	1 k.	90	00
34	3	06	72	6	48	2 k.	180	00
35	3	15	73	6	57	3 k.	270	00
36	3	24	74	6	66	4 k.	360	00
37	3	33	75	6	75	5 k.	450	00
38	3	42	76	6	84			

PRODUIT des DÉCIGRAMMES.	décig.	fr.	c.	décig.	fr.	c.
	½	0	0	5	0	4
	1	0	1	6	0	5
	2	0	2	7	0	6
	3	0	3	8	0	7
	4	0	4	9	0	8

Or à 10 centimes le gramme.
10 francs les 100 grammes.

gram.	fr.	c.	gram.	fr.	c.	gram.	fr.	c.
1	0	10	39	3	90	77	7	70
2	0	20	40	4	00	78	7	80
3	0	30	41	4	10	79	7	90
4	0	40	42	4	20	80	8	00
5	0	50	43	4	30	81	8	10
6	0	60	44	4	40	82	8	20
7	0	70	45	4	50	83	8	30
8	0	80	46	4	60	84	8	40
9	0	90	47	4	70	85	8	50
10	1	00	48	4	80	86	8	60
11	1	10	49	4	90	87	8	70
12	1	20	50	5	00	88	8	80
13	1	30	51	5	10	89	8	90
14	1	40	52	5	20	90	9	00
15	1	50	53	5	30	91	9	10
16	1	60	54	5	40	92	9	20
17	1	70	55	5	50	93	9	30
18	1	80	56	5	60	94	9	40
19	1	90	57	5	70	95	9	50
20	2	00	58	5	80	96	9	60
21	2	10	59	5	90	97	9	70
22	2	20	60	6	00	98	9	80
23	2	30	61	6	10	99	9	90
24	2	40	62	6	20	100	10	00
25	2	50	63	6	30	200	20	00
26	2	60	64	6	40	300	30	00
27	2	70	65	6	50	400	40	00
28	2	80	66	6	60	500	50	00
29	2	90	67	6	70	600	60	00
30	3	00	68	6	80	700	70	00
31	3	10	69	6	90	800	80	00
32	3	20	70	7	00	900	90	00
33	3	30	71	7	10	1 k.	100	00
34	3	40	72	7	20	2 k.	200	00
35	3	50	73	7	30	3 k.	300	00
36	3	60	74	7	40	4 k.	400	00
37	3	70	75	7	50	5 k.	500	00
38	3	80	76	7	60			

PRODUIT des DÉCIGRAMMES.	décig.	fr.	c.	décig.	fr.	c.
	½	0	0	5	0	5
	1	0	1	6	0	6
	2	0	2	7	0	7
	3	0	3	8	0	8
	4	0	4	9	0	9

Ajoutez le produit des décigrammes, chaque fois qu'il y aura des fractions dans les pesées.

Or à **11** centimes le gramme.
11 francs les 100 grammes.

gram.	fr.	c.	gram.	fr.	c.	gram.	fr.	c.
1	0	11	39	4	29	77	8	47
2	0	22	40	4	40	78	8	58
3	0	33	41	4	51	79	8	69
4	0	44	42	4	62	80	8	80
5	0	55	43	4	73	81	8	91
6	0	66	44	4	84	82	9	02
7	0	77	45	4	95	83	9	13
8	0	88	46	5	06	84	9	24
9	0	99	47	5	17	85	9	35
10	1	10	48	5	28	86	9	46
11	1	21	49	5	39	87	9	57
12	1	32	50	5	50	88	9	68
13	1	43	51	5	61	89	9	79
14	1	54	52	5	72	90	9	90
15	1	65	53	5	83	91	10	01
16	1	76	54	5	94	92	10	12
17	1	87	55	6	05	93	10	23
18	1	98	56	6	16	94	10	34
19	2	09	57	6	27	95	10	45
20	2	20	58	6	38	96	10	56
21	2	31	59	6	49	97	10	67
22	2	42	60	6	60	98	10	78
23	2	53	61	6	71	99	10	89
24	2	64	62	6	82	100	11	00
25	2	75	63	6	93	200	22	00
26	2	86	64	7	04	300	33	00
27	2	97	65	7	15	400	44	00
28	3	08	66	7	26	500	55	00
29	3	19	67	7	37	600	66	00
30	3	30	68	7	48	700	77	00
31	3	41	69	7	59	800	88	00
32	3	52	70	7	70	900	99	00
33	3	63	71	7	81	1 k.	110	00
34	3	74	72	7	92	2 k.	220	00
35	3	85	73	8	03	3 k.	330	00
36	3	96	74	8	14	4 k.	440	00
37	4	07	75	8	25	5 k.	550	00
38	4	18	76	8	36			

PRODUIT des DÉCIGRAMMES.	décig.	fr.	c.	décig.	fr.	c.
	1/2	0	0	5	0	5
	1	0	1	6	0	7
	2	0	2	7	0	8
	3	0	3	8	0	9
	4	0	4	9	0	10

Or à **12** centimes le gramme.
12 francs les 100 grammes.

gram.	fr.	c.	gram.	fr.	c.	gram.	fr.	c.
1	0	12	39	4	68	77	9	24
2	0	24	40	4	80	78	9	36
3	0	36	41	4	92	79	9	48
4	0	48	42	5	04	80	9	60
5	0	60	43	5	16	81	9	72
6	0	72	44	5	28	82	9	84
7	0	84	45	5	40	83	9	96
8	0	96	46	5	52	84	10	08
9	1	08	47	5	64	85	10	20
10	1	20	48	5	76	86	10	32
11	1	32	49	5	88	87	10	44
12	1	44	50	6	00	88	10	56
13	1	56	51	6	12	89	10	68
14	1	68	52	6	24	90	10	80
15	1	80	53	6	36	91	10	92
16	1	92	54	6	48	92	11	04
17	2	04	55	6	60	93	11	16
18	2	16	56	6	72	94	11	28
19	2	28	57	6	84	95	11	40
20	2	40	58	6	96	96	11	52
21	2	52	59	7	08	97	11	64
22	2	64	60	7	20	98	11	76
23	2	76	61	7	32	99	11	88
24	2	88	62	7	44	100	12	00
25	3	00	63	7	56	200	24	00
26	3	12	64	7	68	300	36	00
27	3	24	65	7	80	400	48	00
28	3	36	66	7	92	500	60	00
29	3	48	67	8	04	600	72	00
30	3	60	68	8	16	700	84	00
31	3	72	69	8	28	800	96	00
32	3	84	70	8	40	900	108	00
33	3	96	71	8	52	1 k.	120	00
34	4	08	72	8	64	2 k.	240	00
35	4	20	73	8	76	3 k.	360	00
36	4	32	74	8	88	4 k.	480	00
37	4	44	75	9	00	5 k.	600	00
38	4	56	76	9	12			

PRODUIT des DÉCIGRAMMES.	décig.	fr.	c.	décig.	fr.	c.
	1/2	0	0	5	0	6
	1	0	1	6	0	7
	2	0	2	7	0	8
	3	0	4	8	0	10
	4	0	5	9	0	11

Ajoutez le produit des décigrammes, chaque fois qu'il y aura des fractions dans les pesées.

Or à 13 centimes le gramme.
13 francs les 100 grammes.

gram.	fr. c.	gram.	fr. c.	gram.	fr. c.
1	0 13	39	5 07	77	10 01
2	0 26	40	5 20	78	10 14
3	0 39	41	5 33	79	10 27
4	0 52	42	5 46	80	10 40
5	0 65	43	5 59	81	10 53
6	0 78	44	5 72	82	10 66
7	0 91	45	5 85	83	10 79
8	1 04	46	5 98	84	10 92
9	1 17	47	6 11	85	11 05
10	1 30	48	6 24	86	11 18
11	1 43	49	6 37	87	11 31
12	1 56	50	6 50	88	11 44
13	1 69	51	6 63	89	11 57
14	1 82	52	6 76	90	11 70
15	1 95	53	6 89	91	11 83
16	2 08	54	7 02	92	11 96
17	2 21	55	7 15	93	12 09
18	2 34	56	7 28	94	12 22
19	2 47	57	7 41	95	12 35
20	2 60	58	7 54	96	12 48
21	2 73	59	7 67	97	12 61
22	2 86	60	7 80	98	12 74
23	2 99	61	7 93	99	12 87
24	3 12	62	8 06	100	13 00
25	3 25	63	8 19	200	26 00
26	3 38	64	8 32	300	39 00
27	3 51	65	8 45	400	52 00
28	3 64	66	8 58	500	65 00
29	3 77	67	8 71	600	78 00
30	3 90	68	8 84	700	91 00
31	4 03	69	8 97	800	104 00
32	4 16	70	9 10	900	117 00
33	4 29	71	9 23	1 k.	130 00
34	4 42	72	9 36	2 k.	260 00
35	4 55	73	9 49	3 k.	390 00
36	4 68	74	6 62	4 k.	520 00
37	4 81	75	9 75	5 k.	650 00
38	4 94	76	9 88		

PRODUIT des DÉCIGRAMMES	décig.	fr. c.	décig.	fr. c.
	1/2	0 0	5	0 6
	1	0 1	6	0 8
	2	0 3	7	0 9
	3	0 4	8	0 10
	4	0 5	9	0 12

Or à 14 centimes le gramme.
14 francs les 100 grammes.

gram.	fr. c.	gram.	fr. c.	gram.	fr. c.
1	0 14	39	5 46	77	10 78
2	0 28	40	5 60	78	10 92
3	0 42	41	5 74	79	11 06
4	0 56	42	5 88	80	11 20
5	0 70	43	6 02	81	11 34
6	0 84	44	6 16	82	11 48
7	0 98	45	6 30	83	11 62
8	1 12	46	6 44	84	11 76
9	1 26	47	6 58	85	11 90
10	1 40	48	6 72	86	12 04
11	1 54	49	6 86	87	12 18
12	1 68	50	7 00	88	12 32
13	1 82	51	7 14	89	12 46
14	1 96	52	7 28	90	12 60
15	2 10	53	7 42	91	12 74
16	2 24	54	7 56	92	12 88
17	2 38	55	7 70	93	13 02
18	2 52	56	7 84	94	13 16
19	2 66	57	7 98	95	13 30
20	2 80	58	8 12	96	13 44
21	2 94	59	8 26	97	13 58
22	3 08	60	8 40	98	13 72
23	3 22	61	8 54	99	13 86
24	3 36	62	8 68	100	14 00
25	3 50	63	8 82	200	28 00
26	3 64	64	8 96	300	42 00
27	3 78	65	9 10	400	56 00
28	3 92	66	9 24	500	70 00
29	4 06	67	9 38	600	84 00
30	4 20	68	9 52	700	98 00
31	4 34	69	9 66	800	112 00
32	4 48	70	9 80	900	126 00
33	4 62	71	9 94	1 k.	140 00
34	4 76	72	10 08	2 k.	280 00
35	4 90	73	10 22	3 k.	420 00
36	5 04	74	10 36	4 k.	560 00
37	5 18	75	10 50	5 k.	700 00
38	5 32	76	10 64		

PRODUIT des DÉCIGRAMMES	décig.	fr. c.	décig.	fr. c.
	1/2	0 0	5	0 7
	1	0 1	6	0 8
	2	0 3	7	0 10
	3	0 4	8	0 11
	4	0 6	9	0 13

Ajoutez le produit des décigrammes chaque fois qu'il y aura des fractions dans les pesées.

Or à 15 centimes le gramme.
15 francs les 100 grammes.

gram.	fr.	c.	gram	fr.	c.	gram.	fr.	c.
1	0	15	39	5	85	77	11	55
2	0	30	40	6	00	78	11	70
3	0	45	41	6	15	79	11	85
4	0	60	42	6	30	80	12	00
5	0	75	43	6	45	81	12	15
6	0	90	44	6	60	82	12	30
7	1	05	45	6	75	83	12	45
8	1	20	46	6	90	84	12	60
9	1	35	47	7	05	85	12	75
10	1	50	48	7	20	86	12	90
11	1	65	49	7	35	87	13	05
12	1	80	50	7	50	88	13	20
13	1	95	51	7	65	89	13	35
14	2	10	52	7	80	90	13	50
15	2	25	53	7	95	91	13	65
16	2	40	54	8	10	92	13	80
17	2	55	55	8	25	93	13	95
18	2	70	56	8	40	94	14	10
19	2	85	57	8	55	95	14	25
20	3	00	58	8	70	96	14	40
21	3	15	59	8	85	97	14	55
22	3	30	60	9	00	98	14	70
23	3	45	61	9	15	99	14	85
24	3	60	62	9	30	100	15	00
25	3	75	63	9	45	200	30	00
26	3	90	64	9	60	300	45	00
27	4	05	65	9	75	400	60	00
28	4	20	66	9	90	500	75	00
29	4	35	67	10	05	600	90	00
30	4	50	68	10	20	700	105	00
31	4	65	69	10	35	800	120	00
32	4	80	70	10	50	900	135	00
33	4	95	71	10	65	1 k.	150	00
34	5	10	72	10	80	2 k.	300	00
35	5	25	73	10	95	3 k.	450	00
36	5	40	74	11	10	4 k.	600	00
37	5	55	75	11	25	5 k.	750	00
38	5	70	76	11	40			

PRODUIT des DÉCIGRAMMES.	décig.	fr.	c.	décig.	fr.	c.
	½	0	0	5	0	7
	1	0	1	6	0	9
	2	0	3	7	0	10
	3	0	4	8	0	12
	4	0	6	9	0	13

Or à 16 centimes le gramme.
16 francs les 100 grammes.

gram.	fr.	c.	gram.	fr.	c.	gram.	fr.	c.
1	0	16	39	6	24	77	12	32
2	0	32	40	6	40	78	12	48
3	0	48	41	6	56	79	12	64
4	0	64	42	6	72	80	12	80
5	0	80	43	6	88	81	12	96
6	0	96	44	7	04	82	13	12
7	1	12	45	7	20	83	13	28
8	1	28	46	7	36	84	13	44
9	1	44	47	7	52	85	13	60
10	1	60	48	7	68	86	13	76
11	1	76	49	7	84	87	13	92
12	1	92	50	8	00	88	14	08
13	2	08	51	8	16	89	14	24
14	2	24	52	8	32	90	14	40
15	2	40	53	8	48	91	14	56
16	2	56	54	8	64	92	14	72
17	2	72	55	8	80	93	14	88
18	2	88	56	8	96	94	15	04
19	3	04	57	9	12	95	15	20
20	3	20	58	9	28	96	15	36
21	3	36	59	9	44	97	15	52
22	3	52	60	9	60	98	15	68
23	3	68	61	9	76	99	15	84
24	3	84	62	9	92	100	16	00
25	4	00	63	10	08	200	32	00
26	4	16	64	10	24	300	48	00
27	4	32	65	10	40	400	64	00
28	4	48	66	10	56	500	80	00
29	4	64	67	10	72	600	96	00
30	4	80	68	10	88	700	112	00
31	4	96	69	11	04	800	128	00
32	5	12	70	11	20	900	144	00
33	5	28	71	11	36	1 k.	160	00
34	5	44	72	11	52	2 k.	320	00
35	5	60	73	11	68	3 k.	480	00
36	5	76	74	11	84	4 k.	640	00
37	5	92	75	12	00	5 k.	800	00
38	6	08	76	12	16			

PRODUIT des DÉCIGRAMMES.	décig.	fr.	c.	décig.	fr.	c.
	½	0	1	5	0	8
	1	0	2	6	0	10
	2	0	3	7	0	11
	3	0	5	8	0	13
	4	0	6	9	0	14

Ajoutez le produit des décigrammes, chaque fois qu'il y aura des fractions dans les pesées.

Or à **17** centimes le gramme.
17 francs les 100 grammes.

gram.	fr.	c.	gram.	fr.	c.	gram.	fr.	c.
1	0	17	39	6	63	77	13	09
2	0	34	40	6	80	78	13	26
3	0	51	41	6	97	79	13	43
4	0	68	42	7	14	80	13	60
5	0	85	43	7	31	81	13	77
6	1	02	44	7	48	82	13	94
7	1	19	45	7	65	83	14	11
8	1	36	46	7	82	84	14	28
9	1	53	47	7	99	85	14	45
10	1	70	48	8	16	86	14	62
11	1	87	49	8	33	87	14	79
12	2	04	50	8	50	88	14	96
13	2	21	51	8	67	89	15	13
14	2	38	52	8	84	90	15	30
15	2	55	53	9	01	91	15	47
16	2	72	54	9	18	92	15	64
17	2	89	55	9	35	93	15	81
18	3	06	56	9	52	94	15	98
19	3	23	57	9	69	95	16	15
20	3	40	58	9	86	96	16	32
21	3	57	59	10	03	97	16	49
22	3	74	60	10	20	98	16	66
23	3	91	61	10	37	99	16	83
24	4	08	62	10	54	100	17	00
25	4	25	63	10	71	200	34	00
26	4	42	64	10	88	300	51	00
27	4	59	65	11	05	400	68	00
28	4	76	66	11	22	500	85	00
29	4	93	67	11	39	600	102	00
30	5	10	68	11	56	700	119	00
31	5	27	69	11	73	800	136	00
32	5	44	70	11	90	900	153	00
33	5	61	71	12	07	1 k.	170	00
34	5	78	72	12	24	2 k.	340	00
35	5	95	73	12	41	3 k.	510	00
36	6	12	74	12	58	4 k.	680	00
37	6	29	75	12	75	5 k.	850	00
38	6	46	76	12	92			

PRODUIT des DÉCIGRAMMES.	décig.	fr.	c.	décig.	fr.	c.
	1/2	0	1	5	0	8
	1	0	2	6	0	10
	2	0	3	7	0	12
	3	0	5	8	0	14
	4	0	7	9	0	15

Or à **18** centimes le gramme.
18 francs les 100 grammes.

gram.	fr.	c.	gram.	fr.	c.	gram.	fr.	c.
1	0	18	39	7	02	77	13	86
2	0	36	40	7	20	78	14	04
3	0	54	41	7	38	79	14	22
4	0	72	42	7	56	80	14	40
5	0	90	43	7	74	81	14	58
6	1	08	44	7	92	82	14	76
7	1	26	45	8	10	83	14	94
8	1	44	46	8	28	84	15	12
9	1	62	47	8	46	85	15	30
10	1	80	48	8	64	86	15	48
11	1	98	49	8	82	87	15	66
12	2	16	50	9	00	88	15	84
13	2	34	51	9	18	89	16	02
14	2	52	52	9	36	90	16	20
15	2	70	53	9	54	91	16	38
16	2	88	54	9	72	92	16	56
17	3	06	55	9	90	93	16	74
18	3	24	56	10	08	94	16	92
19	3	42	57	10	26	95	17	10
20	3	60	58	10	44	96	17	28
21	3	78	59	10	62	97	17	46
22	3	96	60	10	80	98	17	64
23	4	14	61	10	98	99	17	82
24	4	32	62	11	16	100	18	00
25	4	50	63	11	34	200	36	00
26	4	68	64	11	52	300	54	00
27	4	86	65	11	70	400	72	00
28	5	04	66	11	88	500	90	00
29	5	22	67	12	06	600	108	00
30	5	40	68	12	24	700	126	00
31	5	58	69	12	42	800	144	00
32	5	76	70	12	60	900	162	00
33	5	94	71	12	78	1 k.	180	00
34	6	12	72	12	96	2 k.	360	00
35	6	30	73	13	14	3 k.	540	00
36	6	48	74	73	32	4 k.	720	00
37	6	66	75	13	50	5 k.	900	00
38	6	84	76	13	68			

PRODUIT des DÉCIGRAMMES.	décig.	fr.	c.	décig.	fr.	c.
	1/2	0	1	5	0	9
	1	0	2	6	0	11
	2	0	4	7	0	13
	3	0	5	8	0	14
	4	0	7	9	0	16

Ajoutez le produit des décigrammes, chaque fois qu'il y aura des fractions dans les pesées.

On à 19 centimes le gramme.
19 francs les 100 grammes.

gram.	fr.	c.	gram.	fr.	c.	gram.	fr.	c.
1	0	19	39	7	41	77	14	63
2	0	38	40	7	60	78	14	82
3	0	57	41	7	79	79	15	01
4	0	76	42	7	98	80	15	20
5	0	95	43	8	17	81	15	39
6	1	14	44	8	36	82	15	58
7	1	33	45	8	55	83	15	77
8	1	52	46	8	74	84	15	96
9	1	71	47	8	93	85	16	15
10	1	90	48	9	12	86	16	34
11	2	09	49	9	31	87	16	53
12	2	28	50	9	50	88	16	72
13	2	47	51	9	69	89	16	91
14	2	66	52	9	88	90	17	10
15	2	85	53	10	07	91	17	29
16	3	04	54	10	26	92	17	48
17	3	23	55	10	45	93	17	67
18	3	42	56	10	64	94	17	86
19	3	61	57	10	83	95	18	05
20	3	80	58	11	02	96	18	24
21	3	99	59	11	21	97	18	43
22	4	18	60	11	40	98	18	62
23	4	37	61	11	59	99	18	81
24	4	56	62	11	78	100	19	00
25	4	75	63	11	97	200	38	00
26	4	94	64	12	16	300	57	00
27	5	13	65	12	35	400	76	00
28	5	32	66	12	54	500	95	00
29	5	51	67	12	73	600	114	00
30	5	70	68	12	92	700	133	00
31	5	89	69	13	11	800	152	00
32	6	08	70	13	30	900	171	00
33	6	27	71	13	49	1 k.	190	00
34	6	46	72	13	68	2 k.	380	00
35	6	65	73	13	87	3 k.	570	00
36	6	84	74	14	06	4 k.	760	00
37	7	03	75	14	25	5 k.	950	00
38	7	22	76	14	44			

On à 20 centimes le gramme.
20 francs les 100 grammes.

gram.	fr.	c.	gram.	fr.	c.	gram.	fr.	c.
1	0	20	39	7	80	77	15	40
2	0	40	40	8	00	78	15	60
3	0	60	41	8	20	79	15	80
4	0	80	42	8	40	80	16	00
5	1	00	43	8	60	81	16	20
6	1	20	44	8	80	82	16	40
7	1	40	45	9	00	83	16	60
8	1	60	46	9	20	84	16	80
9	1	80	47	9	40	85	17	00
10	2	00	48	9	60	86	17	20
11	2	20	49	9	80	87	17	40
12	2	40	50	10	00	88	17	60
13	2	60	51	10	20	89	17	80
14	2	80	52	10	40	90	18	00
15	3	00	53	10	60	91	18	20
16	3	20	54	10	80	92	18	40
17	3	40	55	11	00	93	18	60
18	3	60	56	11	20	94	18	80
19	3	80	57	11	40	95	19	00
20	4	00	58	11	60	96	19	20
21	4	20	59	11	80	97	19	40
22	4	40	60	12	00	98	19	60
23	4	60	61	12	20	99	19	80
24	4	80	62	12	40	100	20	00
25	5	00	63	12	60	200	40	00
26	5	20	64	12	80	300	60	00
27	5	40	65	13	00	400	80	00
28	5	60	66	13	20	500	100	00
29	5	80	67	13	40	600	120	00
30	6	00	68	13	60	700	140	00
31	6	20	69	13	80	800	160	00
32	6	40	70	14	00	900	180	00
33	6	60	71	14	20	1 k.	200	00
34	6	80	72	14	40	2 k.	400	00
35	7	00	73	14	60	3 k.	608	00
36	7	20	74	14	80	4 k.	800	00
37	7	40	75	15	00	5 k.	1000	00
38	7	60	76	15	20			

PRODUIT des DÉCIGRAMMES.	décig.	fr.	c.	décig.	fr.	c.
	1/2	0	1	5	0	9
	1	0	2	6	0	11
	2	0	4	7	0	13
	3	0	6	8	0	15
	4	0	8	9	0	17

PRODUIT des DÉCIGRAMMES.	décig.	fr.	c.	décig.	fr.	c.
	1/2	0	1	5	0	10
	1	0	2	6	0	12
	2	0	4	7	0	14
	3	0	6	8	0	16
	4	0	8	9	0	18

Ajoutez le produit des décigrammes, chaque fois qu'il y aura des fractions dans les pesées.

Or à 25 centimes le gramme.
25 francs les 100 grammes.

gram.	fr.	c.	gram.	fr.	c.	gram.	fr.	c.
1	0	25	39	9	75	77	19	25
2	0	50	40	10	00	78	19	50
3	0	75	41	10	25	79	19	75
4	1	00	42	10	50	80	20	00
5	1	25	43	10	75	81	20	25
6	1	50	44	11	00	82	20	50
7	1	75	45	11	25	83	20	75
8	2	00	46	11	50	84	21	00
9	2	25	47	11	75	85	21	25
10	2	50	48	12	00	86	21	50
11	2	75	49	12	25	87	21	75
12	3	00	50	12	50	88	22	00
13	3	25	51	12	75	89	22	25
14	3	50	52	13	00	90	22	50
15	3	75	53	13	25	91	22	75
16	4	00	54	13	50	92	23	00
17	4	25	55	13	75	93	23	25
18	4	50	56	14	00	94	23	50
19	4	75	57	14	25	95	23	75
20	5	00	58	14	50	96	24	00
21	5	25	59	14	75	97	24	25
22	5	50	60	15	00	98	24	50
23	5	75	61	15	25	99	24	75
24	6	00	62	15	50	100	25	00
25	6	25	63	15	75	200	50	00
26	6	50	64	16	00	300	75	00
27	6	75	65	16	25	400	100	00
28	7	00	66	16	50	500	125	00
29	7	25	67	16	75	600	150	00
30	7	50	68	17	00	700	175	00
31	7	75	69	17	25	800	200	00
32	8	00	70	17	50	900	225	00
33	8	25	71	17	75	1 k.	250	00
34	8	50	72	18	00	2 k.	500	00
35	8	75	73	18	25	3 k.	750	00
36	9	00	74	18	50	4 k.	1000	00
37	9	25	75	18	75	5 k.	1250	00
38	9	50	76	19	00			

PRODUIT des DÉCIGRAMMES.	décig.	fr.	c.	décig.	fr.	c.
	1/2	0	1	5	0	10
	1	0	2	6	0	13
	2	0	4	7	0	15
	3	0	6	8	0	17
	4	0	8	9	0	19

Or à 30 centimes le gramme.
30 francs les 100 grammes.

gram.	fr.	c.	gram.	fr.	c.	gram.	fr.	c.
1	0	30	39	11	70	77	23	10
2	0	60	40	12	00	78	23	40
3	0	90	41	12	30	79	23	70
4	1	20	42	12	60	80	24	00
5	1	50	43	12	90	81	24	30
6	1	80	44	13	20	82	24	60
7	2	10	45	13	50	83	24	90
8	2	40	46	13	80	84	25	20
9	2	70	47	14	10	85	25	50
10	3	00	48	14	40	86	25	80
11	3	30	49	14	70	87	26	10
12	3	60	50	15	00	88	26	40
13	3	90	51	15	30	89	26	70
14	4	20	52	15	60	90	27	00
15	4	50	53	15	90	91	27	30
16	4	80	54	16	20	92	27	60
17	5	10	55	16	50	93	27	90
18	5	40	56	16	80	94	28	20
19	5	70	57	17	10	95	28	50
20	6	00	58	17	40	96	28	80
21	6	30	59	17	70	97	29	10
22	6	60	60	18	00	98	29	40
23	6	90	61	18	30	99	29	70
24	7	20	62	18	60	100	30	00
25	7	50	63	18	90	200	60	00
26	7	80	64	19	20	300	90	00
27	8	10	65	19	50	400	120	00
28	8	40	66	19	80	500	150	00
29	8	70	67	20	10	600	180	00
30	9	00	68	20	40	700	210	00
31	9	30	69	20	70	800	240	00
32	9	60	70	21	00	900	270	00
33	9	90	71	21	30	1 k.	300	00
34	10	20	72	21	60	2 k.	600	00
35	10	50	73	21	90	3 k.	900	00
36	10	80	74	22	20	4 k.	1200	00
37	11	10	75	22	50	5 k.	1500	00
38	11	40	76	22	80			

PRODUIT des DÉCIGRAMMES.	décig.	fr.	c.	décig.	fr.	c.
	1/2	0	1	5	0	15
	1	0	3	6	0	18
	2	0	6	7	0	21
	3	0	9	8	0	24
	4	0	12	9	0	27

Ajoutez le produit des décigrammes, chaque fois qu'il y aura des fractions dans les pesées.

Or à 35 centimes le gramme.
35 francs les 100 grammes.

gram.	fr.	c.	gram.	fr.	c.	gram.	fr.	c.
1	0	35	39	13	65	77	26	95
2	0	70	40	14	00	78	27	30
3	1	05	41	14	35	79	27	65
4	1	40	42	14	70	80	28	00
5	1	75	43	15	05	81	28	35
6	2	10	44	15	40	82	28	70
7	2	45	45	15	75	83	29	05
8	2	80	46	16	10	84	29	40
9	3	15	47	16	45	85	29	75
10	3	50	48	16	80	86	30	10
11	3	85	49	17	15	87	30	45
12	4	20	50	17	50	88	30	80
13	4	55	51	17	85	89	31	15
14	4	90	52	18	20	90	31	50
15	5	25	53	18	55	91	31	85
16	5	60	54	18	90	92	32	20
17	5	95	55	19	25	93	32	55
18	6	30	56	19	60	94	32	90
19	6	65	57	19	95	95	33	25
20	7	00	58	20	30	96	33	60
21	7	35	59	20	65	97	33	95
22	7	70	60	21	00	98	34	30
23	8	05	61	21	35	99	34	65
24	8	40	62	21	70	100	35	00
25	8	75	63	22	05	200	70	00
26	9	10	64	22	40	300	105	00
27	9	45	65	22	75	400	140	00
28	9	80	66	23	10	500	175	00
29	10	15	67	23	45	600	210	00
30	10	50	68	23	80	700	245	00
31	10	85	69	24	15	800	280	00
32	11	20	70	24	50	900	315	00
33	11	55	71	24	85	1 k.	350	00
34	11	90	72	25	20	2 k.	700	00
35	12	25	73	25	55	3 k.	1050	00
36	12	60	74	25	90	4 k.	1400	00
37	12	95	75	26	25	5 k.	1750	00
38	13	30	76	26	60			

PRODUIT des DÉCIGRAMMES	décig.	fr.	c.	décig.	fr.	c.
	1/2	0	1	5	0	17
	1	0	3	6	0	21
	2	0	7	7	0	24
	3	0	10	8	0	28
	4	0	14	9	0	31

Or à 40 centimes le gramme.
40 francs les 100 grammes.

gram.	fr.	c.	gram.	fr.	c.	gram.	fr.	c.
1	0	40	39	15	60	77	30	80
2	0	80	40	16	00	78	31	20
3	1	20	41	16	40	79	31	60
4	1	60	42	16	80	80	32	00
5	2	00	43	17	20	81	32	40
6	2	40	44	17	60	82	32	80
7	2	80	45	18	00	83	33	20
8	3	20	46	18	40	84	33	60
9	3	60	47	18	80	85	34	00
10	4	00	48	19	20	86	34	40
11	4	40	49	19	60	87	34	80
12	4	80	50	20	00	88	35	20
13	5	20	51	20	40	89	35	60
14	5	60	52	20	80	90	36	00
15	6	00	53	21	20	91	36	40
16	6	40	54	21	60	92	36	80
17	6	80	55	22	00	93	37	20
18	7	20	56	22	40	94	37	60
19	7	60	57	22	80	95	38	00
20	8	00	58	23	20	96	38	40
21	8	40	59	23	60	97	38	80
22	8	80	60	24	00	98	39	20
23	9	20	61	24	40	99	39	60
24	9	60	62	24	80	100	40	00
25	10	00	63	25	20	200	80	00
26	10	40	64	25	60	300	120	00
27	10	80	65	26	00	400	160	00
28	11	20	66	26	40	500	200	00
29	11	60	67	26	80	600	240	00
30	12	00	68	27	20	700	280	00
31	12	40	69	27	60	800	320	00
32	12	80	70	28	00	900	360	00
33	13	20	71	28	40	1 k.	400	00
34	13	60	72	28	80	2 k.	800	00
35	14	00	73	29	20	3 k.	1200	00
36	14	40	74	29	60	4 k.	1600	00
37	14	80	75	30	00	5 k.	2000	00
38	15	20	76	30	40			

PRODUIT des DÉCIGRAMMES	décig.	fr.	c.	décig.	fr.	c.
	1/2	0	2	5	0	20
	1	0	4	6	0	24
	2	0	8	7	0	28
	3	0	12	8	0	32
	4	0	16	9	0	36

Ajoutez le produit des décigrammes, chaque fois qu'il y aura des fractions dans les pesées.

Or à 45 centimes le grámme.
45 francs les 100 grammes.

gram.	fr.	c.	gram.	fr.	c.	gram.	fr.	c.
1	0	45	39	17	55	77	34	65
2	0	90	40	18	00	78	35	10
3	1	35	41	18	45	79	35	55
4	1	80	42	18	90	80	36	00
5	2	25	43	19	35	81	36	45
6	2	70	44	19	80	82	36	90
7	3	15	45	20	25	83	37	35
8	3	60	46	20	70	84	37	80
9	4	05	47	21	15	85	38	25
10	4	50	48	21	60	86	38	70
11	4	95	49	22	05	87	39	15
12	5	40	50	22	50	88	39	60
13	5	85	51	22	95	89	40	05
14	6	30	52	23	40	90	40	50
15	6	75	53	23	85	91	40	95
16	7	20	54	24	30	92	41	40
17	7	65	55	24	75	93	41	85
18	8	10	56	25	20	94	42	30
19	8	55	57	25	65	95	42	75
20	9	00	58	26	10	96	43	20
21	9	45	59	26	55	97	43	65
22	9	90	60	27	00	98	44	10
23	10	35	61	27	45	99	44	55
24	10	80	62	27	90	100	45	00
25	11	25	63	28	35	200	90	00
26	11	70	64	28	80	300	135	00
27	12	15	65	29	25	400	180	00
28	12	60	66	29	70	500	225	00
29	13	05	67	30	15	600	270	00
30	13	50	68	30	60	700	315	00
31	13	95	69	31	05	800	360	00
32	14	40	70	31	50	900	405	00
33	14	85	71	31	95	1 k.	450	00
34	15	30	72	32	40	2 k.	900	00
35	15	75	73	32	85	3 k.	1350	00
36	16	20	74	33	30	4 k.	1800	00
37	16	65	75	33	75	5 k.	2250	00
38	17	10	76	34	20			

PRODUIT des DÉCIGRAMMES.	décig.	fr.	c.	décig.	fr.	c.
	1/2	0.	2	5	0.	22
	1	0.	4	6	0.	27
	2	0.	9	7	0.	31
	3	0.	13	8	0.	36
	4	0.	18	9	0.	40

Or à 50 centimes le gramme.
50 francs les 100 grammes.

gram.	fr.	c.	gram.	fr.	c.	gram.	fr.	c.
1	0	50	39	19	50	77	38	50
2	1	00	40	20	00	78	39	00
3	1	50	41	20	50	79	39	50
4	2	00	42	21	00	80	40	00
5	2	50	43	21	50	81	40	50
6	3	00	44	22	00	82	41	00
7	3	50	45	22	50	83	41	50
8	4	00	46	23	00	84	42	00
9	4	50	47	23	50	85	42	50
10	5	00	48	24	00	86	43	00
11	5	50	49	24	50	87	43	50
12	6	00	50	25	00	88	44	00
13	6	50	51	25	50	89	44	50
14	7	00	52	26	00	90	45	00
15	7	50	53	26	50	91	45	50
16	8	00	54	27	00	92	46	00
17	8	50	55	27	50	93	46	50
18	9	00	56	28	00	94	47	00
19	9	50	57	28	50	95	47	50
20	10	00	58	29	00	96	48	00
21	10	50	59	29	50	97	48	50
22	11	00	60	30	00	98	49	00
23	11	50	61	30	50	99	49	50
24	12	00	62	31	00	100	50	00
25	12	50	63	31	50	200	100	00
26	13	00	64	32	00	300	150	00
27	13	50	65	32	50	400	200	00
28	14	00	66	33	00	500	250	00
29	14	50	67	33	50	600	300	00
30	15	00	68	34	00	700	350	00
31	15	50	69	34	50	800	400	00
32	16	00	70	35	00	900	450	00
33	16	50	71	35	50	1 k.	500	00
34	17	00	72	36	00	2 k.	1000	00
35	17	50	73	36	50	3 k.	1500	00
36	18	00	74	37	00	4 k.	2000	00
37	18	50	75	37	50	5 k.	2500	00
38	19	00	76	38	00			

PRODUIT des DÉCIGRAMMES.	décig.	fr.	c.	décig.	fr.	c.
	1/2	0.	2	5	0.	25
	1	0.	5	6	0.	30
	2	0.	10	7	0.	35
	3	0.	15	8	0.	40
	4	0.	20	9	0.	45

Ajoutez le produit des décigrammes, chaque fois qu'il y aura des fractions dans les pesées.

Or à 55 centimes le gramme.
55 francs les 100 grammes.

gram.	fr.	c.	gram.	fr.	c.	gram.	fr.	c.
1	0	55	39	21	45	77	42	35
2	1	10	40	22	00	78	42	90
3	1	65	41	22	55	79	43	45
4	2	20	42	23	10	80	44	00
5	2	75	43	23	65	81	44	55
6	3	30	44	24	20	82	45	10
7	3	85	45	24	75	83	45	65
8	4	40	46	25	30	84	46	20
9	4	95	47	25	85	85	46	75
10	5	50	48	26	40	86	47	30
11	6	05	49	26	95	87	47	85
12	6	60	50	27	50	88	48	40
13	7	15	51	28	05	89	48	95
14	7	70	52	28	60	90	49	50
15	8	25	53	29	15	91	50	05
16	8	80	54	29	70	92	50	60
17	9	35	55	30	25	93	51	15
18	9	90	56	30	80	94	51	70
19	10	45	57	31	35	95	52	25
20	11	00	58	31	90	96	52	80
21	11	55	59	32	45	97	53	35
22	12	10	60	33	00	98	53	90
23	12	65	61	33	55	99	54	45
24	13	20	62	34	10	100	55	00
25	13	75	63	34	65	200	110	00
26	14	30	64	35	20	300	165	00
27	14	85	65	35	75	400	220	00
28	15	40	66	36	30	500	275	00
29	15	95	67	36	85	600	330	00
30	16	50	68	37	40	700	385	00
31	17	05	69	37	95	800	440	00
32	17	60	70	38	50	900	495	00
33	18	15	71	39	05	1 k.	550	00
34	18	70	72	39	60	2 k.	1100	00
35	19	25	73	40	15	3 k.	1650	00
36	19	80	74	40	70	4 k.	2200	00
37	20	35	75	41	25	5 k.	2750	00
38	20	90	76	41	80			

PRODUIT des DÉCIGRAMMES.	décig.	fr.	c.	décig.	fr.	c.
	1/2	0	2	5	0	27
	1	0	5	6	0	33
	2	0	11	7	0	38
	3	0	16	8	0	44
	4	0	22	9	0	49

Or à 60 centimes le gramme.
60 francs les 100 grammes.

gram.	fr.	c.	gram.	fr.	c.	gram.	fr.	c.
1	0	60	39	23	40	77	46	20
2	1	20	40	24	00	78	46	80
3	1	80	41	24	60	79	47	40
4	2	40	42	25	20	80	48	00
5	3	00	43	25	80	81	48	60
6	3	60	44	26	40	82	49	20
7	4	20	45	27	00	83	49	80
8	4	80	46	27	60	84	50	40
9	5	40	47	28	20	85	51	00
10	6	00	48	28	80	86	51	60
11	6	60	49	29	40	87	52	20
12	7	20	50	30	00	88	52	80
13	7	80	51	30	60	89	53	40
14	8	40	52	31	20	90	54	00
15	9	00	53	31	80	91	54	60
16	9	60	54	32	40	92	55	20
17	10	20	55	33	00	93	55	80
18	10	80	56	33	60	94	56	40
19	11	40	57	34	20	95	57	00
20	12	00	58	34	80	96	57	60
21	12	60	59	35	40	97	58	20
22	13	20	60	36	00	98	58	80
23	13	80	61	36	60	99	59	40
24	14	40	62	37	20	100	60	00
25	15	00	63	37	80	200	120	00
26	15	60	64	38	40	300	180	00
27	16	20	65	39	00	400	240	00
28	16	80	66	39	60	500	300	00
29	17	40	67	40	20	600	360	00
30	18	00	68	40	80	700	420	00
31	18	60	69	41	40	800	480	00
32	19	20	70	42	00	900	540	00
33	19	80	71	42	60	1 k.	600	00
34	20	40	72	43	20	2 k.	1200	00
35	21	00	73	43	80	3 k.	1800	00
36	21	60	74	44	40	4 k.	2400	00
37	22	20	75	45	00	5 k.	3000	00
38	22	80	76	45	60			

PRODUIT des DÉCIGRAMMES.	décig.	fr.	c.	décig.	fr.	c.
	1/2	0	3	5	0	30
	1	0	6	6	0	36
	2	0	12	7	0	42
	3	0	18	8	0	48
	4	0	24	9	0	54

Ajoutez le produit des décigrammes, chaque fois qu'il y aura des fractions dans les pesées.

Or à 65 centimes le gramme.
65 francs les 100 grammes.

gram.	fr.	c.	gram.	fr.	c.	gram.	fr.	c.
1	0	65	39	25	35	77	50	05
2	1	30	40	26	00	78	50	70
3	1	95	41	26	65	79	51	35
4	2	60	42	27	30	80	52	00
5	3	25	43	27	95	81	52	65
6	3	90	44	28	60	82	53	30
7	4	55	45	29	25	83	53	95
8	5	20	46	29	90	84	54	60
9	5	85	47	30	55	85	55	25
10	6	50	48	31	20	86	55	90
11	7	15	49	31	85	87	56	55
12	7	80	50	32	50	88	57	20
13	8	45	51	33	15	89	57	85
14	9	10	52	33	80	90	58	50
15	9	75	53	34	45	91	59	15
16	10	40	54	35	10	92	59	80
17	11	05	55	35	75	93	60	45
18	11	70	56	36	40	94	61	10
19	12	35	57	37	05	95	61	75
20	13	00	58	37	70	96	62	40
21	13	65	59	38	35	97	63	05
22	14	30	60	39	00	98	63	70
23	14	95	61	39	65	99	64	35
24	15	60	62	40	30	100	65	00
25	16	25	63	40	95	200	130	00
26	16	90	64	41	60	300	195	00
27	17	55	65	42	25	400	260	00
28	18	20	66	42	90	500	325	00
29	18	85	67	43	55	600	390	00
30	19	50	68	44	20	700	455	00
31	20	15	69	44	85	800	520	00
32	20	80	70	45	50	900	585	00
33	21	45	71	46	15	1 k	650	00
34	22	10	72	46	80	2 k	1300	00
35	22	75	73	47	45	3 k	1950	00
36	23	40	74	48	10	4 k	2600	00
37	24	05	75	48	75	5 k	3250	00
38	24	70	76	49	40			

Or à 70 centimes le gramme.
70 francs les 100 grammes.

gram.	fr.	c.	gram.	fr.	c.	gram.	fr.	c.
1	0	70	39	27	30	77	53	90
2	1	40	40	28	00	78	54	60
3	2	10	41	28	70	79	55	30
4	2	80	42	29	40	80	56	00
5	3	50	43	30	10	81	56	70
6	4	20	44	30	80	82	57	40
7	4	90	45	31	50	83	58	10
8	5	60	46	32	20	84	58	80
9	6	30	47	32	90	85	59	50
10	7	00	48	33	60	86	60	20
11	7	70	49	34	30	87	60	90
12	8	40	50	35	00	88	61	60
13	9	10	51	35	70	89	62	30
14	9	80	52	36	40	90	63	00
15	10	50	53	37	10	91	63	70
16	11	20	54	37	80	92	64	40
17	11	90	55	38	50	93	65	10
18	12	60	56	39	20	94	65	80
19	13	30	57	39	90	95	66	50
20	14	00	58	40	60	96	67	20
21	14	70	59	41	30	97	67	90
22	15	40	60	42	00	98	68	60
23	16	10	61	42	70	99	69	30
24	16	80	62	43	40	100	70	00
25	17	50	63	44	10	200	140	00
26	18	20	64	44	80	300	210	00
27	18	90	65	45	50	400	280	00
28	19	60	66	46	20	500	350	00
29	20	30	67	46	90	600	420	00
30	21	00	68	47	60	700	490	00
31	21	70	69	48	30	800	560	00
32	22	40	70	49	00	900	630	00
33	23	10	71	49	70	1 k	700	00
34	23	80	72	50	40	2 k	1400	00
35	24	50	73	51	10	3 k	2100	00
36	25	20	74	51	80	4 k	2800	00
37	25	90	75	52	50	5 k	3500	00
38	26	60	76	53	20			

PRODUIT des DÉCIGRAMMES.

décig.	fr.	c.	décig.	fr.	c.
1/2	0	3	5	0	32
1	0	6	6	0	39
2	0	13	7	0	45
3	0	19	8	0	52
4	0	26	9	0	58

PRODUIT des DÉCIGRAMMES.

décig.	fr.	c.	décig.	fr.	c.
1/2	0	3	5	0	35
1	0	7	6	0	42
2	0	14	7	0	49
3	0	21	8	0	56
4	0	28	9	0	63

Ajoutez le produit des décigrammes, chaque fois qu'il y aura des fractions dans les pesées.

Or à 75 centimes le gramme.
75 francs les 100 grammes.

gram.	fr.	c.	gram.	fr.	c.	gram.	fr.	c.
1	0	75	39	29	25	77	57	75
2	1	50	40	30	00	78	58	50
3	2	25	41	30	75	79	59	25
4	3	00	42	31	50	80	60	00
5	3	75	43	32	25	81	60	75
6	4	50	44	33	00	82	61	50
7	5	25	45	33	75	83	62	25
8	6	00	46	34	50	84	63	00
9	6	75	47	35	25	85	63	75
10	7	50	48	36	00	86	64	50
11	8	25	49	36	75	87	65	25
12	9	00	50	37	50	88	66	00
13	9	75	51	38	25	89	66	75
14	10	50	52	39	00	90	67	50
15	11	25	53	39	75	91	68	25
16	12	00	54	40	50	92	69	00
17	12	75	55	41	25	93	69	75
18	13	50	56	42	00	94	70	50
19	14	25	57	42	75	95	71	25
20	15	00	58	43	50	96	72	00
21	15	75	59	44	25	97	72	75
22	16	50	60	45	00	98	73	50
23	17	25	61	45	75	99	74	25
24	18	00	62	46	50	100	75	00
25	18	75	63	47	25	200	150	00
26	19	50	64	48	00	300	225	00
27	20	25	65	48	75	400	300	00
28	21	00	66	49	50	500	375	00
29	21	75	67	50	25	600	450	00
30	22	50	68	51	00	700	525	00
31	23	25	69	51	75	800	600	00
32	24	00	70	52	50	900	675	00
33	24	75	71	53	25	1 k.	750	00
34	25	50	72	54	00	2 k.	1500	00
35	26	25	73	54	75	3 k.	2250	00
36	27	00	74	55	50	4 k.	3000	00
37	27	75	75	56	25	5 k.	3750	00
38	28	50	76	57	00			

PRODUIT des DÉCIGRAMMES.	décig.	fr.	c.	décig.	fr.	c.
	1/2	0	3	5	0	37
	1	0	7	6	0	45
	2	0	15	7	0	52
	3	0	22	8	0	60
	4	0	30	9	0	67

Or à 80 centimes le gramme.
80 francs les 100 grammes.

gram.	fr.	c.	gram.	fr.	c.	gram.	fr.	c.
1	0	80	39	31	20	77	61	60
2	1	60	40	32	00	78	62	40
3	2	40	41	32	80	79	63	20
4	3	20	42	33	60	80	64	00
5	4	00	43	34	40	81	64	80
6	4	80	44	35	20	82	65	60
7	5	60	45	36	00	83	66	40
8	6	40	46	36	80	84	67	20
9	7	20	47	37	60	85	68	00
10	8	00	48	38	40	86	68	80
11	8	80	49	39	20	87	69	60
12	9	60	50	40	00	88	70	40
13	10	40	51	40	80	89	71	20
14	11	20	52	41	60	90	72	00
15	12	00	53	42	40	91	72	80
16	12	80	54	43	20	92	73	60
17	13	60	55	44	00	93	74	40
18	14	40	56	44	80	94	75	20
19	15	20	57	45	60	95	76	00
20	16	00	58	46	40	96	76	80
21	16	80	59	47	20	97	77	60
22	17	60	60	48	00	98	78	40
23	18	40	61	48	80	99	79	20
24	19	20	62	49	60	100	80	00
25	20	00	63	50	40	200	160	00
26	20	80	64	51	20	300	240	00
27	21	60	65	52	00	400	320	00
28	22	40	66	52	80	500	400	00
29	23	20	67	53	60	600	480	00
30	24	00	68	54	40	700	560	00
31	24	80	69	55	20	800	640	00
32	25	60	70	56	00	900	720	00
33	26	40	71	56	80	1 k.	800	00
34	27	20	72	57	60	2 k.	1600	00
35	28	00	73	58	40	3 k.	2400	00
36	28	80	74	59	20	4 k.	3200	00
37	29	60	75	60	00	5 k.	4000	00
38	30	40	76	60	80			

PRODUIT des DÉCIGRAMMES.	décig.	fr.	c.	décig.	fr.	c.
	1/2	0	4	5	0	40
	1	0	8	6	0	48
	2	0	16	7	0	56
	3	0	24	8	0	64
	4	0	32	9	0	72

Ajoutez le produit des décigrammes, chaque fois qu'il y aura des fractions dans les pesées.

Or à **85** centimes le gramme.
85 francs les 100 grammes.

gram.	fr.	c.	gram.	fr.	c.	gram.	fr.	c.
1	0	85	39	33	15	77	65	45
2	1	70	40	34	00	78	66	30
3	2	55	41	34	85	79	67	15
4	3	40	42	35	70	80	68	00
5	4	25	43	36	55	81	68	85
6	5	10	44	37	40	82	69	70
7	5	95	45	38	25	83	70	55
8	6	80	46	39	10	84	71	40
9	7	65	47	39	95	85	72	25
10	8	50	48	40	80	86	73	10
11	9	35	49	41	65	87	73	95
12	10	20	50	42	50	88	74	80
13	11	05	51	43	35	89	75	65
14	11	90	52	44	20	90	76	50
15	12	75	53	45	05	91	77	35
16	13	60	54	45	90	92	78	20
17	14	45	55	46	75	93	79	05
18	15	30	56	47	60	94	79	90
19	16	15	57	48	45	95	80	75
20	17	00	58	49	30	96	81	60
21	17	85	59	50	15	97	82	45
22	18	70	60	51	00	98	83	30
23	19	55	61	51	85	99	84	15
24	20	40	62	52	70	100	85	00
25	21	25	63	53	55	200	170	00
26	22	10	64	54	40	300	255	00
27	22	95	65	55	25	400	340	00
28	23	80	66	56	10	500	425	00
29	24	65	67	56	95	600	510	00
30	25	50	68	57	80	700	595	00
31	26	35	69	58	65	800	680	00
32	27	20	70	59	50	900	765	00
33	28	05	71	60	35	1 k.	850	00
34	28	90	72	61	20	2 k.	1700	00
35	29	75	73	62	05	3 k.	2550	00
36	30	60	74	62	90	4 k.	3400	00
37	31	45	75	63	75	5 k.	4250	00
38	32	30	76	64	60			

PRODUIT des DÉCIGRAMMES.	décig.	fr.	c.	décig.	fr.	c.
	½	0	4	5	0	42
	1	0	8	6	0	51
	2	0	17	7	0	59
	3	0	25	8	0	68
	4	0	34	9	0	76

Or à **90** centimes le gramme.
90 francs les 100 grammes.

gram.	fr.	c.	gram.	fr.	c.	gram.	fr.	c.
1	0	90	39	35	10	77	69	30
2	1	80	40	36	00	78	70	20
3	2	70	41	36	90	79	71	10
4	3	60	42	37	80	80	72	00
5	4	50	43	38	70	81	72	90
6	5	40	44	39	60	82	73	80
7	6	30	45	40	50	83	74	70
8	7	20	46	41	40	84	75	60
9	8	10	47	42	30	85	76	50
10	9	00	48	43	20	86	77	40
11	9	90	49	44	10	87	78	30
12	10	80	50	45	00	88	79	20
13	11	70	51	45	90	89	80	10
14	12	60	52	46	80	90	81	00
15	13	50	53	47	70	91	81	90
16	14	40	54	48	60	92	82	80
17	15	30	55	49	50	93	83	70
18	16	20	56	50	40	94	84	60
19	17	10	57	51	30	95	85	50
20	18	00	58	52	20	96	86	40
21	18	90	59	53	10	97	87	30
22	19	80	60	54	00	98	88	20
23	20	70	61	54	90	99	89	10
24	21	60	62	55	80	100	90	00
25	22	50	63	56	70	200	180	00
26	23	40	64	57	60	300	270	00
27	24	30	65	58	50	400	360	00
28	25	20	66	59	40	500	450	00
29	26	10	67	60	30	600	540	00
30	27	00	68	61	20	700	630	00
31	27	90	69	62	10	800	720	00
32	28	80	70	63	00	900	810	00
33	29	70	71	63	90	1 k.	900	00
34	30	60	72	64	80	2 k.	1800	00
35	31	50	73	65	70	3 k.	2700	00
36	32	40	74	66	60	4 k.	3600	00
37	33	30	75	67	50	5 k.	4500	00
38	34	20	76	68	40			

PRODUIT des DÉCIGRAMMES.	décig.	fr.	c.	décig.	fr.	c.
	½	0	4	5	0	45
	1	0	9	6	0	54
	2	0	18	7	0	63
	3	0	27	8	0	72
	4	0	36	9	0	81

Ajoutez le produit des décigrammes, chaque fois qu'il y aura des fractions dans les pesées.

Or à 95 centimes le gramme.
95 francs les 100 grammes.

gram.	fr.	c.	gram.	fr.	c.	gram.	fr.	c.
1	0	95	39	37	05	77	73	15
2	1	90	40	38	00	78	74	10
3	2	85	41	38	95	79	75	05
4	3	80	42	39	90	80	76	00
5	4	75	43	40	85	81	76	95
6	5	70	44	41	80	82	77	90
7	6	65	45	42	75	83	78	85
8	7	60	46	43	70	84	79	80
9	8	55	47	44	65	85	80	75
10	9	50	48	45	60	86	81	70
11	10	45	49	46	55	87	82	65
12	11	40	50	47	50	88	83	60
13	12	35	51	48	45	89	84	55
14	13	30	52	49	40	90	85	50
15	14	25	53	50	35	91	86	45
16	15	20	54	51	30	92	87	40
17	16	15	55	52	25	93	88	35
18	17	10	56	53	20	94	89	30
19	18	05	57	54	15	95	90	25
20	19	00	58	55	10	96	91	20
21	19	95	59	56	05	97	92	15
22	20	90	60	57	00	98	93	10
23	21	85	61	57	95	99	94	05
24	22	80	62	58	90	100	95	00
25	23	75	63	59	85	200	190	00
26	24	70	64	60	80	300	285	00
27	25	65	65	61	75	400	880	00
28	26	60	66	62	70	500	475	00
29	27	55	67	63	65	600	570	00
30	28	50	68	64	60	700	665	00
31	29	45	69	65	55	800	760	00
32	30	40	70	66	50	900	855	00
33	31	35	71	67	45	1 k.	950	00
34	32	30	72	68	40	2 k.	1900	00
35	33	25	73	69	35	3 k.	2850	00
36	34	20	74	70	30	4 k.	3800	00
37	35	15	75	71	25	5 k.	4750	00
38	36	10	76	72	20			

PRODUIT des DÉCIGRAMMES.	décig.	fr.	c.	décig.	fr.	c.
	½	0	4	5	0	47
	1	0	9	6	0	57
	2	0	19	7	0	66
	3	0	28	8	0	76
	4	0	38	9	0	85

Or à 1 franc le gramme.
100 francs les 100 grammes.

gram.	fr.	c.	gram.	fr.	c.	gram.	fr.	c.
1	1	00	39	39	00	77	77	00
2	2	00	40	40	00	78	78	00
3	3	00	41	41	00	79	79	00
4	4	00	42	42	00	80	80	00
5	5	00	43	43	00	81	81	00
6	6	00	44	44	00	82	82	00
7	7	00	45	45	00	83	83	00
8	8	00	46	46	00	84	84	00
9	9	00	47	47	00	85	85	00
10	10	00	48	48	00	86	86	00
11	11	00	49	49	00	87	87	00
12	12	00	50	50	00	88	88	00
13	13	00	51	51	00	89	89	00
14	14	00	52	52	00	90	90	00
15	15	00	53	53	00	91	91	00
16	16	00	54	54	00	92	92	00
17	17	00	55	55	00	93	93	00
18	18	00	56	56	00	94	94	00
19	19	00	57	57	00	95	95	00
20	20	00	58	58	00	96	96	00
21	21	00	59	59	00	97	97	00
22	22	00	60	60	00	98	98	00
23	23	00	61	61	00	99	99	00
24	24	00	62	62	00	100	100	00
25	25	00	63	63	00	200	200	00
26	26	00	64	64	00	300	300	00
27	27	00	65	65	00	400	490	00
28	28	00	66	66	00	500	500	00
29	29	00	67	67	00	600	600	00
30	30	00	68	68	00	700	700	00
31	31	00	69	69	00	800	800	00
32	32	00	70	70	00	900	900	00
33	33	00	71	71	00	1 k.	1000	00
34	34	00	72	72	00	2 k.	2000	00
35	35	00	73	73	00	3 k.	3000	00
36	36	00	74	74	00	4 k.	4000	00
37	37	00	75	75	00	5 k.	5000	00
38	38	00	76	76	00			

PRODUIT des DÉCIGRAMMES.	décig.	fr.	c.	décig.	fr.	c.
	½	0	5	5	0	50
	1	0	10	6	0	60
	2	0	20	7	0	70
	3	0	30	8	0	80
	4	0	40	9	0	90

Ajoutez le produit des décigrammes, chaque fois qu'il y aura des fractions dans les pesées.

Or à **1** franc **05** centimes le gramme.
105 francs les 100 grammes.

gram.	fr.	c.	gram.	fr.	c.	gram.	fr.	c.
1	1	05	39	40	95	77	80	85
2	2	10	40	42	00	78	81	90
3	3	15	41	43	05	79	82	95
4	4	20	42	44	10	80	84	00
5	5	25	43	45	15	81	85	05
6	6	30	44	46	20	82	86	10
7	7	35	45	47	25	83	87	15
8	8	40	46	48	30	84	88	20
9	9	45	47	49	35	85	89	25
10	10	50	48	50	40	86	90	30
11	11	55	49	51	45	87	91	35
12	12	60	50	52	50	88	92	40
13	13	65	51	53	55	89	93	45
14	14	70	52	54	60	90	94	50
15	15	75	53	55	65	91	95	55
16	16	80	54	56	70	92	96	60
17	17	85	55	57	75	93	97	65
18	18	90	56	58	80	94	98	70
19	19	95	57	59	85	95	99	75
20	21	00	58	60	90	96	100	80
21	22	05	59	61	95	97	101	85
22	23	10	60	63	00	98	102	90
23	24	15	61	64	05	99	103	95
24	25	20	62	65	10	100	105	00
25	26	25	63	66	15	200	210	00
26	27	30	64	67	20	300	315	00
27	28	35	65	68	25	400	420	00
28	29	40	66	69	30	500	525	00
29	30	45	67	70	35	600	630	00
30	31	50	68	71	40	700	735	00
31	32	55	69	72	45	800	840	00
32	33	60	70	73	50	900	945	00
33	34	65	71	74	55	1 k.	1050	00
34	35	70	72	75	60	2 k.	2100	00
35	36	75	73	76	65	3 k.	3150	00
36	37	80	74	77	70	4 k.	4200	00
37	38	85	75	78	75	5 k.	5250	00
38	39	90	76	79	80			

PRODUIT des DÉCIGRAMMES.	décig.	fr.	c.	décig.	fr.	c.
	1/2	0	.5	5	0	.52
	1	0	.10	6	0	.63
	2	0	.21	7	0	.73
	3	0	.31	8	0	.84
	4	0	.42	9	0	.94

Or à **1** franc **10** centimes le gramme.
110 francs les 100 grammes.

gram.	fr.	c.	gram	fr.	c.	gram.	fr.	c.
1	1	10	39	42	90	77	84	70
2	2	20	40	44	00	78	85	80
3	3	30	41	45	10	79	86	90
4	4	40	42	46	20	80	88	00
5	5	50	43	47	30	81	89	10
6	6	60	44	48	40	82	90	20
7	7	70	45	49	50	83	91	30
8	8	80	46	50	60	84	92	40
9	9	90	47	51	70	85	93	50
10	11	00	48	52	80	86	94	60
11	12	10	49	53	90	87	95	70
12	13	20	50	55	00	88	96	80
13	14	30	51	56	10	89	97	90
14	15	40	52	57	20	90	99	00
15	16	50	53	58	30	91	100	10
16	17	60	54	59	40	92	101	20
17	18	70	55	60	50	93	102	30
18	19	80	56	61	60	94	103	40
19	20	90	57	62	70	95	104	50
20	22	00	58	63	80	96	105	60
21	23	10	59	64	90	97	106	70
22	24	20	60	66	00	98	107	80
23	25	30	61	67	10	99	108	90
24	26	40	62	68	20	100	110	00
25	27	50	63	69	30	200	220	00
26	28	60	64	70	40	300	330	00
27	29	70	65	71	50	400	440	00
28	30	80	66	72	60	500	550	00
29	31	90	67	73	70	600	660	00
30	33	00	68	74	80	700	770	00
31	34	10	69	75	90	800	880	00
32	35	20	70	77	00	900	990	00
33	36	30	71	78	10	1 k.	1100	00
34	37	40	72	79	20	2 k.	2200	00
35	38	50	73	80	30	3 k.	3300	00
36	39	60	74	81	40	4 k.	4400	00
37	40	70	75	82	50	5 k.	5500	00
38	41	80	76	83	60			

PRODUIT des DÉCIGRAMMES.	décig.	fr.	c.	décig.	fr.	c.
	1/2	0	.5	5	0	.55
	1	0	.11	6	0	.66
	2	0	.22	7	0	.77
	3	0	.33	8	0	.88
	4	0	.44	9	0	.99

Ajoutez le produit des décigrammes, chaque fois qu'il y aura des fractions dans les pesées.

Or à 1 franc 15 centimes le gramme.
115 francs les 100 grammes.

gram.	fr.	c.	gram.	fr.	c.	gram.	fr.	c.
1	1	15	39	44	85	77	88	55
2	2	30	40	46	00	78	89	70
3	3	45	41	47	15	79	90	85
4	4	60	42	48	30	80	92	00
5	5	75	43	49	45	81	93	15
6	6	90	44	50	60	82	94	30
7	8	05	45	51	75	83	95	45
8	9	20	46	52	90	84	96	60
9	10	35	47	54	05	85	97	75
10	11	50	48	55	20	86	98	90
11	12	65	49	56	35	87	100	05
12	13	80	50	57	50	88	101	20
13	14	95	51	58	65	89	102	35
14	16	10	52	59	80	90	103	50
15	17	25	53	60	95	91	104	65
16	18	40	54	62	10	92	105	80
17	19	55	55	63	25	93	106	95
18	20	70	56	64	40	94	108	10
19	21	85	57	65	55	95	109	25
20	23	00	58	66	70	96	110	40
21	24	15	59	67	85	97	111	55
22	25	30	60	69	00	98	112	70
23	26	45	61	70	15	99	113	85
24	27	60	62	71	30	100	115	00
25	28	75	63	72	45	200	230	00
26	29	90	64	73	60	300	345	00
27	31	05	65	74	75	400	460	00
28	32	20	66	75	90	500	575	00
29	33	35	67	77	05	600	690	00
30	34	50	68	78	20	700	805	00
31	35	65	69	79	35	800	920	00
32	36	80	70	80	50	900	1035	00
33	37	95	71	81	65	1 k.	1150	00
34	39	10	72	82	80	2 k.	2300	00
35	40	25	73	83	95	3 k.	3450	00
36	41	40	74	85	10	4 k.	4600	00
37	42	55	75	86	25	5 k.	5750	00
38	43	70	76	87	40			

PRODUIT des DÉCIGRAMMES.	décig.	fr.	c.	décig.	fr.	c.
	1/2	0	5	5	0	57
	1	0	11	6	0	69
	2	0	23	7	0	80
	3	0	34	8	0	92
	4	0	46	9	1	03

Or à 1 franc 20 centimes le gramme.
120 francs les 100 grammes.

gram.	fr.	c.	gram.	fr.	c.	gram.	fr.	c.
1	1	20	39	46	80	77	92	40
2	2	40	40	48	00	78	93	60
3	3	60	41	49	20	79	94	80
4	4	80	42	50	40	80	96	00
5	6	00	43	51	60	81	97	20
6	7	20	44	52	80	82	98	40
7	8	40	45	54	00	83	99	60
8	9	60	46	55	20	84	100	80
9	10	80	47	56	40	85	102	00
10	12	00	48	57	60	86	103	20
11	13	20	49	58	80	87	104	40
12	14	40	50	60	00	88	105	60
13	15	60	51	61	20	89	106	80
14	16	80	52	62	40	90	108	00
15	18	00	53	63	60	91	109	20
16	19	20	54	64	80	92	110	40
17	20	40	55	66	00	93	111	60
18	21	60	56	67	20	94	112	80
19	22	80	57	68	40	95	114	00
20	24	00	58	69	60	96	115	20
21	25	20	59	70	80	97	116	40
22	26	40	60	72	00	98	117	60
23	27	60	61	73	20	99	118	80
24	28	80	62	74	40	100	120	00
25	30	00	63	75	60	200	240	00
26	31	20	64	76	80	300	360	00
27	32	40	65	78	00	400	480	00
28	33	60	66	79	20	500	600	00
29	34	80	67	80	40	600	720	00
30	36	00	68	81	60	700	840	00
31	37	20	69	82	80	800	960	00
32	38	40	70	84	00	900	1080	00
33	39	60	71	85	20	1 k.	1200	00
34	40	80	72	86	40	2 k.	2400	00
35	42	00	73	87	60	3 k.	3600	00
36	43	20	74	88	80	4 k.	4800	00
37	44	40	75	90	00	5 k.	6000	00
38	45	60	76	91	20			

PRODUIT des DÉCIGRAMMES.	décig.	fr.	c.	décig.	fr.	c.
	1/2	0	6	5	0	60
	1	0	12	6	0	72
	2	0	24	7	0	84
	3	0	36	8	0	98
	4	0	48	9	1	08

Ajoutez le produit des décigrammes, chaque fois qu'il y aura des fractions dans les pesées.

Or à 1 franc 25 centimes le gramme.
125 francs les 100 grammes.

gram.	fr.	c.	gram.	fr.	c.	gram.	fr.	c.
1	1	25	39	48	75	77	96	25
2	2	50	40	50	00	78	97	50
3	3	75	41	51	25	79	98	75
4	5	00	42	52	50	80	100	00
5	6	25	43	53	75	81	101	25
6	7	50	44	55	00	82	102	50
7	8	75	45	56	25	83	103	75
8	10	00	46	57	50	84	105	00
9	11	25	47	58	75	85	106	25
10	12	50	48	60	00	86	107	50
11	13	75	49	61	25	87	108	75
12	15	00	50	62	50	88	110	00
13	16	25	51	63	75	89	111	25
14	17	50	52	65	00	90	112	50
15	18	75	53	66	25	91	113	75
16	20	00	54	67	50	92	115	00
17	21	25	55	68	75	93	116	25
18	22	50	56	70	00	94	117	50
19	23	75	57	71	25	95	118	75
20	25	00	58	72	50	96	120	00
21	26	25	59	73	75	97	121	25
22	27	50	60	75	00	98	122	50
23	28	75	61	76	25	99	123	75
24	30	00	62	77	50	100	125	00
25	31	25	63	78	75	200	250	00
26	32	50	64	80	00	300	375	00
27	33	75	65	81	25	400	500	00
28	35	00	66	82	50	500	625	00
29	36	25	67	83	75	600	750	00
30	37	50	68	85	00	700	875	00
31	38	75	69	86	25	800	1000	00
32	40	00	70	87	50	900	1125	00
33	41	25	71	88	75	1 k.	1250	00
34	42	50	72	90	00	2 k.	2500	00
35	43	75	73	91	25	3 k.	3750	00
36	45	00	74	92	50	4 k.	5000	00
37	46	25	75	93	75	5 k.	6250	00
38	47	50	76	95	00			

PRODUIT des DÉCIGRAMMES.	décig.	fr.	c.	décig.	fr.	c.
	1/2	0	6	5	0	62
	1	0	12	6	0	75
	2	0	25	7	0	87
	3	0	37	8	1	00
	4	0	50	9	1	12

Or à 1 franc 30 centimes le gramme.
130 francs les 100 grammes.

gram.	fr.	c.	gram.	fr.	c.	gram.	fr.	c.
1	1	30	39	50	70	77	100	10
2	2	60	40	52	00	78	101	40
3	3	90	41	53	30	79	102	70
4	5	20	42	54	60	80	104	00
5	6	50	43	55	90	81	105	30
6	7	80	44	57	20	82	106	60
7	9	10	45	58	50	83	107	90
8	10	40	46	59	80	84	109	20
9	11	70	47	61	10	85	110	50
10	13	00	48	62	40	86	111	80
11	14	30	49	63	70	87	113	10
12	15	60	50	65	00	88	114	40
13	16	90	51	66	30	89	115	70
14	18	20	52	67	60	90	117	00
15	19	50	53	68	90	91	118	30
16	20	80	54	70	20	92	119	60
17	22	10	55	71	50	93	120	90
18	23	40	56	72	80	94	122	20
19	24	70	57	74	10	95	123	50
20	26	00	58	75	40	96	124	80
21	27	30	59	76	70	97	126	10
22	28	60	60	78	00	98	127	40
23	29	90	61	79	30	99	128	70
24	31	20	62	80	60	100	130	00
25	32	50	63	81	90	200	260	00
26	33	80	64	83	20	300	390	00
27	35	10	65	84	50	400	520	00
28	36	40	66	85	80	500	650	00
29	37	70	67	87	10	600	780	00
30	39	00	68	88	40	700	910	00
31	40	30	69	89	70	800	1040	00
32	41	60	70	91	00	900	1170	00
33	42	90	71	92	30	1 k.	1300	00
34	44	20	72	93	60	2 k.	2600	00
35	45	50	73	94	90	3 k.	3900	00
36	46	80	74	96	20	4 k.	5200	00
37	48	10	75	97	50	5 k.	6500	00
38	49	40	76	98	80			

PRODUIT des DÉCIGRAMMES.	décig.	fr.	c.	décig.	fr.	c.
	1/2	0	6	5	0	65
	1	0	13	6	0	78
	2	0	26	7	0	91
	3	0	39	8	1	04
	4	0	52	9	1	17

Ajoutez le produit des décigrammes, chaque fois qu'il y aura des fractions dans les pesées.

Or à **1** franc **35** centimes le gramme.
135 francs les 100 grammes.

gram.	fr.	c.	gram.	fr.	c.	gram.	fr.	c.
1	1	35	39	52	65	77	103	95
2	2	70	40	54	00	78	105	30
3	4	05	41	55	35	79	106	65
4	5	40	42	56	70	80	108	00
5	6	75	43	58	05	81	109	35
6	8	10	44	59	40	82	110	70
7	9	45	45	60	75	83	112	05
8	10	80	46	62	10	84	113	40
9	12	15	47	63	45	85	114	75
10	13	50	48	64	80	86	116	10
11	14	85	49	66	15	87	117	45
12	16	20	50	67	50	88	118	80
13	17	55	51	68	85	89	120	15
14	18	90	52	70	20	90	121	50
15	20	25	53	71	55	91	122	85
16	21	60	54	72	90	92	124	20
17	22	95	55	74	25	93	125	55
18	24	30	56	75	60	94	126	90
19	25	65	57	76	95	95	128	25
20	27	00	58	78	30	96	129	60
21	28	35	59	79	65	97	130	95
22	29	70	60	81	00	98	132	30
23	31	05	61	82	35	99	133	65
24	32	40	62	83	70	100	135	00
25	33	75	63	85	05	200	270	00
26	35	10	64	86	40	300	405	00
27	36	45	65	87	75	400	540	00
28	37	80	66	89	10	500	675	00
29	39	15	67	90	45	600	810	00
30	40	50	68	91	80	700	945	00
31	41	85	69	93	15	800	1080	00
32	43	20	70	94	50	900	1215	00
33	44	55	71	95	85	1 k.	1350	00
34	45	90	72	97	20	2 k.	2700	00
35	47	25	73	98	55	3 k.	4050	00
36	48	60	74	99	90	4 k.	5400	00
37	49	95	75	101	25	5 k.	6750	00
38	51	30	76	102	60			

PRODUIT des DÉCIGRAMMES.	décig.	fr.	c.	décig.	fr.	c.
	1/2	0	6	5	0	67
	1	0	13	6	0	81
	2	0	27	7	0	94
	3	0	40	8	1	08
	4	0	54	9	1	21

Or à **1** franc **40** centimes le gramme.
140 francs les 100 grammes.

gram.	fr.	c.	gram.	fr.	c.	gram.	fr.	c.
1	1	40	39	54	60	77	107	80
2	2	80	40	56	00	78	109	20
3	4	20	41	57	40	79	110	60
4	5	60	42	58	80	80	112	00
5	7	00	43	60	20	81	113	40
6	8	40	44	61	60	82	114	80
7	9	80	45	63	00	83	116	20
8	11	20	46	64	40	84	117	60
9	12	60	47	65	80	85	119	00
10	14	00	48	67	20	86	120	40
11	15	40	49	68	60	87	121	80
12	16	80	50	70	00	88	123	20
13	18	20	51	71	40	89	124	60
14	19	60	52	72	80	90	126	00
15	21	00	53	74	20	91	127	40
16	22	40	54	75	60	92	128	80
17	23	80	55	77	00	93	130	20
18	25	20	56	78	40	94	131	60
19	26	60	57	79	80	95	133	00
20	28	00	58	81	20	96	134	40
21	29	40	59	82	60	97	135	80
22	30	80	60	84	00	98	137	20
23	32	20	61	85	40	99	138	60
24	33	60	62	86	80	100	140	00
25	35	00	63	88	20	200	280	00
26	36	40	64	89	60	300	420	00
27	37	80	65	91	00	400	560	00
28	39	20	66	92	40	500	700	00
29	40	60	67	93	80	600	840	00
30	42	00	68	95	20	700	980	00
31	43	40	69	96	60	800	1120	00
32	44	80	70	98	00	900	1260	00
33	46	20	71	99	40	1 k.	1400	00
34	47	60	72	100	80	2 k.	2800	00
35	49	00	73	102	20	3 k.	4200	00
36	50	40	74	103	60	4 k.	5600	00
37	51	80	75	105	00	5 k.	7000	00
38	53	20	76	106	40			

PRODUIT des DÉCIGRAMMES.	décig.	fr.	c.	décig.	fr.	c.
	1/2	0	7	5	0	70
	1	0	14	6	0	84
	2	0	28	7	0	98
	3	0	42	8	1	12
	4	0	56	9	1	26

Ajoutez le produit des décigrammes, chaque fois qu'il y aura des fractions dans les pesées.

Or à 1 franc 45 centimes le gramme.
145 francs les 100 grammes.

gram.	fr.	c.	gram.	fr.	c.	gram.	fr.	c.
1	1	45	39	56	55	77	111	65
2	2	90	40	58	00	78	113	10
3	4	35	41	59	45	79	114	55
4	5	80	42	60	90	80	116	00
5	7	25	43	62	35	81	117	45
6	8	70	44	63	80	82	118	90
7	10	15	45	65	25	83	120	35
8	11	60	46	66	70	84	121	80
9	13	05	47	68	15	85	123	25
10	14	50	48	69	60	86	124	70
11	15	95	49	71	05	87	126	15
12	17	40	50	72	50	88	127	60
13	18	85	51	73	95	89	129	05
14	20	30	52	75	40	90	130	50
15	21	75	53	76	85	91	131	95
16	23	20	54	78	30	92	133	40
17	24	65	55	79	75	93	134	85
18	26	10	56	81	20	94	136	30
19	27	55	57	82	65	95	137	75
20	29	00	58	84	10	96	139	20
21	30	45	59	85	55	97	140	65
22	31	90	60	87	00	98	142	10
23	33	35	61	88	45	99	143	55
24	34	80	62	89	90	100	145	00
25	36	25	63	91	35	200	290	00
26	37	70	64	92	80	300	435	00
27	39	15	65	94	25	400	580	00
28	40	60	66	95	70	500	725	00
29	42	05	67	97	15	600	870	00
30	43	50	68	98	60	700	1015	00
31	44	95	69	100	05	800	1160	00
32	46	40	70	101	50	900	1305	00
33	47	85	71	102	95	1 k.	1450	00
34	49	30	72	104	40	2 k.	2900	00
35	50	75	73	105	85	3 k.	4350	00
36	52	20	74	107	30	4 k.	5800	00
37	53	65	75	108	75	5 k.	7250	00
38	55	10	76	110	20			

PRODUIT des DÉCIGRAMMES.	décig.	fr.	c.	décig.	fr.	c.
	1/2	0	7	5	0	72
	1	0	14	6	0	87
	2	0	29	7	1	04
	3	0	43	8	1	16
	4	0	58	9	1	30

Or à 1 franc 50 centimes le gramme.
150 francs les 100 grammes.

gram.	fr.	c.	gram.	fr.	c.	gram.	fr.	c.
1	1	50	39	58	50	77	115	50
2	3	00	40	60	00	78	117	00
3	4	50	41	61	50	79	118	50
4	6	00	42	63	00	80	120	00
5	7	50	43	64	50	81	121	50
6	9	00	44	66	00	82	123	00
7	10	50	45	67	50	83	124	50
8	12	00	46	69	00	84	126	00
9	13	50	47	70	50	85	127	50
10	15	00	48	72	00	86	129	00
11	16	50	49	73	50	87	130	50
12	18	00	50	75	00	88	132	00
13	19	50	51	76	50	89	133	50
14	21	00	52	78	00	90	135	00
15	22	50	53	79	50	91	136	50
16	24	00	54	81	00	92	138	00
17	25	50	55	82	50	93	139	50
18	27	00	56	84	00	94	141	00
19	28	50	57	85	50	95	142	50
20	30	00	58	87	00	96	144	00
21	31	50	59	88	50	97	145	50
22	33	00	60	90	00	98	147	00
23	34	50	61	91	50	99	148	50
24	36	00	62	93	00	100	150	00
25	37	50	63	94	50	200	300	00
26	39	00	64	96	00	300	450	00
27	40	50	65	97	50	400	600	00
28	42	00	66	99	00	500	750	00
29	43	50	67	100	50	600	900	00
30	45	00	68	102	00	700	1050	00
31	46	50	69	103	50	800	1200	00
32	48	00	70	105	00	900	1350	00
33	49	50	71	106	50	1 k.	1500	00
34	51	00	72	108	00	2 k.	3000	00
35	52	50	73	109	50	3 k.	4500	00
36	54	00	74	111	00	4 k.	6000	00
37	55	50	75	112	50	5 k.	7500	00
38	57	00	76	114	00			

PRODUIT des DÉCIGRAMMES.	décig.	fr.	c.	décig.	fr.	c.
	1/2	0	7	5	0	75
	1	0	15	6	0	90
	2	0	30	7	1	05
	3	0	45	8	1	20
	4	0	60	9	1	35

Ajoutez le produit des décigrammes, chaque fois qu'il y aura des fractions dans les pesées.

Or à 1 franc 55 centimes le gramme.
155 francs les 100 grammes.

gram.	fr.	c.	gram.	fr.	c.	gram.	fr.	c.
1	1	55	39	60	45	77	119	35
2	3	10	40	62	00	78	120	90
3	4	65	41	63	55	79	122	45
4	6	20	42	65	10	80	124	00
5	7	75	43	66	65	81	125	55
6	9	30	44	68	20	82	127	10
7	10	85	45	69	75	83	128	65
8	12	40	46	71	30	84	130	20
9	13	95	47	72	85	85	131	75
10	15	50	48	74	40	86	133	30
11	17	05	49	75	95	87	134	85
12	18	60	50	77	50	88	136	40
13	20	15	51	79	05	89	137	95
14	21	70	52	80	60	90	139	50
15	23	25	53	82	15	91	141	05
16	24	80	54	83	70	92	142	60
17	26	35	55	85	25	93	144	15
18	27	90	56	86	80	94	145	70
19	29	45	57	88	35	95	147	25
20	31	00	58	89	90	96	148	80
21	32	55	59	91	45	97	150	35
22	34	10	60	93	00	98	151	90
23	35	65	61	94	55	99	153	45
24	37	20	62	96	10	100	155	00
25	38	75	63	97	65	200	310	00
26	40	30	64	99	20	300	465	00
27	41	85	65	100	75	400	620	00
28	43	40	66	102	30	500	775	00
29	44	95	67	103	85	600	930	00
30	46	50	68	105	40	700	1085	00
31	48	05	69	106	95	800	1240	00
32	49	60	70	108	50	900	1395	00
33	51	15	71	110	05	1 k.	1550	00
34	52	70	72	111	60	2 k.	3100	00
35	54	25	73	113	15	3 k.	4650	00
36	55	80	74	114	70	4 k.	6200	00
37	57	35	75	116	25	5 k.	7750	00
38	58	90	76	117	80			

PRODUIT des DÉCIGRAMMES.	décig.	fr.	c.	décig.	fr.	c.
	1/2	0	7	5	0	77
	1	0	15	6	0	93
	2	0	31	7	1	08
	3	0	46	8	1	24
	4	0	62	9	1	39

Or à 1 franc 60 centimes le gramme.
160 francs les 100 grammes.

gram.	fr.	c.	gram.	fr.	c.	gram.	fr.	c.
1	1	60	39	62	40	77	123	20
2	3	20	40	64	00	78	124	80
3	4	80	41	65	60	79	126	40
4	6	40	42	67	20	80	128	00
5	8	00	43	68	80	81	129	60
6	9	60	44	70	40	82	131	20
7	11	20	45	72	00	83	132	80
8	12	80	46	73	60	84	134	40
9	14	40	47	75	20	85	136	00
10	16	00	48	76	80	86	137	60
11	17	60	49	78	40	87	139	20
12	19	20	50	80	00	88	140	80
13	20	80	51	81	60	89	142	40
14	22	40	52	83	20	90	144	00
15	24	00	53	84	80	91	145	60
16	25	60	54	86	40	92	147	20
17	27	20	55	88	00	93	148	80
18	28	80	56	89	60	94	150	40
19	30	40	57	91	20	95	152	00
20	32	00	58	92	80	96	153	60
21	33	60	59	94	40	97	155	20
22	35	20	60	96	00	98	156	80
23	36	80	61	97	60	99	158	40
24	38	40	62	99	20	100	160	00
25	40	00	63	100	80	200	320	00
26	41	60	64	102	40	300	480	00
27	43	20	65	104	00	400	640	00
28	44	80	66	105	60	500	800	00
29	46	40	67	107	20	600	960	00
30	48	00	68	108	80	700	1120	00
31	49	60	69	110	40	800	1280	00
32	51	20	70	112	00	900	1440	00
33	52	80	71	113	60	1 k.	1600	00
34	54	40	72	115	20	2 k.	3200	00
35	56	00	73	116	80	3 k.	4800	00
36	57	60	74	118	40	4 k.	6400	00
37	59	20	75	120	00	5 k.	8000	00
38	60	80	76	121	60			

PRODUIT des DÉCIGRAMMES.	décig.	fr.	c.	décig.	fr.	c.
	1/2	0	8	5	0	80
	1	0	16	6	0	96
	2	0	32	7	1	12
	3	0	48	8	1	28
	4	0	64	9	1	44

Ajoutez le produit des décigrammes, chaque fois qu'il y aura des fractions dans les pesées.

Or à 1 franc 65 centimes le gramme.
165 francs les 100 grammes.

gram.	fr.	c.	gram.	fr.	c.	gram.	fr.	c.
1	1	65	39	64	35	77	127	05
2	3	30	40	66	00	78	128	70
3	4	95	41	67	65	79	130	35
4	6	60	42	69	30	80	132	00
5	8	25	43	70	95	81	133	65
6	9	90	44	72	60	82	135	30
7	11	55	45	74	25	83	136	95
8	13	20	46	75	90	84	138	60
9	14	85	47	77	55	85	140	25
10	16	50	48	79	20	86	141	90
11	18	15	49	80	85	87	143	55
12	19	80	50	82	50	88	145	20
13	21	45	51	84	15	89	146	85
14	23	10	52	85	80	90	148	50
15	24	75	53	87	45	91	150	15
16	26	40	54	89	10	92	151	80
17	28	05	55	90	75	93	153	45
18	29	70	56	92	40	94	155	10
19	31	35	57	94	05	95	156	75
20	33	00	58	95	70	96	158	40
21	34	65	59	97	35	97	160	05
22	36	30	60	99	00	98	161	70
23	37	95	61	100	65	99	163	35
24	39	60	62	102	30	100	165	00
25	41	25	63	103	95	200	330	00
26	42	90	64	105	60	300	495	00
27	44	55	65	107	25	400	660	00
28	46	20	66	108	90	500	825	00
29	47	85	67	110	55	600	990	00
30	49	50	68	112	20	700	1155	00
31	51	15	69	113	85	800	1320	00
32	52	80	70	115	50	900	1485	00
33	54	45	71	117	15	1 k.	1650	00
34	56	10	72	118	80	2 k.	3300	00
35	57	75	73	120	45	3 k.	4950	00
36	59	40	74	122	10	4 k.	6600	00
37	61	05	75	123	75	5 k.	8250	00
38	62	70	76	125	40			

PRODUIT des DÉCIGRAMMES.	décig.	fr.	c.	décig.	fr.	c.
	1/2	0	8	5	0	82
	1	0	16	6	0	99
	2	0	33	7	1	15
	3	0	49	8	1	32
	4	0	66	9	1	48

Or à 1 franc 70 centimes le gramme.
170 francs les 100 grammes.

gram.	fr.	c.	gram.	fr.	c.	gram.	fr.	c.
1	1	70	39	66	30	77	130	90
2	3	40	40	68	00	78	132	60
3	5	10	41	69	70	79	134	30
4	6	80	42	71	40	80	136	00
5	8	50	43	73	10	81	137	70
6	10	20	44	74	80	82	139	40
7	11	90	45	76	50	83	141	10
8	13	60	46	78	20	84	142	80
9	15	30	47	79	90	85	144	50
10	17	00	48	81	60	86	146	20
11	18	70	49	83	30	87	147	90
12	20	40	50	85	00	88	149	60
13	22	10	51	86	70	89	151	30
14	23	80	52	88	40	90	153	00
15	25	50	53	90	10	91	154	70
16	27	20	54	91	80	92	156	40
17	28	90	55	93	50	93	158	10
18	30	60	56	95	20	94	159	80
19	32	30	57	96	90	95	161	50
20	34	00	58	98	60	96	163	20
21	35	70	59	100	30	97	164	90
22	37	40	60	102	00	98	166	60
23	39	10	61	103	70	99	168	30
24	40	80	62	105	40	100	170	00
25	42	50	63	107	10	200	340	00
26	44	20	64	108	80	300	510	00
27	45	90	65	110	50	400	680	00
28	47	60	66	112	20	500	850	00
29	49	30	67	113	90	600	1020	00
30	51	00	68	115	60	700	1190	00
31	52	70	69	117	30	800	1360	00
32	54	40	70	119	00	900	1530	00
33	56	10	71	120	70	1 k.	1700	00
34	57	80	72	122	40	2 k.	3400	00
35	59	50	73	124	10	3 k.	5100	00
36	61	20	74	125	80	4 k.	6800	00
37	62	90	75	127	50	5 k.	8500	00
38	64	60	76	129	20			

PRODUIT des DÉCIGRAMMES.	décig.	fr.	c.	décig.	fr.	c.
	1/2	0	8	5	0	85
	1	0	17	6	1	02
	2	0	34	7	1	19
	3	0	51	8	1	36
	4	0	68	9	1	53

Ajoutez le produit des décigrammes, chaque fois qu'il y aura des fractions dans les pesées.

Or à 1 franc 75 centimes le gramme, 175 francs les 100 grammes.

gram.	fr.	c.	gram.	fr.	c.	gram.	fr.	c.
1	1	75	39	68	25	77	134	75
2	3	50	40	70	00	78	136	50
3	5	25	41	71	75	79	138	25
4	7	00	42	73	50	80	140	00
5	8	75	43	75	25	81	141	75
6	10	50	44	77	00	82	143	50
7	12	25	45	78	75	83	145	25
8	14	00	46	80	50	84	147	00
9	15	75	47	82	25	85	148	75
10	17	50	48	84	00	86	150	50
11	19	25	49	85	75	87	152	25
12	21	00	50	87	50	88	154	00
13	22	75	51	89	25	89	155	75
14	24	50	52	91	00	90	157	50
15	26	25	53	92	75	91	159	25
16	28	00	54	94	50	92	161	00
17	29	75	55	96	25	93	162	75
18	31	50	56	98	00	94	164	50
19	33	25	57	99	75	95	166	25
20	35	00	58	101	50	96	168	00
21	36	75	59	103	25	97	169	75
22	38	50	60	105	00	98	171	50
23	40	25	61	106	75	99	173	25
24	42	00	62	108	50	100	175	00
25	43	75	63	110	25	200	350	00
26	45	50	64	112	00	300	525	00
27	47	25	65	113	75	400	700	00
28	49	00	66	115	50	500	875	00
29	50	75	67	117	25	600	1050	00
30	52	50	68	119	00	700	1225	00
31	54	25	69	120	75	800	1400	00
32	56	00	70	122	50	900	1575	00
33	57	75	71	124	25	1 k.	1750	00
34	59	50	72	126	00	2 k.	3500	00
35	61	25	73	127	75	3 k.	5250	00
36	63	00	74	129	50	4 k.	7000	00
37	64	75	75	131	25	5 k.	8750	00
38	66	50	76	133	00			

PRODUIT des DÉCIGRAMMES.	décig.	fr.	c.	décig.	fr.	c.
	½	0	8	5	0	87
	1	0	17	6	1	05
	2	0	35	7	1	22
	3	0	52	8	1	40
	4	0	70	9	1	57

Or à 1 franc 80 centimes, le gramme, 180 francs les 100 grammes.

gram.	fr.	c.	gram.	fr.	c.	gram.	fr.	c.
1	1	80	39	70	20	77	138	60
2	3	60	40	72	00	78	140	40
3	5	40	41	73	80	79	142	20
4	7	20	42	75	60	80	144	00
5	9	00	43	77	40	81	145	80
6	10	80	44	79	20	82	147	60
7	12	60	45	81	00	83	149	40
8	14	40	46	82	80	84	151	20
9	16	20	47	84	60	85	153	00
10	18	00	48	86	40	86	154	80
11	19	80	49	88	20	87	156	60
12	21	60	50	90	00	88	158	40
13	23	40	51	91	80	89	160	20
14	25	20	52	93	60	90	162	00
15	27	00	53	95	40	91	163	80
16	28	80	54	97	20	92	165	60
17	30	60	55	99	00	93	167	40
18	32	40	56	100	80	94	169	20
19	34	20	57	102	60	95	171	00
20	36	00	58	104	40	96	172	80
21	37	80	59	106	20	97	174	60
22	39	60	60	108	00	98	176	40
23	41	40	61	109	80	99	178	20
24	43	20	62	111	60	100	180	00
25	45	00	63	113	40	200	360	00
26	46	80	64	115	20	300	540	00
27	48	60	65	117	00	400	720	00
28	50	40	66	118	80	500	900	00
29	52	20	67	120	60	600	1080	00
30	54	00	68	122	40	700	1260	00
31	55	80	69	124	20	800	1440	00
32	57	60	70	126	00	900	1620	00
33	59	40	71	127	80	1 k.	1800	00
34	61	20	72	129	60	2 k.	3600	00
35	63	00	73	131	40	3 k.	5400	00
36	64	80	74	133	20	4 k.	7200	00
37	66	60	75	135	00	5 k.	9000	00
38	68	40	76	136	80			

PRODUIT des DÉCIGRAMMES.	décig.	fr.	c.	décig.	fr.	c.
	½	0	9	5	0	90
	1	0	18	6	1	08
	2	0	36	7	1	26
	3	0	54	8	1	44
	4	0	72	9	1	62

Ajoutez le produit des décigrammes, chaque fois qu'il y aura des fractions dans les pesées.

Or à 1 franc 85 centimes le gramme.
185 francs les 100 grammes.

gram.	fr.	c.	gram.	fr.	c.	gram.	fr.	c.
1	1	85	39	72	15	77	142	45
2	3	70	40	74	00	78	144	30
3	5	55	41	75	85	79	146	15
4	7	40	42	77	70	80	148	00
5	9	25	43	79	55	81	149	85
6	11	10	44	81	40	82	151	70
7	12	95	45	83	25	83	153	55
8	14	80	46	85	10	84	155	40
9	16	65	47	86	95	85	157	25
10	18	50	48	88	80	86	159	10
11	20	35	49	90	65	87	160	95
12	22	20	50	92	50	88	162	80
13	24	05	51	94	35	89	164	65
14	25	90	52	96	20	90	166	50
15	27	75	53	98	05	91	168	35
16	29	60	54	99	90	92	170	20
17	31	45	55	101	75	93	172	05
18	33	30	56	103	60	94	173	90
19	35	15	57	105	45	95	175	75
20	37	00	58	107	30	96	177	60
21	38	85	59	109	15	97	179	45
22	40	70	60	111	00	98	181	30
23	42	55	61	112	85	99	183	15
24	44	40	62	114	70	100	185	00
25	46	25	63	116	55	200	370	00
26	48	10	64	118	40	300	555	00
27	49	95	65	120	25	400	740	00
28	51	80	66	122	10	500	925	00
29	53	65	67	123	95	600	1110	00
30	55	50	68	125	80	700	1295	00
31	57	35	69	127	65	800	1480	00
32	59	20	70	129	50	900	1665	00
33	61	05	71	131	35	1 k.	1850	00
34	62	90	72	133	20	2 k.	3700	00
35	64	75	73	135	05	3 k.	5550	00
36	66	60	74	136	90	4 k.	7400	00
37	68	45	75	138	75	5 k.	9250	00
38	70	30	76	140	60			

PRODUIT des DÉCIGRAMMES.	décig.	fr.	c.	décig.	fr.	c.
	1/2	0	9	5	0	92
	1	0	18	6	1	11
	2	0	37	7	1	29
	3	0	55	8	1	48
	4	0	74	9	1	66

Or à 1 franc 90 centimes le gramme.
190 francs les 100 grammes.

gram.	fr.	c.	gram.	fr.	c.	gram.	fr.	c.
1	1	90	39	74	10	77	146	30
2	3	80	40	76	00	78	148	20
3	5	70	41	77	90	79	150	10
4	7	60	42	79	80	80	152	00
5	9	50	43	81	70	81	153	90
6	11	40	44	83	60	82	155	80
7	13	30	45	85	50	83	157	70
8	15	20	46	87	40	84	159	60
9	17	10	47	89	30	85	161	50
10	19	00	48	91	20	86	163	40
11	20	90	49	93	10	87	165	30
12	22	80	50	95	00	88	167	20
13	24	70	51	96	90	89	169	10
14	26	60	52	98	80	90	171	00
15	28	50	53	100	70	91	172	90
16	30	40	54	102	60	92	174	80
17	32	30	55	104	50	93	176	70
18	34	20	56	106	40	94	178	60
19	36	10	57	108	30	95	180	50
20	38	00	58	110	20	96	182	40
21	39	90	59	112	10	97	184	30
22	41	80	60	114	00	98	186	20
23	43	70	61	115	90	99	188	10
24	45	60	62	117	80	100	190	00
25	47	50	63	119	70	200	380	00
26	49	40	64	121	60	300	570	00
27	51	30	65	123	50	400	760	00
28	53	20	66	125	40	500	950	00
29	55	10	67	127	30	600	1140	00
30	57	00	68	129	20	700	1330	00
31	58	90	69	131	10	800	1520	00
32	60	80	70	133	00	900	1710	00
33	62	70	71	134	90	1 k.	1900	00
34	64	60	72	136	80	2 k.	3800	00
35	66	50	73	138	70	3 k.	5700	00
36	68	40	74	140	60	4 k.	7600	00
37	70	30	75	142	50	5 k.	9500	00
38	72	20	76	144	40			

PRODUIT des DÉCIGRAMMES.	décig.	fr.	c.	décig.	fr.	c.
	1/2	0	9	5	0	95
	1	0	19	6	1	14
	2	0	38	7	1	33
	3	0	57	8	1	52
	4	0	76	9	1	71

Ajoutez le produit des décigrammes, chaque fois qu'il y aura des fractions dans les pesées.

Or à 1 franc 95 centimes le gramme.
195 francs les 100 grammes.

gram.	fr.	c.	gram.	fr.	c.	gram.	fr.	c.
1	1	95	39	76	05	77	150	15
2	3	90	40	78	00	78	152	10
3	5	85	41	79	95	79	154	05
4	7	80	42	81	90	80	156	00
5	9	75	43	83	85	81	157	95
6	11	70	44	85	80	82	159	90
7	13	65	45	87	75	83	161	85
8	15	60	46	89	70	84	163	80
9	17	55	47	91	65	85	165	75
10	19	50	48	93	60	86	167	70
11	21	45	49	95	55	87	169	65
12	23	40	50	97	50	88	171	60
13	25	35	51	99	45	89	173	55
14	27	30	52	101	40	90	175	50
15	29	25	53	103	35	91	177	45
16	31	20	54	105	30	92	179	40
17	33	15	55	107	25	93	181	35
18	35	10	56	109	20	94	183	30
19	37	05	57	111	15	95	185	25
20	39	00	58	113	10	96	187	20
21	40	95	59	115	05	97	189	15
22	42	90	60	117	00	98	191	10
23	44	85	61	118	95	99	193	05
24	46	80	62	120	90	100	195	00
25	48	75	63	122	85	200	390	00
26	50	70	64	124	80	300	585	00
27	52	65	65	126	75	400	780	00
28	54	60	66	128	70	500	975	00
29	56	55	67	130	65	600	1170	00
30	58	50	68	132	60	700	1365	00
31	60	45	69	134	55	800	1560	00
32	62	40	70	136	50	900	1755	00
33	64	35	71	138	45	1 k.	1950	00
34	66	30	72	140	40	2 k.	3900	00
35	68	25	73	142	35	3 k.	5850	00
36	70	20	74	144	30	4 k.	7800	00
37	72	15	75	146	25	5 k.	9750	00
38	74	10	76	148	20			

PRODUIT des DÉCIGRAMMES.	décig.	fr.	c.	décig.	fr.	c.
	1/2	0	9	5	0	97
	1	0	19	6	1	17
	2	0	39	7	1	36
	3	0	58	8	1	56
	4	0	78	9	1	75

Or à 2 francs le gramme.
200 francs les 100 grammes.

gram.	fr.	c.	gram.	fr.	c.	gram.	fr.	c.
1	2	00	39	78	00	77	154	00
2	4	00	40	80	00	78	156	00
3	6	00	41	82	00	79	158	00
4	8	00	42	84	00	80	160	00
5	10	00	43	86	00	81	162	00
6	12	00	44	88	00	82	164	00
7	14	00	45	90	00	83	166	00
8	16	00	46	92	00	84	168	00
9	18	00	47	94	00	85	170	00
10	20	00	48	96	00	86	172	00
11	22	00	49	98	00	87	174	00
12	24	00	50	100	00	88	176	00
13	26	00	51	102	00	89	178	00
14	28	00	52	104	00	90	180	00
15	30	00	53	106	00	91	182	00
16	32	00	54	108	00	92	184	00
17	34	00	55	110	00	93	186	00
18	36	00	56	112	00	94	188	00
19	38	00	57	114	00	95	190	00
20	40	00	58	116	00	96	192	00
21	42	00	59	118	00	97	194	00
22	44	00	60	120	00	98	196	00
23	46	00	61	122	00	99	198	00
24	48	00	62	124	00	100	200	00
25	50	00	63	126	00	200	400	00
26	52	00	64	128	00	300	600	00
27	54	00	65	130	00	400	800	00
28	56	00	66	132	00	500	1000	00
29	58	00	67	134	00	600	1200	00
30	60	00	68	136	00	700	1400	00
31	62	00	69	138	00	800	1600	00
32	64	00	70	140	00	900	1800	00
33	66	00	71	142	00	1 k.	2000	00
34	68	00	72	144	00	2 k.	4000	00
35	70	00	73	146	00	3 k.	6000	00
36	72	00	74	148	00	4 k.	8000	00
37	74	00	75	150	00	5 k.	10000	00
38	76	00	76	152	00			

PRODUIT des DÉCIGRAMMES.	décig.	fr.	c.	décig.	fr.	c.
	1/2	0	10	5	1	00
	1	0	20	6	1	20
	2	0	40	7	1	40
	3	0	60	8	1	60
	4	0	80	9	1	80

Ajoutez le produit des décigrammes, chaque fois qu'il y aura des fractions dans les pesées.

Or à 2 francs 05 centimes le gramme.
205 francs les 100 grammes.

gram.	fr.	c.	gram.	fr.	c.	gram.	fr.	c.
1	2	05	39	79	95	77	157	85
2	4	10	40	82	00	78	159	90
3	6	15	41	84	05	79	161	95
4	8	20	42	86	10	80	164	00
5	10	25	43	88	15	81	166	05
6	12	30	44	90	20	82	168	10
7	14	35	45	92	25	83	170	15
8	16	40	46	94	30	84	172	20
9	18	45	47	96	35	85	174	25
10	20	50	48	98	40	86	176	30
11	22	55	49	100	45	87	178	35
12	24	60	50	102	50	88	180	40
13	26	65	51	104	55	89	182	45
14	28	70	52	106	60	90	184	50
15	30	75	53	108	65	91	186	55
16	32	80	54	110	70	92	188	60
17	34	85	55	112	75	93	190	65
18	36	90	56	114	80	94	192	70
19	38	95	57	116	85	95	194	75
20	41	00	58	118	90	96	196	80
21	43	05	59	120	95	97	198	85
22	45	10	60	123	00	98	200	90
23	47	15	61	125	05	99	202	95
24	49	20	62	127	10	100	205	00
25	51	25	63	129	15	200	410	00
26	53	30	64	131	20	300	615	00
27	55	35	65	133	25	400	820	00
28	57	40	66	135	30	500	1025	00
29	59	45	67	137	35	600	1230	00
30	61	50	68	139	40	700	1435	00
31	63	55	69	141	45	800	1640	00
32	65	60	70	143	50	900	1845	00
33	67	65	71	145	55	1 k.	2050	00
34	69	70	72	147	60	2 k.	4100	00
35	71	75	73	149	65	3 k.	6150	00
36	73	80	74	151	70	4 k.	8200	00
37	75	85	75	153	75	5 k.	10250	00
38	77	90	76	155	80			

PRODUIT des DÉCIGRAMMES.	décig.	fr.	c.	décig.	fr.	c.
	1/2	0.	10	5	1.	02
	1	0.	20	6	1.	23
	2	0.	41	7	1.	43
	3	0.	61	8	1.	64
	4	0.	82	9	1.	84

Or à 2 francs 10 centimes le gramme.
210 francs les 100 grammes.

gram.	fr.	c.	gram.	fr.	c.	gram.	fr.	c.
1	2	10	39	81	90	77	161	70
2	4	20	40	84	00	78	163	80
3	6	30	41	86	10	79	165	90
4	8	40	42	88	20	80	168	00
5	10	50	43	90	30	81	170	10
6	12	60	44	92	40	82	172	20
7	14	70	45	94	50	83	174	30
8	16	80	46	96	60	84	176	40
9	18	90	47	98	70	85	178	50
10	21	00	48	100	80	86	180	60
11	23	10	49	102	90	87	182	70
12	25	20	50	105	00	88	184	80
13	27	30	51	107	10	89	186	90
14	29	40	52	109	20	90	189	00
15	31	50	53	111	30	91	191	10
16	33	60	54	113	40	92	193	20
17	35	70	55	115	50	93	195	30
18	37	80	56	117	60	94	197	40
19	39	90	57	119	70	95	199	50
20	42	00	58	121	80	96	201	60
21	44	10	59	123	90	97	203	70
22	46	20	60	126	00	98	205	80
23	48	30	61	128	10	99	207	90
24	50	40	62	130	20	100	210	00
25	52	50	63	132	30	200	420	00
26	54	60	64	134	40	300	630	00
27	56	70	65	136	50	400	840	00
28	58	80	66	138	60	500	1050	00
29	60	90	67	140	70	600	1260	00
30	63	00	68	142	80	700	1470	00
31	65	10	69	144	90	800	1680	00
32	67	20	70	147	00	900	1890	00
33	69	30	71	149	10	1 k.	2100	00
34	71	40	72	151	20	2 k.	4200	00
35	73	50	73	153	30	3 k.	6300	00
36	75	60	74	155	40	4 k.	8400	00
37	77	70	75	157	50	5 k.	10500	00
38	79	80	76	159	60			

PRODUIT des DÉCIGRAMMES.	décig.	fr.	c.	décig.	fr.	c.
	1/2	0.	10	5	1.	05
	1	0.	21	6	1.	26
	2	0.	42	7	1.	47
	3	0.	63	8	1.	68
	4	0.	84	9	1.	89

Ajoutez le produit des décigrammes, chaque fois qu'il y aura des fractions dans les pesées.

Or à 2 francs 15 centimes le gramme.
215 francs les 100 grammes.

gram.	fr.	c.	gram.	fr.	c.	gram.	fr.	c.
1	2	15	39	83	85	77	165	55
2	4	30	40	86	00	78	167	70
3	6	45	41	88	15	79	169	85
4	8	60	42	90	30	80	172	00
5	10	75	43	92	45	81	174	15
6	12	90	44	94	60	82	176	30
7	15	05	45	96	75	83	178	45
8	17	20	46	98	90	84	180	60
9	19	35	47	101	05	85	182	75
10	21	50	48	103	20	86	184	90
11	23	65	49	105	35	87	187	05
12	25	80	50	107	50	88	189	20
13	27	95	51	109	65	89	191	35
14	30	10	52	111	80	90	193	50
15	32	25	53	113	95	91	195	65
16	34	40	54	116	10	92	197	80
17	36	55	55	118	25	93	199	95
18	38	70	56	120	40	94	202	10
19	40	85	57	122	55	95	204	25
20	43	00	58	124	70	96	206	40
21	45	15	59	126	85	97	208	55
22	47	30	60	129	00	98	210	70
23	49	45	61	131	15	99	212	85
24	51	60	62	133	30	100	215	00
25	53	75	63	135	45	200	430	00
26	55	90	64	137	60	300	645	00
27	58	05	65	139	75	400	860	00
28	60	20	66	141	90	500	1075	00
29	62	35	67	144	05	600	1290	00
30	64	50	68	146	20	700	1505	00
31	66	65	69	148	35	800	1720	00
32	68	80	70	150	50	900	1935	00
33	70	95	71	152	65	1 k.	2150	00
34	73	10	72	154	80	2 k.	4300	00
35	75	25	73	156	95	3 k.	6450	00
36	77	40	74	159	10	4 k.	8600	00
37	79	55	75	161	25	5 k.	10750	00
38	81	70	76	163	40			

PRODUIT des DÉCIGRAMMES.	décig.	fr.	c.	décig.	fr.	c.
	1/2	0	10	5	1	07
	1	0	21	6	1	29
	2	0	43	7	1	50
	3	0	64	8	1	72
	4	0	86	9	1	93

Or à 2 francs 20 centimes le gramme.
220 francs les 100 grammes.

gram.	fr.	c.	gram.	fr.	c.	gram.	fr.	c.
1	2	20	39	85	80	77	169	40
2	4	40	40	88	00	78	171	60
3	6	60	41	90	20	79	173	80
4	8	80	42	92	40	80	176	00
5	11	00	43	94	60	81	178	20
6	13	20	44	96	80	82	180	40
7	15	40	45	99	00	83	182	60
8	17	60	46	101	20	84	184	80
9	19	80	47	103	40	85	187	00
10	22	00	48	105	60	86	189	20
11	24	20	49	107	80	87	191	40
12	26	40	50	110	00	88	193	60
13	28	60	51	112	20	89	195	80
14	30	80	52	114	40	90	198	00
15	33	00	53	116	60	91	200	20
16	35	20	54	118	80	92	202	40
17	37	40	55	121	00	93	204	60
18	39	60	56	123	20	94	206	80
19	41	80	57	125	40	95	209	00
20	44	00	58	127	60	96	211	20
21	46	20	59	129	80	97	213	40
22	48	40	60	132	00	98	215	60
23	50	60	61	134	20	99	217	80
24	52	80	62	136	40	100	220	00
25	55	00	63	138	60	200	440	00
26	57	20	64	140	80	300	660	00
27	59	40	65	143	00	400	880	00
28	61	60	66	145	20	500	1100	00
29	63	80	67	147	40	600	1320	00
30	66	00	68	149	60	700	1540	00
31	68	20	69	151	80	800	1760	00
32	70	40	70	154	00	900	1980	00
33	72	60	71	156	20	1 k.	2200	00
34	74	80	72	158	40	2 k.	4400	00
35	77	00	73	160	60	3 k.	6600	00
36	79	20	74	162	80	4 k.	8800	00
37	81	40	75	165	00	5 k.	11000	00
38	83	60	76	167	20			

PRODUIT des DÉCIGRAMMES.	décig.	fr.	c.	décig.	fr.	c.
	1/2	0	11	5	1	10
	1	0	22	6	1	32
	2	0	44	7	1	54
	3	0	66	8	1	76
	4	0	88	9	1	98

Ajouter le produit des décigrammes, chaque fois qu'il y aura des fractions dans les pesées.

Or à 2 francs 25 centimes le gramme.
225 francs les 100 grammes.

gram.	fr.	c.	gram.	fr.	c.	gram.	fr.	c.
1	2	25	39	87	75	77	173	25
2	4	50	40	90	00	78	175	50
3	6	75	41	92	25	79	177	75
4	9	00	42	94	50	80	180	00
5	11	25	43	96	75	81	182	25
6	13	50	44	99	00	82	184	50
7	15	75	45	101	25	83	186	75
8	18	00	46	103	50	84	189	00
9	20	25	47	105	75	85	191	25
10	22	50	48	108	00	86	193	50
11	24	75	49	110	25	87	195	75
12	27	00	50	112	50	88	198	00
13	29	25	51	114	75	89	200	25
14	31	50	52	117	00	90	202	50
15	33	75	53	119	25	91	204	75
16	36	00	54	121	50	92	207	00
17	38	25	55	123	75	93	209	25
18	40	50	56	126	00	94	211	50
19	42	75	57	128	25	95	213	75
20	45	00	58	130	50	96	216	00
21	47	25	59	132	75	97	218	25
22	49	50	60	135	00	98	220	50
23	51	75	61	137	25	99	222	75
24	54	00	62	139	50	100	225	00
25	56	25	63	141	75	200	450	00
26	58	50	64	144	00	300	675	00
27	60	75	65	146	25	400	900	00
28	63	00	66	148	50	500	1125	00
29	65	25	67	150	75	600	1350	00
30	67	50	68	153	00	700	1575	00
31	69	75	69	155	25	800	1800	00
32	72	00	70	157	50	900	2025	00
33	74	25	71	159	75	1 k.	2250	00
34	76	50	72	162	00	2 k.	4500	00
35	78	75	73	164	25	3 k.	6750	00
36	81	00	74	166	50	4 k.	9000	00
37	83	25	75	168	75	5 k.	11250	00
38	85	50	76	171	00			

Or à 2 francs 30 centimes le gramme.
230 francs les 100 grammes.

gram.	fr.	c.	gram.	fr.	c.	gram.	fr.	c.
1	2	30	39	89	70	77	177	10
2	4	60	40	92	00	78	179	40
3	6	90	41	94	30	79	181	70
4	9	20	42	96	60	80	184	00
5	11	50	43	98	90	81	186	30
6	13	80	44	101	20	82	188	60
7	16	10	45	103	50	83	190	90
8	18	40	46	105	80	84	193	20
9	20	70	47	108	10	85	195	50
10	23	00	48	110	40	86	197	80
11	25	30	49	112	70	87	200	10
12	27	60	50	115	00	88	202	40
13	29	90	51	117	30	89	204	70
14	32	20	52	119	60	90	207	00
15	34	50	53	121	90	91	209	30
16	36	80	54	124	20	92	211	60
17	39	10	55	126	50	93	213	90
18	41	40	56	128	80	94	216	20
19	43	70	57	131	10	95	218	50
20	46	00	58	133	40	96	220	80
21	48	30	59	135	70	97	223	10
22	50	60	60	138	00	98	225	40
23	52	90	61	140	30	99	227	70
24	55	20	62	142	60	100	230	00
25	57	50	63	144	90	200	460	00
26	59	80	64	147	20	300	690	00
27	62	10	65	149	50	400	920	00
28	64	40	66	151	80	500	1150	00
29	66	70	67	154	10	600	1380	00
30	69	00	68	156	40	700	1510	00
31	71	30	69	158	70	800	1840	00
32	73	60	70	161	00	900	2070	00
33	75	90	71	163	30	1 k.	2300	00
34	78	20	72	165	60	2 k.	4600	00
35	80	50	73	167	90	3 k.	6900	00
36	82	80	74	170	20	4 k.	9200	00
37	85	10	75	172	50	5 k.	11500	00
38	87	40	76	174	80			

PRODUIT des DÉCIGRAMMES.

décig.	fr.	c.	décig.	fr.	c.
1/2	0	11	5	1	12
1	0	22	6	1	35
2	0	45	7	1	57
3	0	67	8	1	80
4	0	90	9	2	02

PRODUIT des DÉCIGRAMMES.

décig.	fr.	c.	décig.	fr.	c.
1/2	0	11	5	1	15
1	0	23	6	1	38
2	0	46	7	1	61
3	0	69	8	1	84
4	0	92	9	2	07

Ajouter le produit des décigrammes, chaque fois qu'il y aura des fractions dans les pesées.

Or à 2 francs 35 centimes le gramme.
235 francs les 100 grammes.

gram.	fr.	c.	gram.	fr.	c.	gram.	fr.	c.
1	2	35	39	91	65	77	180	95
2	4	70	40	94	00	78	183	30
3	7	05	41	96	35	79	185	65
4	9	40	42	98	70	80	188	00
5	11	75	43	101	05	81	190	35
6	14	10	44	103	40	82	192	70
7	16	45	45	105	75	83	195	05
8	18	80	46	108	10	84	197	40
9	21	15	47	110	45	85	199	75
10	23	50	48	112	80	86	202	10
11	25	85	49	115	15	87	204	45
12	28	20	50	117	50	88	206	80
13	30	55	51	119	85	89	209	15
14	32	90	52	122	20	90	211	50
15	35	25	53	124	55	91	213	85
16	37	60	54	126	90	92	216	20
17	39	95	55	129	25	93	218	55
18	42	30	56	131	60	94	220	90
19	44	65	57	133	95	95	223	25
20	47	00	58	136	30	96	225	60
21	49	35	59	138	65	97	227	95
22	51	70	60	141	00	98	230	30
23	54	05	61	143	35	99	232	65
24	56	40	62	145	70	100	235	00
25	58	75	63	148	05	200	470	00
26	61	10	64	150	40	300	705	00
27	63	45	65	152	75	400	940	00
28	65	80	66	155	10	500	1175	00
29	68	15	67	157	45	600	1410	00
30	70	50	68	159	80	700	1645	00
31	72	85	69	162	15	800	1880	00
32	75	20	70	164	50	900	2115	00
33	77	55	71	166	85	1 k.	2350	00
34	79	90	72	169	20	2 k.	4700	00
35	82	25	73	171	55	3 k.	7050	00
36	84	60	74	173	90	4 k.	9400	00
37	86	95	75	176	25	5 k.	11750	00
38	89	30	76	178	60			

PRODUIT des DÉCIGRAMMES.	décig.	fr.	c.	décig.	fr.	c.
	½	0	11	5	1	17
	1	0	23	6	1	41
	2	0	47	7	1	64
	3	0	70	8	1	88
	4	0	94	9	2	11

Or à 2 francs 40 centimes le gramme.
240 francs les 100 grammes.

gram.	fr.	c.	gram.	fr.	c.	gram.	fr.	c.
1	2	40	39	93	60	77	184	80
2	4	80	40	96	00	78	187	20
3	7	20	41	98	40	79	189	60
4	9	60	42	100	80	80	192	00
5	12	00	43	103	20	81	194	40
6	14	40	44	105	60	82	196	80
7	16	80	45	108	00	83	199	20
8	19	20	46	110	40	84	201	60
9	21	60	47	112	80	85	204	00
10	24	00	48	115	20	86	206	40
11	26	40	49	117	60	87	208	80
12	28	80	50	120	00	88	211	20
13	31	20	51	122	40	89	213	60
14	33	60	52	124	80	90	216	00
15	36	00	53	127	20	91	218	40
16	38	40	54	129	60	92	220	80
17	40	80	55	132	00	93	223	20
18	43	20	56	134	40	94	225	60
19	45	60	57	136	80	95	228	00
20	48	00	58	139	20	96	230	40
21	50	40	59	141	60	97	232	80
22	52	80	60	144	00	98	235	20
23	55	20	61	146	40	99	237	60
24	57	60	62	148	80	100	240	00
25	60	00	63	151	20	200	480	00
26	62	40	64	153	60	300	720	00
27	64	80	65	156	00	400	960	00
28	67	20	66	158	40	500	1200	00
29	69	60	67	160	80	600	1440	00
30	72	00	68	163	20	700	1680	00
31	74	40	69	165	60	800	1920	00
32	76	80	70	168	00	900	2160	00
33	79	20	71	170	40	1 k.	2400	00
34	81	60	72	172	80	2 k.	4800	00
35	84	00	73	175	20	3 k.	7200	00
36	86	40	74	177	60	4 k.	9600	00
37	88	80	75	180	00	5 k.	12000	00
38	91	20	76	182	40			

PRODUIT des DÉCIGRAMMES.	décig.	fr.	c.	décig.	fr.	c.
	½	0	12	5	1	20
	1	0	24	6	1	44
	2	0	48	7	1	68
	3	0	72	8	1	92
	4	0	96	9	2	16

Ajouter le produit des décigrammes, chaque fois qu'il y aura des fractions dans les pesées.

Or à **2** francs **45** centimes le gramme.
245 francs les 100 grammes.

gram.	fr.	c.	gram.	fr.	c.	gram.	fr.	c.
1	2	45	39	95	55	77	188	65
2	4	90	40	98	00	78	191	10
3	7	35	41	100	45	79	193	55
4	9	80	42	102	90	80	196	00
5	12	25	43	105	35	81	198	45
6	14	70	44	107	80	82	200	90
7	17	15	45	110	25	83	203	35
8	19	60	46	112	70	84	205	80
9	22	05	47	115	15	85	208	25
10	24	50	48	117	60	86	210	70
11	26	95	49	120	05	87	213	15
12	29	40	50	122	50	88	215	60
13	31	85	51	124	95	89	218	05
14	34	30	52	127	40	90	220	50
15	36	75	53	129	85	91	222	95
16	39	20	54	132	30	92	225	40
17	41	65	55	134	75	93	227	85
18	44	10	56	137	20	94	230	30
19	46	55	57	139	65	95	232	75
20	49	00	58	142	10	96	235	20
21	51	45	59	144	55	97	237	65
22	53	90	60	147	00	98	240	10
23	56	35	61	149	45	99	242	55
24	58	80	62	151	90	100	245	00
25	61	25	63	154	35	200	490	00
26	63	70	64	156	80	300	735	00
27	66	15	65	159	25	400	980	00
28	68	60	66	161	70	500	1225	00
29	71	05	67	164	15	600	1470	00
30	73	50	68	166	60	700	1715	00
31	75	95	69	169	05	800	1960	00
32	78	40	70	171	50	900	2205	00
33	80	85	71	173	95	1 k.	2450	00
34	83	30	72	176	40	2 k.	4900	00
35	85	75	73	178	85	3 k.	7350	00
36	88	20	74	181	30	4 k.	9800	00
37	90	65	75	183	75	5 k.	12250	00
38	93	10	76	186	20			

PRODUIT des DÉCIGRAMMES.	décig.	fr.	c.	décig.	fr.	c.
	1/2	0	12	5	1	22
	1	0	24	6	1	47
	2	0	49	7	1	71
	3	0	73	8	1	96
	4	0	98	9	2	20

Or à **2** francs **46** centimes le gramme.
246 francs les 100 grammes.

gram.	fr.	c.	gram.	fr.	c.	gram.	fr.	c.
1	2	46	39	95	94	77	189	42
2	4	92	40	98	40	78	191	88
3	7	38	41	100	86	79	194	34
4	9	84	42	103	32	80	196	80
5	12	30	43	105	78	81	199	26
6	14	76	44	108	24	82	201	72
7	17	22	45	110	70	83	204	18
8	19	68	46	113	16	84	206	64
9	22	14	47	115	62	85	209	10
10	24	60	48	118	08	86	211	56
11	27	06	49	120	54	87	214	02
12	29	52	50	123	00	88	216	48
13	31	98	51	125	46	89	218	94
14	34	44	52	127	92	90	221	40
15	36	90	53	130	38	91	223	86
16	39	36	54	132	84	92	226	32
17	41	82	55	135	30	93	228	78
18	44	28	56	137	76	94	231	24
19	46	74	57	140	22	95	233	70
20	49	20	58	142	68	96	236	16
21	51	66	59	145	14	97	238	62
22	54	12	60	147	60	98	241	08
23	56	58	61	150	06	99	243	54
24	59	04	62	152	52	100	246	00
25	61	50	63	154	98	200	492	00
26	63	96	64	157	44	300	738	00
27	66	42	65	159	90	400	984	00
28	68	88	66	162	36	500	1230	00
29	71	34	67	164	82	600	1476	00
30	73	80	68	167	28	700	1722	00
31	76	26	69	169	74	800	1968	00
32	78	72	70	172	20	900	2214	00
33	81	18	71	174	66	1 k.	2460	00
34	83	64	72	177	12	2 k.	4920	00
35	86	10	73	179	58	3 k.	7380	00
36	88	56	74	182	04	4 k.	9840	00
37	91	02	75	184	50	5 k.	12300	00
38	93	48	76	186	96			

PRODUIT des DÉCIGRAMMES.	décig.	fr.	c.	décig.	fr.	c.
	1/2	0	12	5	1	23
	1	0	25	6	1	48
	2	0	49	7	1	72
	3	0	74	8	1	97
	4	0	98	9	2	21

Ajoutez le produit des décigrammes, chaque fois qu'il y aura des fractions dans les pesées.

Or à 2 francs 47 centimes le gramme.
247 francs les 100 grammes.

gram.	fr.	c.	gram.	fr.	c.	gram.	fr.	c.
1	2	47	39	96	33	77	190	19
2	4	94	40	98	80	78	192	66
3	7	41	41	101	27	79	195	13
4	9	88	42	103	74	80	197	60
5	12	35	43	106	21	81	200	07
6	14	82	44	108	68	82	202	54
7	17	29	45	111	15	83	205	01
8	19	76	46	113	62	84	207	48
9	22	23	47	116	09	85	209	95
10	24	70	48	118	56	86	212	42
11	27	17	49	121	03	87	214	89
12	29	64	50	123	50	88	217	36
13	32	11	51	125	97	89	219	83
14	34	58	52	128	44	90	222	30
15	37	05	53	130	91	91	224	77
16	39	52	54	133	38	92	227	24
17	41	99	55	135	85	93	229	71
18	44	46	56	138	32	94	232	18
19	46	93	57	140	79	95	234	65
20	49	40	58	143	26	96	237	12
21	51	87	59	145	73	97	239	59
22	54	34	60	148	20	98	242	06
23	56	81	61	150	67	99	244	53
24	59	28	62	153	14	100	247	00
25	61	75	63	155	61	200	494	00
26	64	22	64	158	08	300	741	00
27	66	69	65	160	55	400	988	00
28	69	16	66	163	02	500	1235	00
29	71	63	67	165	49	600	1482	00
30	74	10	68	167	96	700	1729	00
31	76	57	69	170	43	800	1976	00
32	79	04	70	172	90	900	2223	00
33	81	51	71	175	37	1 k.	2470	00
34	83	98	72	177	84	2 k.	4940	00
35	86	45	73	180	31	3 k.	7410	00
36	88	92	74	182	78	4 k.	9880	00
37	91	39	75	185	25	5 k.	12350	00
38	93	86	76	187	72			

PRODUIT des DÉCIGRAMMES.	décig.	fr.	c.	décig.	fr.	c.
	1/2	0	12	5	1	23
	1	0	25	6	1	48
	2	0	49	7	1	73
	3	0	74	8	1	98
	4	0	99	9	2	22

Or à 2 francs 48 centimes le gramme.
248 francs les 100 grammes.

gram.	fr.	c.	gram.	fr.	c.	gram.	fr.	c.
1	2	48	39	96	72	77	190	96
2	4	96	40	99	20	78	193	44
3	7	44	41	101	68	79	195	92
4	9	92	42	104	16	80	198	40
5	12	40	43	106	64	81	200	88
6	14	88	44	109	12	82	203	36
7	17	36	45	111	60	83	205	84
8	19	84	46	114	08	84	208	32
9	22	32	47	116	56	85	210	80
10	24	80	48	119	04	86	213	28
11	27	28	49	121	52	87	215	76
12	29	76	50	124	00	88	218	24
13	32	24	51	126	48	89	220	72
14	34	72	52	128	96	90	223	20
15	37	20	53	131	44	91	225	68
16	39	68	54	133	92	92	228	16
17	42	16	55	136	40	93	230	64
18	44	64	56	138	88	94	233	12
19	47	12	57	141	36	95	235	60
20	49	60	58	143	84	96	238	08
21	52	08	59	146	32	97	240	56
22	54	56	60	148	80	98	243	04
23	57	04	61	151	28	99	245	52
24	59	52	62	153	76	100	248	00
25	62	00	63	156	24	200	496	00
26	64	48	64	158	72	300	744	00
27	66	96	65	161	20	400	992	00
28	69	44	66	163	68	500	1240	00
29	71	92	67	166	16	600	1488	00
30	74	40	68	168	64	700	1736	00
31	76	88	69	171	12	800	1984	00
32	79	36	70	173	60	900	2232	00
33	81	84	71	176	08	1 k.	2480	00
34	84	32	72	178	56	2 k.	4960	00
35	86	80	73	181	04	3 k.	7440	00
36	89	28	74	183	52	4 k.	9920	00
37	91	76	75	186	00	5 k.	12400	00
38	94	24	76	188	48			

PRODUIT des DÉCIGRAMMES.	décig.	fr.	c.	décig.	fr.	c.
	1/2	0	12	5	1	24
	1	0	25	6	1	49
	2	0	50	7	1	74
	3	0	74	8	1	98
	4	0	99	9	2	23

Ajoutez le produit des décigrammes, chaque fois qu'il y aura des fractions dans les pesées.

Or à 2 francs 49 centimes le gramme.
249 francs les 100 grammes.

gram.	fr.	c.	gram.	fr.	c.	gram.	fr.	c.
1	2	49	39	97	11	77	191	73
2	4	98	40	99	60	78	194	22
3	7	47	41	102	09	79	196	71
4	9	96	42	104	58	80	199	20
5	12	45	43	107	07	81	201	69
6	14	94	44	109	56	82	204	18
7	17	43	45	112	05	83	206	67
8	19	92	46	114	54	84	209	16
9	22	41	47	117	03	85	211	65
10	24	90	48	119	52	86	214	14
11	27	39	49	122	01	87	216	63
12	29	88	50	124	50	88	219	12
13	32	37	51	126	99	89	221	61
14	34	86	52	129	48	90	224	10
15	37	35	53	131	97	91	226	59
16	39	84	54	134	46	92	229	08
17	42	33	55	136	95	93	231	57
18	44	82	56	139	44	94	234	06
19	47	31	57	141	93	95	236	55
20	49	80	58	144	42	96	239	04
21	52	29	59	146	91	97	241	53
22	54	78	60	149	40	98	244	02
23	57	27	61	151	89	99	246	51
24	59	76	62	154	38	100	249	00
25	62	25	63	156	87	200	498	00
26	64	74	64	159	36	300	747	00
27	67	23	65	161	85	400	996	00
28	69	72	66	164	34	500	1245	00
29	72	21	67	166	83	600	1494	00
30	74	70	68	169	32	700	1743	00
31	77	19	69	171	81	800	1992	00
32	79	68	70	174	30	900	2241	00
33	82	17	71	176	79	1 k.	2490	00
34	84	66	72	179	28	2 k.	4980	00
35	87	15	73	181	77	3 k.	7470	00
36	89	64	74	184	26	4 k.	9960	00
37	92	13	75	186	75	5 k.	12450	00
38	94	62	76	189	24			

PRODUIT des DÉCIGRAMMES.	décig.	fr.	c.	décig.	fr.	c.
	1/2	0	12	5	1	24
	1	0	25	6	1	49
	2	0	50	7	1	74
	3	0	75	8	1	99
	4	1	00	9	2	24

Or à 2 francs 50 centimes le gramme.
250 francs les 100 grammes.

gram.	fr.	c.	gram.	fr.	c.	gram.	fr.	c.
1	2	50	39	97	50	77	192	50
2	5	00	40	100	00	78	195	00
3	7	50	41	102	50	79	197	50
4	10	00	42	105	00	80	200	00
5	12	50	43	107	50	81	202	50
6	15	00	44	110	00	82	205	00
7	17	50	45	112	50	83	207	50
8	20	00	46	115	00	84	210	00
9	22	50	47	117	50	85	212	50
10	25	00	48	120	00	86	215	00
11	27	50	49	122	50	87	217	50
12	30	00	50	125	00	88	220	00
13	32	50	51	127	50	89	222	50
14	35	00	52	130	00	90	225	00
15	37	50	53	132	50	91	227	50
16	40	00	54	135	00	92	230	00
17	42	50	55	137	50	93	232	50
18	45	00	56	140	00	94	235	00
19	47	50	57	142	50	95	237	50
20	50	00	58	145	00	96	240	00
21	52	50	59	147	50	97	242	50
22	55	00	60	150	00	98	245	00
23	57	50	61	152	50	99	247	50
24	60	00	62	155	00	100	250	00
25	62	50	63	157	50	200	500	00
26	65	00	64	160	00	300	750	00
27	67	50	65	162	50	400	1000	00
28	70	00	66	165	00	500	1250	00
29	72	50	67	167	50	600	1500	00
30	75	00	68	170	00	700	1750	00
31	77	50	69	172	50	800	2000	00
32	80	00	70	175	00	900	2250	00
33	82	50	71	177	50	1 k.	2500	00
34	85	00	72	180	00	2 k.	5000	00
35	87	50	73	182	50	3 k.	7500	00
36	90	00	74	185	00	4 k.	10000	00
37	92	50	75	187	50	5 k.	12500	00
38	95	00	76	190	00			

PRODUIT des DÉCIGRAMMES.	décig.	fr.	c.	décig.	fr.	c.
	1/2	0	13	5	1	25
	1	0	25	6	1	50
	2	0	50	7	1	75
	3	0	75	8	2	00
	4	1	00	9	2	25

Ajoutez le produit des décigrammes, chaque fois qu'il y aura des fractions dans les pesées.

Or à 2 francs 51 centimes le gramme.
251 francs les 100 grammes.

gram.	fr.	c.	gram.	fr.	c.	gram.	fr.	c.
1	2	51	39	97	89	77	193	27
2	5	02	40	100	40	78	195	78
3	7	53	41	102	91	79	198	29
4	10	04	42	105	42	80	200	80
5	12	55	43	107	93	81	203	31
6	15	06	44	110	44	82	205	82
7	17	57	45	112	95	83	208	23
8	20	08	46	115	46	84	210	84
9	22	59	47	117	97	85	213	35
10	25	10	48	120	48	86	215	86
11	27	61	49	122	99	87	218	37
12	30	12	50	125	50	88	220	88
13	32	63	51	128	01	89	223	39
14	35	14	52	130	52	90	225	90
15	37	65	53	133	03	91	228	41
16	40	16	54	135	54	92	230	92
17	42	67	55	138	05	93	233	43
18	45	18	56	140	56	94	235	94
19	47	69	57	143	07	95	238	45
20	50	20	58	145	58	96	240	96
21	52	71	59	148	09	97	243	47
22	55	22	60	150	60	98	245	98
23	57	73	61	153	11	99	248	49
24	60	24	62	155	62	100	251	00
25	62	75	63	158	13	200	502	00
26	65	26	64	160	64	300	753	00
27	67	77	65	163	15	400	1004	00
28	70	28	66	165	66	500	1255	00
29	72	79	67	168	17	600	1506	00
30	75	30	68	170	68	700	1757	00
31	77	81	69	173	19	800	2008	00
32	80	32	70	175	70	900	2259	00
33	82	83	71	178	21	1 k.	2510	00
34	85	34	72	180	72	2 k.	5020	00
35	87	85	73	183	23	3 k.	7530	00
36	90	36	74	185	74	4 k.	10040	00
37	92	87	75	188	25	5 k.	12550	00
38	95	38	76	190	76			

PRODUIT des DÉCIGRAMMES.	décig.	fr.	c.	décig.	fr.	c.
	1/2	0	12	5	1	25
	1	0	25	6	1	51
	2	0	50	7	1	76
	3	0	75	8	2	01
	4	1	00	9	2	26

Or à 2 francs 52 centimes le gramme.
252 francs les 100 grammes.

gram.	fr.	c.	gram.	fr.	c.	gram.	fr.	c.
1	2	52	39	98	28	77	194	04
2	5	04	40	100	80	78	196	56
3	7	56	41	103	32	79	199	08
4	10	08	42	105	84	80	201	60
5	12	60	43	108	36	81	204	12
6	15	12	44	110	88	82	206	64
7	17	64	45	113	40	83	209	16
8	20	16	46	115	92	84	211	68
9	22	68	47	118	44	85	214	20
10	25	20	48	120	96	86	216	72
11	27	72	49	123	48	87	219	24
12	30	24	50	126	00	88	221	76
13	32	76	51	128	52	89	224	28
14	35	28	52	131	04	90	226	80
15	37	80	53	133	56	91	229	32
16	40	32	54	136	08	92	231	84
17	42	84	55	138	60	93	234	36
18	45	36	56	141	12	94	236	88
19	47	88	57	143	64	95	239	40
20	50	40	58	146	16	96	241	92
21	52	92	59	148	68	97	244	44
22	55	44	60	151	20	98	246	96
23	57	96	61	153	72	99	249	48
24	60	48	62	156	24	100	252	00
25	63	00	63	158	76	200	504	00
26	65	52	64	161	28	300	756	00
27	68	04	65	163	80	400	1008	00
28	70	56	66	166	32	500	1260	00
29	73	08	67	168	84	600	1512	00
30	75	60	68	171	36	700	1764	00
31	78	12	69	173	88	800	2016	00
32	80	64	70	176	40	900	2268	00
33	83	16	71	178	92	1 k.	2520	00
34	85	68	72	181	44	2 k.	5040	00
35	88	20	73	183	96	3 k.	7560	00
36	90	72	74	186	48	4 k.	10080	00
37	93	24	75	189	00	5 k.	12600	00
38	95	76	76	191	52			

PRODUIT des DÉCIGRAMMES.	décig.	fr.	c.	décig.	fr.	c.
	1/2	0	12	5	1	26
	1	0	25	6	1	51
	2	0	50	7	1	76
	3	0	76	8	2	02
	4	1	01	9	2	27

Ajoutez le produit des décigrammes, chaque fois qu'il y aura des fractions dans les pesées.

Or à **2** francs **53** centimes le gramme.
253 francs les 100 grammes.

gram.	fr.	c.	gram.	fr.	c.	gram.	fr.	c.
1	2	53	39	98	67	77	194	81
2	5	06	40	101	20	78	197	34
3	7	59	41	103	73	79	199	87
4	10	12	42	106	26	80	202	40
5	12	65	43	108	79	81	204	93
6	15	18	44	111	32	82	207	46
7	17	71	45	113	85	83	209	99
8	20	24	46	116	38	84	212	52
9	22	77	47	118	91	85	215	05
10	25	30	48	121	44	86	217	58
11	27	83	49	123	97	87	220	11
12	30	36	50	126	50	88	222	64
13	32	89	51	129	03	89	225	17
14	35	42	52	131	56	90	227	70
15	37	95	53	134	09	91	230	23
16	40	48	54	136	62	92	232	76
17	43	01	55	139	15	93	235	29
18	45	54	56	141	68	94	237	82
19	48	07	57	144	21	95	240	35
20	50	60	58	146	74	96	242	88
21	53	13	59	149	27	97	245	41
22	55	66	60	151	80	98	247	94
23	58	19	61	154	33	99	250	47
24	60	72	62	156	86	100	253	00
25	63	25	63	159	39	200	506	00
26	65	78	64	161	92	300	759	00
27	68	31	65	164	45	400	1012	00
28	70	84	66	166	98	500	1265	00
29	73	37	67	169	51	600	1518	00
30	75	90	68	172	04	700	1771	00
31	78	43	69	174	57	800	2024	00
32	80	96	70	177	10	900	2277	00
33	83	49	71	179	63	1 k.	2530	00
34	86	02	72	182	16	2 k.	5060	00
35	88	55	73	184	69	3 k.	7590	00
36	91	08	74	187	22	4 k.	10120	00
37	93	61	75	189	75	5 k.	12650	00
38	96	14	76	192	28			

PRODUIT des DÉCIGRAMMES.	décig.	fr.	c.	décig.	fr.	c.
	1/2	0	12	5	1	26
	1	0	25	6	1	52
	2	0	51	7	1	77
	3	0	76	8	2	02
	4	1	01	9	2	28

Or à **2** francs **54** centimes le gramme.
254 francs les 100 grammes.

gram.	fr.	c.	gram.	fr.	c.	gram.	fr.	c.
1	2	54	39	99	06	77	195	58
2	5	08	40	101	60	78	198	12
3	7	62	41	104	14	79	200	66
4	10	16	42	106	68	80	203	20
5	12	70	43	109	22	81	205	74
6	15	24	44	111	76	82	208	28
7	17	78	45	114	30	83	210	82
8	20	32	46	116	84	84	213	36
9	22	86	47	119	38	85	215	90
10	25	40	48	121	92	86	218	44
11	27	94	49	124	46	87	220	98
12	30	48	50	127	00	88	223	52
13	33	02	51	129	54	89	226	06
14	35	56	52	132	08	90	228	60
15	38	10	53	134	62	91	231	14
16	40	64	54	137	16	92	233	68
17	43	18	55	139	70	93	236	22
18	45	72	56	142	24	94	238	76
19	48	26	57	144	78	95	241	30
20	50	80	58	147	32	96	243	84
21	53	34	59	149	86	97	246	38
22	55	88	60	152	40	98	248	92
23	58	42	61	154	94	99	251	46
24	60	96	62	157	48	100	254	00
25	63	50	63	160	02	200	508	00
26	66	04	64	162	56	300	762	00
27	68	58	65	165	10	400	1016	00
28	71	12	66	167	64	500	1270	00
29	73	66	67	170	18	600	1524	00
30	76	20	68	172	72	700	1778	00
31	78	74	69	175	26	800	2032	00
32	81	28	70	177	80	900	2286	00
33	83	82	71	180	34	1 k.	2540	00
34	86	36	72	182	88	2 k.	5080	00
35	88	90	73	185	42	3 k.	7620	00
36	91	44	74	187	96	4 k.	10160	00
37	93	98	75	190	50	5 k.	12700	00
38	96	52	76	193	04			

PRODUIT des DÉCIGRAMMES.	décig.	fr.	c.	décig.	fr.	c.
	1/2	0	12	5	1	27
	1	0	25	6	1	52
	2	0	51	7	1	78
	3	0	76	8	2	03
	4	1	02	9	2	29

Ajoutez le produit des décigrammes, chaque fois qu'il y aura des fractions dans les pesées.

Or à 2 francs 55 centimes le gramme.
255 francs les 100 grammes.

gram.	fr.	c.	gram.	fr.	c.	gram.	fr.	c.
1	2	55	39	99	45	77	196	35
2	5	10	40	102	00	78	198	90
3	7	65	41	104	55	79	201	45
4	10	20	42	107	10	80	204	00
5	12	75	43	109	65	81	206	55
6	15	30	44	112	20	82	209	10
7	17	85	45	114	75	83	211	65
8	20	40	46	117	30	84	214	20
9	22	95	47	119	85	85	216	75
10	25	50	48	122	40	86	219	30
11	28	05	49	124	95	87	221	85
12	30	60	50	127	50	88	224	40
13	33	15	51	130	05	89	226	95
14	35	70	52	132	60	90	229	50
15	38	25	53	135	15	91	232	05
16	40	80	54	137	70	92	234	60
17	43	35	55	140	25	93	237	15
18	45	90	56	142	80	94	239	70
19	48	45	57	145	35	95	242	25
20	51	00	58	147	90	96	244	80
21	53	55	59	150	45	97	247	35
22	56	10	60	153	00	98	249	90
23	58	65	61	155	55	99	252	45
24	61	20	62	158	10	100	255	00
25	63	75	63	160	65	200	510	00
26	66	30	64	163	20	300	765	00
27	68	85	65	165	75	400	1020	00
28	71	40	66	168	30	500	1275	00
29	73	95	67	170	85	600	1530	00
30	76	50	68	173	40	700	1785	00
31	79	05	69	175	95	800	2040	00
32	81	60	70	178	50	900	2295	00
33	84	15	71	181	05	1 k.	2550	00
34	86	70	72	183	60	2 k.	5100	00
35	89	25	73	186	15	3 k.	7650	00
36	91	80	74	188	70	4 k.	10200	00
37	94	35	75	191	25	5 k.	12750	00
38	96	90	76	193	80			

PRODUIT des DÉCIGRAMMES	décig.	fr.	c.	décig.	fr.	c.
	1/2	0	12	5	1	27
	1	0	25	6	1	53
	2	0	51	7	1	78
	3	0	76	8	2	04
	4	1	02	9	2	29

Or à 2 francs 56 centimes le gramme.
256 francs les 100 grammes.

gram.	fr.	c.	gram.	fr.	c.	gram.	fr.	c.
1	2	56	39	99	84	77	197	12
2	5	12	40	102	40	78	199	68
3	7	68	41	104	96	79	202	24
4	10	24	42	107	52	80	204	80
5	12	80	43	110	08	81	207	36
6	15	36	44	112	64	82	209	92
7	17	92	45	115	20	83	212	48
8	20	48	46	117	76	84	215	04
9	23	04	47	120	32	85	217	60
10	25	60	48	122	88	86	220	16
11	28	16	49	125	44	87	222	72
12	30	72	50	128	00	88	225	28
13	33	28	51	130	56	89	227	84
14	35	84	52	133	12	90	230	40
15	38	40	53	135	68	91	232	96
16	40	96	54	138	24	92	235	52
17	43	52	55	140	80	93	238	08
18	46	08	56	143	36	94	240	64
19	48	64	57	145	92	95	243	20
20	51	20	58	148	48	96	245	76
21	53	76	59	151	04	97	248	32
22	56	32	60	153	60	98	250	88
23	58	88	61	156	16	99	253	44
24	61	44	62	158	72	100	256	00
25	64	00	63	161	28	200	512	00
26	66	56	64	163	84	300	768	00
27	69	12	65	166	40	400	1024	00
28	71	68	66	168	96	500	1280	00
29	74	24	67	171	52	600	1536	00
30	76	80	68	174	08	700	1792	00
31	79	36	69	176	64	800	2048	00
32	81	92	70	179	20	900	2304	00
33	84	48	71	181	76	1 k.	2560	00
34	87	04	72	184	32	2 k.	5120	00
35	89	60	73	186	88	3 k.	7680	00
36	92	16	74	189	44	4 k.	10240	00
37	94	72	75	192	00	5 k.	12800	00
38	97	28	76	194	56			

PRODUIT des DÉCIGRAMMES	décig.	fr.	c.	décig.	fr.	c.
	1/2	0	13	5	1	28
	1	0	26	6	1	54
	2	0	51	7	1	79
	3	0	77	8	2	05
	4	1	02	9	2	31

Ajoutez le produit des décigrammes, chaque fois qu'il y aura des fractions dans les pesées.

Or à 2 francs 57 centimes le gramme.
257 francs les 100 grammes.

gram.	fr.	c.	gram.	fr.	c.	gram.	fr.	c.
1	2	57	39	100	23	77	197	89
2	5	14	40	102	80	78	200	46
3	7	71	41	105	37	79	203	03
4	10	28	42	107	94	80	205	60
5	12	85	43	110	51	81	208	17
6	15	42	44	113	08	82	210	74
7	17	99	45	115	65	83	213	31
8	20	56	46	118	22	84	215	88
9	23	13	47	120	79	85	218	45
10	25	70	48	123	36	86	221	02
11	28	27	49	125	93	87	223	59
12	30	84	50	128	50	88	226	16
13	33	41	51	131	07	89	228	73
14	35	98	52	133	64	90	231	30
15	38	55	53	136	21	91	233	87
16	41	12	54	138	78	92	236	44
17	43	69	55	141	35	93	239	01
18	46	26	56	143	92	94	241	58
19	48	83	57	146	49	95	244	15
20	51	40	58	149	06	96	246	72
21	53	97	59	151	63	97	249	29
22	56	54	60	154	20	98	251	86
23	59	11	61	156	77	99	254	43
24	61	68	62	159	34	100	257	00
25	64	25	63	161	91	200	514	00
26	66	82	64	164	48	300	771	00
27	69	39	65	167	05	400	1028	00
28	71	96	66	169	62	500	1285	00
29	74	53	67	172	19	600	1542	00
30	77	10	68	174	76	700	1799	00
31	79	67	69	177	33	800	2056	00
32	82	24	70	179	90	900	2313	00
33	84	81	71	182	47	1 k.	2570	00
34	87	38	72	185	04	2 k.	5140	00
35	89	95	73	187	61	3 k.	7710	00
36	92	52	74	190	18	4 k.	10280	00
37	95	09	75	192	75	5 k.	12850	00
38	97	66	76	195	32			

PRODUIT des DÉCIGRAMMES.	décig.	fr.	c.	décig.	fr.	c.
	1/2	0	...13	5	1	...28
	1	0	...26	6	1	...54
	2	0	...51	7	1	...80
	3	0	...77	8	2	...06
	4	1	...03	9	2	...31

Or à 2 francs 58 centimes le gramme.
258 francs les 100 grammes.

gram.	fr.	c.	gram.	fr.	c.	gram.	fr.	c.
1	2	58	39	100	62	77	198	66
2	5	16	40	103	20	78	201	24
3	7	74	41	105	78	79	203	82
4	10	32	42	108	36	80	206	40
5	12	90	43	110	94	81	208	98
6	15	48	44	113	52	82	211	56
7	18	06	45	116	10	83	214	14
8	20	64	46	118	68	84	216	72
9	23	22	47	121	26	85	219	30
10	25	80	48	123	84	86	221	88
11	28	38	49	126	42	87	224	46
12	30	96	50	129	00	88	227	04
13	33	54	51	131	58	89	229	62
14	36	12	52	134	16	90	232	20
15	38	70	53	136	74	91	234	78
16	41	28	54	139	32	92	237	36
17	43	86	55	141	90	93	239	94
18	46	44	56	144	48	94	242	52
19	49	02	57	147	06	95	245	10
20	51	60	58	149	64	96	247	68
21	54	18	59	152	22	97	250	26
22	56	76	60	154	80	98	252	84
23	59	34	61	157	38	99	255	42
24	61	92	62	159	96	100	258	00
25	64	50	63	162	54	200	516	00
26	67	08	64	165	12	300	774	00
27	69	66	65	167	70	400	1032	00
28	72	24	66	170	28	500	1290	00
29	74	82	67	172	86	600	1548	00
30	77	40	68	175	44	700	1806	00
31	79	98	69	178	02	800	2064	00
32	82	56	70	180	60	900	2322	00
33	85	14	71	183	18	1 k.	2580	00
34	87	72	72	185	76	2 k.	5160	00
35	90	30	73	188	34	3 k.	7740	00
36	92	88	74	190	92	4 k.	10320	00
37	95	46	75	193	50	5 k.	12900	00
38	98	04	76	196	08			

PRODUIT des DÉCIGRAMMES.	décig.	fr.	c.	décig.	fr.	c.
	1/2	0	...13	5	1	...29
	1	0	...26	6	1	...55
	2	0	...52	7	1	...81
	3	0	...77	8	2	...06
	4	1	...03	9	2	...32

Ajoutez le produit des décigrammes, chaque fois qu'il y aura des fractions dans les pesées.

Or à 2 francs 59 centimes le gramme.
259 francs les 100 grammes.

gram.	fr.	c.	gram.	fr.	c.	gram.	fr.	c.
1	2	59	39	101	01	77	199	43
2	5	18	40	103	60	78	202	02
3	7	77	41	106	19	79	204	61
4	10	36	42	108	78	80	207	20
5	12	95	43	111	37	81	209	79
6	15	54	44	113	96	82	212	38
7	18	13	45	116	55	83	214	97
8	20	72	46	119	14	84	217	56
9	23	31	47	121	73	85	220	15
10	25	90	48	124	32	86	222	74
11	28	49	49	126	91	87	225	33
12	31	08	50	129	50	88	227	92
13	33	67	51	132	09	89	230	51
14	36	26	52	134	68	90	233	10
15	38	85	53	137	27	91	235	69
16	41	44	54	139	86	92	238	28
17	44	03	55	142	45	93	240	87
18	46	62	56	145	04	94	243	46
19	49	21	57	147	63	95	246	05
20	51	80	58	150	22	96	248	64
21	54	39	59	152	81	97	251	23
22	56	98	60	155	40	98	253	82
23	59	57	61	157	99	99	256	41
24	62	16	62	160	58	100	259	00
25	64	75	63	163	17	200	518	00
26	67	34	64	165	76	300	777	00
27	69	93	65	168	35	400	1036	00
28	72	52	66	170	94	500	1295	00
29	75	11	67	173	53	600	1554	00
30	77	70	68	176	12	700	1813	00
31	80	29	69	178	71	800	2072	00
32	82	88	70	181	30	900	2331	00
33	85	47	71	183	89	1 k.	2590	00
34	88	06	72	186	48	2 k.	5180	00
35	90	65	73	189	07	3 k.	7770	00
36	93	24	74	191	66	4 k.	10360	00
37	95	83	75	194	25	5 k.	12950	00
38	98	42	76	196	84			

PRODUIT des DÉCIGRAMMES.	décig.	fr.	c.	décig.	fr.	c.
	1/2	0	13	5	1	29
	1	0	26	6	1	55
	2	0	52	7	1	81
	3	0	78	8	2	07
	4	1	04	9	2	33

Or à 2 francs 60 centimes le gramme.
260 francs les 100 grammes.

gram.	fr.	c.	gram.	fr.	c.	gram.	fr.	c.
1	2	60	39	101	40	77	200	20
2	5	20	40	104	00	78	202	80
3	7	80	41	106	60	79	205	40
4	10	40	42	109	20	80	208	00
5	13	00	43	111	80	81	210	60
6	15	60	44	114	40	82	213	20
7	18	20	45	117	00	83	215	80
8	20	80	46	119	60	84	218	40
9	23	40	47	122	20	85	221	00
10	26	00	48	124	80	86	223	60
11	28	60	49	127	40	87	226	20
12	31	20	50	130	00	88	228	80
13	33	80	51	132	60	89	231	40
14	36	40	52	135	20	90	234	00
15	39	00	53	137	80	91	236	60
16	41	60	54	140	40	92	239	20
17	44	20	55	143	00	93	241	80
18	46	80	56	145	60	94	244	40
19	49	40	57	148	20	95	247	00
20	52	00	58	150	80	96	249	60
21	54	60	59	153	40	97	252	20
22	57	20	60	156	00	98	254	80
23	59	80	61	158	60	99	257	40
24	62	40	62	161	20	100	260	00
25	65	00	63	163	80	200	520	00
26	67	60	64	166	40	300	780	00
27	70	20	65	169	00	400	1040	00
28	72	80	66	171	60	500	1300	00
29	75	40	67	174	20	600	1560	00
30	78	00	68	176	80	700	1820	00
31	80	60	69	179	40	800	2080	00
32	83	20	70	182	00	900	2340	00
33	85	80	71	184	60	1 k.	2600	00
34	88	40	72	187	20	2 k.	5200	00
35	91	00	73	189	80	3 k.	7800	00
36	93	60	74	192	40	4 k.	10400	00
37	96	20	75	195	00	5 k.	13000	00
38	98	80	76	197	60			

PRODUIT des DÉCIGRAMMES.	décig.	fr.	c.	décig.	fr.	c.
	1/2	0	13	5	1	30
	1	0	26	6	1	56
	2	0	52	7	1	82
	3	0	78	8	2	08
	4	1	04	9	2	34

Ajoutez le produit des décigrammes, chaque fois qu'il y aura des fractions dans les pesées.

Or à 2 francs 61 centimes le gramme.
261 francs les 100 grammes.

gram.	fr.	c.	gram.	fr.	c.	gram.	fr.	c.
1	2	61	39	101	79	77	200	97
2	5	22	40	104	40	78	203	58
3	7	83	41	107	01	79	206	19
4	10	44	42	109	62	80	208	80
5	13	05	43	112	23	81	211	41
6	15	66	44	114	84	82	214	02
7	18	27	45	117	45	83	216	63
8	20	88	46	120	06	84	219	24
9	23	49	47	122	67	85	221	85
10	26	10	48	125	28	86	224	46
11	28	71	49	127	89	87	227	07
12	31	32	50	130	50	88	229	68
13	33	93	51	133	11	89	232	29
14	36	54	52	135	72	90	234	90
15	39	15	53	138	33	91	237	51
16	41	76	54	140	94	92	240	12
17	44	37	55	143	55	93	242	73
18	46	98	56	146	16	94	245	34
19	49	59	57	148	77	95	247	95
20	52	20	58	151	38	96	250	56
21	54	81	59	153	99	97	253	17
22	57	42	60	156	60	98	255	78
23	60	03	61	159	21	99	258	39
24	62	64	62	161	82	100	261	00
25	65	25	63	164	43	200	522	00
26	67	86	64	167	04	300	783	00
27	70	47	65	169	65	400	1044	00
28	73	08	66	172	26	500	1305	00
29	75	69	67	174	87	600	1566	00
30	78	30	68	177	48	700	1827	00
31	80	91	69	180	09	800	2088	00
32	83	52	70	182	70	900	2349	00
33	86	13	71	185	31	1 k.	2610	00
34	88	74	72	187	92	2 k.	5220	00
35	91	35	73	190	53	3 k.	7830	00
36	93	96	74	193	14	4 k.	10440	00
37	96	57	75	195	75	5 k.	13050	00
38	99	18	76	198	36			

PRODUIT des DÉCIGRAMMES.

décig.	fr.	c.	décig.	fr.	c.
1/2	0	13	5	1	30
1	0	26	6	1	57
2	0	52	7	1	83
3	0	78	8	2	09
4	1	04	9	2	35

Or à 2 francs 62 centimes le gramme
262 francs les 100 grammes.

gram.	fr.	c.	gram.	fr.	c.	gram.	fr.	c.
1	2	62	39	102	18	77	201	74
2	5	24	40	104	80	78	204	36
3	7	86	41	107	42	79	206	98
4	10	48	42	110	04	80	209	60
5	13	10	43	112	66	81	212	22
6	15	72	44	115	28	82	214	84
7	18	34	45	117	90	83	217	46
8	20	96	46	120	52	84	220	08
9	23	58	47	123	14	85	222	70
10	26	20	48	125	76	86	225	32
11	28	82	49	128	38	87	227	94
12	31	44	50	131	00	88	230	56
13	34	06	51	133	62	89	233	18
14	36	68	52	136	24	90	235	80
15	39	30	53	138	86	91	238	42
16	41	92	54	141	48	92	241	04
17	44	54	55	144	10	93	243	66
18	47	16	56	146	72	94	246	28
19	49	78	57	149	34	95	248	90
20	52	40	58	151	96	96	251	52
21	55	02	59	154	58	97	254	14
22	57	64	60	157	20	98	256	76
23	60	26	61	159	82	99	259	38
24	62	88	62	162	44	100	262	00
25	65	50	63	165	06	200	524	00
26	68	12	64	167	68	300	786	00
27	70	74	65	170	30	400	1048	00
28	73	36	66	172	92	500	1310	00
29	75	98	67	175	54	600	1572	00
30	78	60	68	178	16	700	1834	00
31	81	22	69	180	78	800	2096	00
32	83	84	70	183	40	900	2358	00
33	86	46	71	186	02	1 k.	2620	00
34	89	08	72	188	64	2 k.	5240	00
35	91	70	73	191	26	3 k.	7860	00
36	94	32	74	193	88	4 k.	10480	00
37	96	94	75	196	50	5 k.	13100	00
38	99	56	76	199	12			

PRODUIT des DÉCIGRAMMES.

décig.	fr.	c.	décig.	fr.	c.
1/2	0	13	5	1	31
1	0	26	6	1	57
2	0	52	7	1	83
3	0	70	8	2	10
4	1	05	9	2	36

Ajoutez le produit des décigrammes, chaque fois qu'il y aura des fractions dans les pesées.

Or à 2 francs 63 centimes le gramme.
263 francs les 100 grammes.

gram.	fr.	c.	gram.	fr.	c.	gram.	fr.	c.
1	2	63	39	102	57	77	202	51
2	5	26	40	105	20	78	205	14
3	7	89	41	107	83	79	207	77
4	10	52	42	110	46	80	210	40
5	13	15	43	113	09	81	213	03
6	15	78	44	115	72	82	215	66
7	18	41	45	118	35	83	218	29
8	21	04	46	120	98	84	220	92
9	23	67	47	123	61	85	223	55
10	26	30	48	126	24	86	226	18
11	28	93	49	128	87	87	228	81
12	31	56	50	131	50	88	231	44
13	34	19	51	134	13	89	234	07
14	36	82	52	136	76	90	236	70
15	39	45	53	139	39	91	239	33
16	42	08	54	142	02	92	241	96
17	44	71	55	144	65	93	244	59
18	47	34	56	147	28	94	247	22
19	49	97	57	149	91	95	249	85
20	52	60	58	152	54	96	252	48
21	55	23	59	155	17	97	255	11
22	57	86	60	157	80	98	257	74
23	60	49	61	160	43	99	260	37
24	63	12	62	163	06	100	263	00
25	65	75	63	165	69	200	526	00
26	68	38	64	168	32	300	789	00
27	71	01	65	170	95	400	1052	00
28	73	64	66	173	58	500	1315	00
29	76	27	67	176	21	600	1578	00
30	78	90	68	178	84	700	1841	00
31	81	53	69	181	47	800	2104	00
32	84	16	70	184	10	900	2367	00
33	86	79	71	186	73	1 k.	2630	00
34	89	42	72	189	36	2 k.	5260	00
35	92	05	73	191	99	3 k.	7890	00
36	94	68	74	194	62	4 k.	10520	00
37	97	31	75	197	25	5 k.	13150	00
38	99	94	76	199	88			

PRODUIT des DÉCIGRAMMES.	décig.	fr.	c.	décig.	fr.	c.
	1/2	0	13	5	1	31
	1	0	26	6	1	58
	2	0	53	7	1	84
	3	0	79	8	2	10
	4	1	05	9	2	37

Or à 2 francs 64 centimes le gramme.
264 francs les 100 grammes.

gram.	fr.	c.	gram.	fr.	c.	gram.	fr.	c.
1	2	64	39	102	96	77	203	28
2	5	28	40	105	60	78	205	92
3	7	92	41	108	24	79	208	56
4	10	56	42	110	88	80	211	20
5	13	20	43	113	52	81	213	84
6	15	84	44	116	16	82	216	48
7	18	48	45	118	80	83	219	12
8	21	12	46	121	44	84	221	76
9	23	76	47	124	08	85	224	40
10	26	40	48	126	72	86	227	04
11	29	04	49	129	36	87	229	68
12	31	68	50	132	00	88	232	32
13	34	32	51	134	64	89	234	96
14	36	96	52	137	28	90	237	60
15	39	60	53	139	92	91	240	24
16	42	24	54	142	56	92	242	88
17	44	88	55	145	20	93	245	52
18	47	52	56	147	84	94	248	16
19	50	16	57	150	48	95	250	80
20	52	80	58	153	12	96	253	44
21	55	44	59	155	76	97	256	08
22	58	08	60	158	40	98	258	72
23	60	72	61	161	04	99	261	36
24	63	36	62	163	68	100	264	00
25	66	00	63	166	32	200	528	00
26	68	64	64	168	96	300	792	00
27	71	28	65	171	60	400	1056	00
28	73	92	66	174	24	500	1320	00
29	76	56	67	176	88	600	1584	00
30	79	20	68	179	52	700	1848	00
31	81	84	69	182	16	800	2112	00
32	84	48	70	184	80	900	2376	00
33	87	12	71	187	44	1 k.	2640	00
34	89	76	72	190	08	2 k.	5280	00
35	92	40	73	192	72	3 k.	7920	00
36	95	04	74	195	36	4 k.	10560	00
37	97	68	75	198	00	5 k.	13200	00
38	100	32	76	200	64			

PRODUIT des DÉCIGRAMMES.	décig.	fr.	c.	décig.	fr.	c.
	1/2	0	13	5	1	32
	1	0	26	6	1	58
	2	0	53	7	1	85
	3	0	79	8	2	11
	4	1	06	9	2	38

Ajoutez le produit des décigrammes, chaque fois qu'il y aura des fractions dans les pesées.

Or à 2 francs 65 centimes le gramme.
265 francs les 100 grammes.

gram.	fr.	c.	gram.	fr.	c.	gram.	fr.	c.
1	2	65	39	103	35	77	204	05
2	5	30	40	106	00	78	206	70
3	7	95	41	108	65	79	209	35
4	10	60	42	111	30	80	212	00
5	13	25	43	113	95	81	214	65
6	15	90	44	116	60	82	217	30
7	18	55	45	119	25	83	219	95
8	21	20	46	121	90	84	222	60
9	23	85	47	124	55	85	225	25
10	26	50	48	127	20	86	227	90
11	29	15	49	129	85	87	230	55
12	31	80	50	132	50	88	233	20
13	34	45	51	135	15	89	235	85
14	37	10	52	137	80	90	238	50
15	39	75	53	140	45	91	241	15
16	42	40	54	143	10	92	243	80
17	45	05	55	145	75	93	246	45
18	47	70	56	148	40	94	249	10
19	50	35	57	151	05	95	251	75
20	53	00	58	153	70	96	254	40
21	55	65	59	156	35	97	257	05
22	58	30	60	159	00	98	259	70
23	60	95	61	161	65	99	262	35
24	63	60	62	164	30	100	265	00
25	66	25	63	166	95	200	530	00
26	68	90	64	169	60	300	795	00
27	71	55	65	172	25	400	1060	00
28	74	20	66	174	90	500	1325	00
29	76	85	67	177	55	600	1590	00
30	79	50	68	180	20	700	1855	00
31	82	15	69	182	85	800	2120	00
32	84	80	70	185	50	900	2385	00
33	87	45	71	188	15	1 k.	2650	00
34	90	10	72	190	80	2 k.	5300	00
35	92	75	73	193	45	3 k.	7950	00
36	95	40	74	196	10	4 k.	10600	00
37	98	05	75	198	75	5 k.	13250	00
38	100	70	76	201	40			

PRODUIT des DÉCIGRAMMES.	décig.	fr.	c.	décig.	fr.	c.
	1/2	0	13	5	1	32
	1	0	26	6	1	59
	2	0	53	7	1	85
	3	0	79	8	2	12
	4	1	06	9	2	38

Or à 2 francs 66 centimes le gramme.
266 francs les 100 grammes.

gram.	fr.	c.	gram.	fr.	c.	gram.	fr.	c.
1	2	66	39	103	74	77	204	82
2	5	32	40	106	40	78	207	48
3	7	98	41	109	06	79	210	14
4	10	64	42	111	72	80	212	80
5	13	30	43	114	38	81	215	46
6	15	96	44	117	04	82	218	12
7	18	62	45	119	70	83	220	78
8	21	28	46	122	36	84	223	44
9	23	94	47	125	02	85	226	10
10	26	60	48	127	68	86	228	76
11	29	26	49	130	34	87	231	42
12	31	92	50	133	00	88	234	08
13	34	58	51	135	66	89	236	74
14	37	24	52	138	32	90	239	40
15	39	90	53	140	98	91	242	06
16	42	56	54	143	64	92	244	72
17	45	22	55	146	30	93	247	38
18	47	88	56	148	96	94	250	04
19	50	54	57	151	62	95	252	70
20	53	20	58	154	28	96	255	36
21	55	86	59	156	94	97	258	02
22	58	52	60	159	60	98	260	68
23	61	18	61	162	26	99	263	34
24	63	84	62	164	92	100	266	00
25	66	50	63	167	58	200	532	00
26	69	16	64	170	24	300	798	00
27	71	82	65	172	90	400	1064	00
28	74	48	66	175	56	500	1330	00
29	77	14	67	178	22	600	1596	00
30	79	80	68	180	88	700	1862	00
31	82	46	69	183	54	800	2128	00
32	85	12	70	186	20	900	2394	00
33	87	78	71	188	86	1 k.	2660	00
34	90	44	72	191	52	2 k.	5320	00
35	93	10	73	194	18	3 k.	7980	00
36	95	76	74	196	84	4 k.	10640	00
37	98	42	75	199	50	5 k.	13300	00
38	101	08	76	202	16			

PRODUIT des DÉCIGRAMMES.	décig.	fr.	c.	décig.	fr.	c.
	1/2	0	13	5	1	39
	1	0	27	6	1	66
	2	0	53	7	1	88
	3	0	80	8	2	13
	4	1	06	9	2	39

Ajoutez le produit des décigrammes, chaque fois qu'il y aura des fractions dans les pesées.

Or à 2 francs 67 centimes le gramme.
267 francs les 100 grammes.

gram.	fr.	c.	gram.	fr.	c.	gram.	fr.	c.
1	2	67	39	104	13	77	205	59
2	5	34	40	106	80	78	208	26
3	8	01	41	109	47	79	210	93
4	10	68	42	112	14	80	213	60
5	13	35	43	114	81	81	216	27
6	16	02	44	117	48	82	218	94
7	18	69	45	120	15	83	221	61
8	21	36	46	122	82	84	224	28
9	24	03	47	125	49	85	226	95
10	26	70	48	128	16	86	229	62
11	29	37	49	130	83	87	232	29
12	32	04	50	133	50	88	234	96
13	34	71	51	136	17	89	237	63
14	37	38	52	138	84	90	240	30
15	40	05	53	141	51	91	242	97
16	42	72	54	144	18	92	245	64
17	45	39	55	146	85	93	248	31
18	48	06	56	149	52	94	250	98
19	50	73	57	152	19	95	253	65
20	53	40	58	154	86	96	256	32
21	56	07	59	157	53	97	258	99
22	58	74	60	160	20	98	261	66
23	61	41	61	162	87	99	264	33
24	64	08	62	165	54	100	267	00
25	66	75	63	168	21	200	534	00
26	69	42	64	170	88	300	801	00
27	72	09	65	173	55	400	1068	00
28	74	76	66	176	22	500	1335	00
29	77	43	67	178	89	600	1602	00
30	80	10	68	181	56	700	1869	00
31	82	77	69	184	23	800	2136	00
32	85	44	70	186	90	900	2403	00
33	88	11	71	189	57	1 k.	2670	00
34	90	78	72	192	24	2 k.	5340	00
35	93	45	73	194	91	3 k.	8010	00
36	96	12	74	197	58	4 k.	10680	00
37	98	79	75	200	25	5 k.	13350	00
38	101	46	76	202	92			

PRODUIT des DÉCIGRAMMES.	décig.	fr.	c.	décig.	fr.	c.
	1/2	0	13	5	1	33
	1	0	27	6	1	60
	2	0	53	7	1	87
	3	0	80	8	2	14
	4	1	07	9	2	40

Or à 2 francs 68 centimes le gramme.
268 francs les 100 grammes.

gram.	fr.	c.	gram.	fr.	c.	gram.	fr.	c.
1	2	68	39	104	52	77	206	36
2	5	36	40	107	20	78	209	04
3	8	04	41	109	88	79	211	72
4	10	72	42	112	56	80	214	40
5	13	40	43	115	24	81	217	08
6	16	08	44	117	92	82	219	76
7	18	76	45	120	60	83	222	44
8	21	44	46	123	28	84	225	12
9	24	12	47	125	96	85	227	80
10	26	80	48	128	64	86	230	48
11	29	48	49	131	32	87	233	16
12	32	16	50	134	00	88	235	84
13	34	84	51	136	68	89	238	52
14	37	52	52	139	36	90	241	20
15	40	20	53	142	04	91	243	88
16	42	88	54	144	72	92	246	56
17	45	56	55	147	40	93	249	24
18	48	24	56	150	08	94	251	92
19	50	92	57	152	76	95	254	60
20	53	60	58	155	44	96	257	28
21	56	28	59	158	12	97	259	96
22	58	96	60	160	80	98	262	64
23	61	64	61	163	48	99	265	32
24	64	32	62	166	16	100	268	00
25	67	00	63	168	84	200	536	00
26	69	68	64	171	52	300	804	00
27	72	36	65	174	20	400	1072	00
28	75	04	66	176	88	500	1340	00
29	77	72	67	179	56	600	1608	00
30	80	40	68	182	24	700	1876	00
31	83	08	69	184	92	800	2144	00
32	85	76	70	187	60	900	2412	00
33	88	44	71	190	28	1 k.	2680	00
34	91	12	72	192	96	2 k.	5360	00
35	93	80	73	195	64	3 k.	8040	00
36	96	48	74	198	32	4 k.	10720	00
37	99	16	75	201	00	5 k.	13400	00
38	101	84	76	203	68			

PRODUIT des DÉCIGRAMMES.	décig.	fr.	c.	décig.	fr.	c.
	1/2	0	13	5	1	34
	1	0	27	6	1	61
	2	0	54	7	1	88
	3	0	80	8	2	14
	4	1	07	9	2	41

Ajoutez le produit des décigrammes, chaque fois qu'il y aura des fractions dans les pesées.

Or à 2 francs 69 centimes le gramme.
269 francs les 100 grammes.

gram.	fr.	c.	gram.	fr.	c.	gram.	fr.	c.
1	2	69	39	104	91	77	207	13
2	5	38	40	107	60	78	209	82
3	8	07	41	110	29	79	212	51
4	10	76	42	112	98	80	215	20
5	13	45	43	115	67	81	217	89
6	16	14	44	118	36	82	220	58
7	18	83	45	121	05	83	223	27
8	21	52	46	123	74	84	225	96
9	24	21	47	126	43	85	228	65
10	26	90	48	129	12	86	231	34
11	29	59	49	131	81	87	234	03
12	32	28	50	134	50	88	236	72
13	34	97	51	137	19	89	239	41
14	37	66	52	139	88	90	242	10
15	40	35	53	142	57	91	244	79
16	43	04	54	145	26	92	247	48
17	45	73	55	147	95	93	250	17
18	48	42	56	150	64	94	252	86
19	51	11	57	153	33	95	255	55
20	53	80	58	156	02	96	258	24
21	56	49	59	158	71	97	260	93
22	59	18	60	161	40	98	263	62
23	61	87	61	164	09	99	266	31
24	64	56	62	166	78	100	269	00
25	67	25	63	169	47	200	538	00
26	69	94	64	172	16	300	807	00
27	72	63	65	174	85	400	1076	00
28	75	32	66	177	54	500	1345	00
29	78	01	67	180	23	600	1614	00
30	80	70	68	182	92	700	1883	00
31	83	39	69	185	61	800	2152	00
32	86	08	70	188	30	900	2421	00
33	88	77	71	190	99	1 k.	2690	00
34	91	46	72	193	68	2 k.	5380	00
35	94	15	73	196	37	3 k.	8070	00
36	96	84	74	199	06	4 k.	10760	00
37	99	53	75	201	75	5 k.	13450	00
38	102	22	76	204	44			

PRODUIT des DÉCIGRAMMES.	décig.	fr.	c.	décig.	fr.	c.
	1/2	0	13	5	1	34
	1	0	27	6	1	61
	2	0	54	7	1	88
	3	0	81	8	2	15
	4	1	08	9	2	42

Or à 2 francs 70 centimes le gramme.
270 francs les 100 grammes.

gram.	fr.	c.	gram.	fr.	c.	gram.	fr.	c.
1	2	70	39	105	30	77	207	90
2	5	40	40	108	00	78	210	60
3	8	10	41	110	70	79	213	30
4	10	80	42	113	40	80	216	00
5	13	50	43	116	10	81	218	70
6	16	20	44	118	80	82	221	40
7	18	90	45	121	50	83	224	10
8	21	60	46	124	20	84	226	80
9	24	30	47	126	90	85	229	50
10	27	00	48	129	60	86	232	20
11	29	70	49	132	30	87	234	90
12	32	40	50	135	00	88	237	60
13	35	10	51	137	70	89	240	30
14	37	80	52	140	40	90	243	00
15	40	50	53	143	10	91	245	70
16	43	20	54	145	80	92	248	40
17	45	90	55	148	50	93	251	10
18	48	60	56	151	20	94	253	80
19	51	30	57	153	90	95	256	50
20	54	00	58	156	60	96	259	20
21	56	70	59	159	30	97	261	90
22	59	40	60	162	00	98	264	60
23	62	10	61	164	70	99	267	30
24	64	80	62	167	40	100	270	00
25	67	50	63	170	10	200	540	00
26	70	20	64	172	80	300	810	00
27	72	90	65	175	50	400	1080	00
28	75	60	66	178	20	500	1350	00
29	78	30	67	180	90	600	1620	00
30	81	00	68	183	60	700	1890	00
31	83	70	69	186	30	800	2160	00
32	86	40	70	189	00	900	2430	00
33	89	10	71	191	70	1 k.	2700	00
34	91	80	72	194	40	2 k.	5400	00
35	94	50	73	197	10	3 k.	8100	00
36	97	20	74	199	80	4 k.	10800	00
37	99	90	75	202	50	5 k.	13500	00
38	102	60	76	205	20			

PRODUIT des DÉCIGRAMMES.	décig.	fr.	c.	décig.	fr.	c.
	1/2	0	13	5	1	35
	1	0	27	6	1	62
	2	0	54	7	1	89
	3	0	81	8	2	16
	4	1	08	9	2	43

Ajoutez le produit des décigrammes, chaque fois qu'il y aura des fractions dans les pesées.

Or à 2 francs 71 centimes le gramme
271 francs les 100 grammes.

gram.	fr.	c.	gram.	fr.	c.	gram.	fr.	c.
1	2	71	39	105	69	77	208	67
2	5	42	40	108	40	78	211	38
3	8	13	41	111	11	79	214	09
4	10	84	42	113	82	80	216	80
5	13	55	43	116	53	81	219	51
6	16	26	44	119	24	82	222	22
7	18	97	45	121	95	83	224	93
8	21	68	46	124	66	84	227	64
9	24	39	47	127	37	85	230	35
10	27	10	48	130	08	86	233	06
11	29	81	49	132	79	87	235	77
12	32	52	50	135	50	88	238	48
13	35	23	51	138	21	89	241	19
14	37	94	52	140	92	90	243	90
15	40	65	53	143	63	91	246	61
16	43	36	54	146	34	92	249	32
17	46	07	55	149	05	93	252	03
18	48	78	56	151	76	94	254	74
19	51	49	57	154	47	95	257	45
20	54	20	58	157	18	96	260	16
21	56	91	59	159	89	97	262	87
22	59	62	60	162	60	98	265	58
23	62	33	61	165	31	99	268	29
24	65	04	62	168	02	100	271	00
25	67	75	63	170	73	200	542	00
26	70	46	64	173	44	300	813	00
27	73	17	65	176	15	400	1084	00
28	75	88	66	178	86	500	1355	00
29	78	59	67	181	57	600	1626	00
30	81	30	68	184	28	700	1897	00
31	84	01	69	186	99	800	2168	00
32	86	72	70	189	70	900	2439	00
33	89	43	71	192	41	1 k.	2710	00
34	92	14	72	195	12	2 k.	5420	00
35	94	85	73	197	83	3 k.	8130	00
36	97	56	74	200	54	4 k.	10840	00
37	100	27	75	203	25	5 k.	13550	00
38	102	98	76	205	96			

PRODUIT des DÉCIGRAMMES.	décig.	fr.	c.	décig.	fr.	c.
	½	0	13	5	1	35
	1	0	27	6	1	63
	2	0	54	7	1	90
	3	0	82	8	2	17
	4	1	08	9	2	44

Or à 2 francs 72 centimes le gramme,
272 francs les 100 grammes.

gram.	fr.	c.	gram.	fr.	c.	gram.	fr.	c.
1	2	72	39	106	08	77	209	44
2	5	44	40	108	80	78	212	16
3	8	16	41	111	52	79	214	88
4	10	88	42	114	24	80	217	60
5	13	60	43	116	96	81	220	32
6	16	32	44	119	68	82	223	04
7	19	04	45	122	40	83	225	76
8	21	76	46	125	12	84	228	48
9	24	48	47	127	84	85	231	20
10	27	20	48	130	56	86	233	92
11	29	92	49	133	28	87	236	64
12	32	64	50	136	00	88	239	36
13	35	36	51	138	72	89	242	08
14	38	08	52	141	44	90	244	80
15	40	80	53	144	16	91	247	52
16	43	52	54	146	88	92	250	24
17	46	24	55	149	60	93	252	96
18	48	96	56	152	32	94	255	68
19	51	68	57	155	04	95	258	40
20	54	40	58	157	76	96	261	12
21	57	12	59	160	48	97	263	84
22	59	84	60	163	20	98	266	56
23	62	56	61	165	92	99	269	28
24	65	28	62	168	64	100	272	00
25	68	00	63	171	36	200	544	00
26	70	72	64	174	08	300	816	00
27	73	44	65	176	80	400	1088	00
28	76	16	66	179	52	500	1360	00
29	78	88	67	182	24	600	1632	00
30	81	60	68	184	96	700	1904	00
31	84	32	69	187	68	800	2176	00
32	87	04	70	190	40	900	2448	00
33	89	76	71	193	12	1 k.	2720	00
34	92	48	72	195	84	2 k.	5440	00
35	95	20	73	198	56	3 k.	8160	00
36	97	92	74	201	28	4 k.	10880	00
37	100	64	75	204	00	5 k.	13600	00
38	103	36	76	206	72			

PRODUIT des DÉCIGRAMMES.	décig.	fr.	c.	décig.	fr.	c.
	½	0	13	5	1	36
	1	0	27	6	1	63
	2	0	54	7	1	90
	3	0	82	8	2	18
	4	1	09	9	2	45

Ajoutez le produit des décigrammes, chaque fois qu'il y aura des fractions dans les pesées.

Or à 2 francs 73 centimes le gramme.
273 francs les 100 grammes.

gram.	fr.	c.	gram.	fr.	c.	gram.	fr.	c.
1	2	73	39	106	47	77	210	21
2	5	46	40	109	20	78	212	94
3	8	19	41	111	93	79	215	67
4	10	92	42	114	66	80	218	40
5	13	65	43	117	39	81	221	13
6	16	38	44	120	12	82	223	86
7	19	11	45	122	85	83	226	59
8	21	84	46	125	58	84	229	32
9	24	57	47	128	31	85	232	05
10	27	30	48	131	04	86	234	78
11	30	03	49	133	77	87	237	51
12	32	76	50	136	50	88	240	24
13	35	49	51	139	23	89	242	97
14	38	22	52	141	96	90	245	70
15	40	95	53	144	69	91	248	43
16	43	68	54	147	42	92	251	16
17	46	41	55	150	15	93	253	89
18	49	14	56	152	88	94	256	62
19	51	87	57	155	61	95	259	35
20	54	60	58	158	34	96	262	08
21	57	33	59	161	07	97	264	81
22	60	06	60	163	80	98	267	54
23	62	79	61	166	53	99	270	27
24	65	52	62	169	26	100	273	00
25	68	25	63	171	99	200	546	00
26	70	98	64	174	72	300	819	00
27	73	71	65	177	45	400	1092	00
28	76	44	66	180	18	500	1365	00
29	79	17	67	182	91	600	1638	00
30	81	90	68	185	64	700	1911	00
31	84	63	69	188	37	800	2184	00
32	87	36	70	191	10	900	2457	00
33	90	09	71	193	83	1 k.	2730	00
34	92	82	72	196	56	2 k.	5460	00
35	95	55	73	199	29	3 k.	8190	00
36	98	28	74	202	02	4 k.	10920	00
37	101	01	75	204	75	5 k.	13650	00
38	103	74	76	207	48			

PRODUIT des DÉCIGRAMMES.	décig.	fr.	c.	décig.	fr.	c.
	½	0	13	5	1	36
	1	0	27	6	1	64
	2	0	55	7	1	91
	3	0	82	8	2	18
	4	1	09	9	2	46

Or à 2 francs 74 centimes le gramme.
274 francs les 100 grammes.

gram.	fr.	c.	gram.	fr.	c.	gram.	fr.	c.
1	2	74	39	106	86	77	210	98
2	5	48	40	109	60	78	213	72
3	8	22	41	112	34	79	216	46
4	10	96	42	115	08	80	219	20
5	13	70	43	117	82	81	221	94
6	16	44	44	120	56	82	224	68
7	19	18	45	123	30	83	227	42
8	21	92	46	126	04	84	230	16
9	24	66	47	128	78	85	232	90
10	27	40	48	131	52	86	235	64
11	30	14	49	134	26	87	238	38
12	32	88	50	137	00	88	241	12
13	35	62	51	139	74	89	243	86
14	38	36	52	142	48	90	246	60
15	41	10	53	145	22	91	249	34
16	43	84	54	147	96	92	252	08
17	46	58	55	150	70	93	254	82
18	49	32	56	153	44	94	257	56
19	52	06	57	156	18	95	260	30
20	54	80	58	158	92	96	263	04
21	57	54	59	161	66	97	265	78
22	60	28	60	164	40	98	268	52
23	63	02	61	167	14	99	271	26
24	65	76	62	169	88	100	274	00
25	68	50	63	172	62	200	548	00
26	71	24	64	175	36	300	822	00
27	73	98	65	178	10	400	1096	00
28	76	72	66	180	84	500	1370	00
29	79	46	67	183	58	600	1644	00
30	82	20	68	186	32	700	1918	00
31	84	94	69	189	06	800	2192	00
32	87	68	70	191	80	900	2466	00
33	90	42	71	194	54	1 k.	2740	00
34	93	16	72	197	28	2 k.	5480	00
35	95	90	73	200	02	3 k.	8220	00
36	98	64	74	202	76	4 k.	10960	00
37	101	38	75	205	50	5 k.	13700	00
38	104	12	76	208	24			

PRODUIT des DÉCIGRAMMES.	décig.	fr.	c.	décig.	fr.	c.
	½	0	13	5	1	37
	1	0	27	6	1	64
	2	0	55	7	1	92
	3	0	82	8	2	19
	4	1	10	9	2	47

Ajoutez le produit des décigrammes, chaque fois qu'il y aura des fractions dans les pesées.

Or à 2 francs 75 centimes le gramme. 275 francs les 100 grammes.

gram.	fr.	c.	gram.	fr.	c.	gram.	fr.	c.
1	2	75	39	107	25	77	211	75
2	5	50	40	110	00	78	214	50
3	8	25	41	112	75	79	217	25
4	11	00	42	115	50	80	220	00
5	13	75	43	118	25	81	222	75
6	16	50	44	121	00	82	225	50
7	19	25	45	123	75	83	228	25
8	22	00	46	126	50	84	231	00
9	24	75	47	129	25	85	233	75
10	27	50	48	132	00	86	236	50
11	30	25	49	134	75	87	239	25
12	33	00	50	137	50	88	242	00
13	35	75	51	140	25	89	244	75
14	38	50	52	143	00	90	247	50
15	41	25	53	145	75	91	250	25
16	44	00	54	148	50	92	253	00
17	46	75	55	151	25	93	255	75
18	49	50	56	154	00	94	258	50
19	52	25	57	156	75	95	261	25
20	55	00	58	159	50	96	264	00
21	57	75	59	162	25	97	266	75
22	60	50	60	165	00	98	269	50
23	63	25	61	167	75	99	272	25
24	66	00	62	170	50	100	275	00
25	68	75	63	173	25	200	550	00
26	71	50	64	176	00	300	825	00
27	74	25	65	178	75	400	1100	00
28	77	00	66	181	50	500	1375	00
29	79	75	67	184	25	600	1650	00
30	82	50	68	187	00	700	1925	00
31	85	25	69	189	75	800	2200	00
32	88	00	70	192	50	900	2475	00
33	90	75	71	195	25	1 k.	2750	00
34	93	50	72	198	00	2 k.	5500	00
35	96	25	73	200	75	3 k.	8250	00
36	99	00	74	203	50	4 k.	11000	00
37	101	75	75	206	25	5 k.	13750	00
38	104	50	76	209	00			

PRODUIT des DÉCIGRAMMES.	décig.	fr.	c.	décig.	fr.	c.
	½	0	13	5	1	37
	1	0	27	6	1	65
	2	0	55	7	1	92
	3	0	82	8	2	20
	4	1	10	9	2	47

Or à 2 francs 80 centimes le gramme. 280 francs les 100 grammes.

gram.	fr.	c.	gram.	fr.	c.	gram.	fr.	c.
1	2	76	39	107	64	77	212	52
2	5	52	40	110	40	78	215	28
3	8	28	41	113	16	79	218	04
4	11	04	42	115	92	80	220	80
5	13	80	43	118	68	81	223	56
6	16	56	44	121	44	82	226	32
7	19	32	45	124	20	83	229	08
8	22	08	46	126	96	84	231	84
9	24	84	47	129	72	85	234	60
10	27	60	48	132	48	86	237	36
11	30	36	49	135	24	87	240	12
12	33	12	50	138	00	88	242	88
13	35	88	51	140	76	89	245	64
14	38	64	52	143	52	90	248	40
15	41	40	53	146	28	91	251	16
16	44	16	54	149	04	92	253	92
17	46	92	55	151	80	93	256	68
18	49	68	56	154	56	94	259	44
19	52	44	57	157	32	95	262	20
20	55	20	58	160	08	96	264	96
21	57	96	59	162	84	97	267	72
22	60	72	60	165	60	98	270	48
23	63	48	61	168	36	99	273	24
24	66	24	62	171	12	100	276	00
25	69	00	63	173	88	200	552	00
26	71	76	64	176	64	300	828	00
27	74	52	65	179	40	400	1104	00
28	77	28	66	182	16	500	1380	00
29	80	04	67	184	92	600	1656	00
30	82	80	68	187	68	700	1932	00
31	85	56	69	190	44	800	2208	00
32	88	32	70	193	20	900	2484	00
33	91	08	71	195	96	1 k.	2760	00
34	93	84	72	198	72	2 k.	5520	00
35	96	60	73	201	48	3 k.	8280	00
36	99	36	74	204	24	4 k.	11040	00
37	102	12	75	207	00	5 k.	13800	00
38	104	88	76	209	76			

PRODUIT des DÉCIGRAMMES.	décig.	fr.	c.	décig.	fr.	c.
	½	0	14	5	1	38
	1	0	28	6	1	66
	2	0	55	7	1	93
	3	0	83	8	2	21
	4	1	10	9	2	48

Ajoutez le produit des décigrammes, chaque fois qu'il y aura des fractions dans les pesées.

Or à 2 francs 77 centimes le gramme.
277 francs les 100 grammes.

gram.	fr.	c.	gram.	fr.	c.	gram.	fr.	c.
1	2	77	39	108	03	77	213	29
2	5	54	40	110	80	78	216	06
3	8	31	41	113	57	79	218	83
4	11	08	42	116	34	80	221	60
5	13	85	43	119	11	81	224	37
6	16	62	44	121	88	82	227	14
7	19	39	45	124	65	83	229	91
8	22	16	46	127	42	84	232	68
9	24	93	47	130	19	85	235	45
10	27	70	48	132	96	86	238	22
11	30	47	49	135	73	87	240	99
12	33	24	50	138	50	88	243	76
13	36	01	51	141	27	89	246	53
14	38	78	52	144	04	90	249	30
15	41	55	53	146	81	91	252	07
16	44	32	54	149	58	92	254	84
17	47	09	55	152	35	93	257	61
18	49	86	56	155	12	94	260	38
19	52	63	57	157	89	95	263	15
20	55	40	58	160	66	96	265	92
21	58	17	59	163	43	97	268	69
22	60	94	60	166	20	98	271	46
23	63	71	61	168	97	99	274	23
24	66	48	62	171	74	100	277	00
25	69	25	63	174	51	200	554	00
26	72	02	64	177	28	300	831	00
27	74	79	65	180	05	400	1108	00
28	77	56	66	182	82	500	1385	00
29	80	33	67	185	59	600	1662	00
30	83	10	68	188	36	700	1939	00
31	85	87	69	191	13	800	2216	00
32	88	64	70	193	90	900	2493	00
33	91	41	71	196	67	1 k.	2770	00
34	94	18	72	199	44	2 k.	5540	00
35	96	95	73	202	21	3 k.	8310	00
36	99	72	74	204	98	4 k.	11080	00
37	102	49	75	207	75	5 k.	13850	00
38	105	26	76	210	52			

PRODUIT des DÉCIGRAMMES.	décig.	fr.	c.	décig.	fr.	c.
	1/2	0	14	5	1	38
	1	0	28	6	1	66
	2	0	55	7	1	94
	3	0	83	8	2	22
	4	1	11	9	2	49

Or à 2 francs 78 centimes le gramme.
278 francs les 100 grammes.

gram.	fr.	c.	gram.	fr.	c.	gram.	fr.	c.
1	2	78	39	108	42	77	214	06
2	5	56	40	111	20	78	216	84
3	8	34	41	113	98	79	219	62
4	11	12	42	116	76	80	222	40
5	13	90	43	119	54	81	225	18
6	16	68	44	122	32	82	227	96
7	19	46	45	125	10	83	230	74
8	22	24	46	127	88	84	233	52
9	25	02	47	130	66	85	236	30
10	27	80	48	133	44	86	239	08
11	30	58	49	136	22	87	241	86
12	33	36	50	139	00	88	244	64
13	36	14	51	141	78	89	247	42
14	38	92	52	144	56	90	250	20
15	41	70	53	147	34	91	252	98
16	44	48	54	150	12	92	255	76
17	47	26	55	152	90	93	258	54
18	50	04	56	155	68	94	261	32
19	52	82	57	158	46	95	264	10
20	55	60	58	161	24	96	266	88
21	58	38	59	164	02	97	269	66
22	61	16	60	166	80	98	272	44
23	63	94	61	169	58	99	275	22
24	66	72	62	172	36	100	278	00
25	69	50	63	175	14	200	556	00
26	72	28	64	177	92	300	834	00
27	75	06	65	180	70	400	1112	00
28	77	84	66	183	48	500	1390	00
29	80	62	67	186	26	600	1668	00
30	83	40	68	189	04	700	1946	00
31	86	18	69	191	82	800	2224	00
32	88	96	70	194	60	900	2502	00
33	91	74	71	197	38	1 k.	2780	00
34	94	52	72	200	16	2 k.	5560	00
35	97	30	73	202	94	3 k.	8340	00
36	100	08	74	205	72	4 k.	11120	00
37	102	86	75	208	50	5 k.	13900	00
38	105	64	76	211	28			

PRODUIT des DÉCIGRAMMES.	décig.	fr.	c.	décig.	fr.	c.
	1/2	0	14	5	1	39
	1	0	28	6	1	67
	2	0	56	7	1	95
	3	0	83	8	2	22
	4	1	11	9	2	50

Ajoutez le produit des décigrammes, chaque fois qu'il y aura des fractions dans les pesées.

Or à 2 francs 79 centimes le gramme.
279 francs les 100 grammes.

gram.	fr.	c.	gram.	fr.	c.	gram.	fr.	c.
1	2	79	39	108	81	77	214	83
2	5	58	40	111	60	78	217	62
3	8	37	41	114	39	79	220	41
4	11	16	42	117	18	80	223	20
5	13	95	43	119	97	81	225	99
6	16	74	44	122	76	82	228	78
7	19	53	45	125	55	83	231	57
8	22	32	46	128	34	84	234	36
9	25	11	47	131	13	85	237	15
10	27	90	48	133	92	86	239	94
11	30	69	49	136	71	87	242	73
12	33	48	50	139	50	88	245	52
13	36	27	51	142	29	89	248	31
14	39	06	52	145	08	90	251	10
15	41	85	53	147	87	91	253	89
16	44	64	54	150	66	92	256	68
17	47	43	55	153	45	93	259	47
18	50	22	56	156	24	94	262	26
19	53	01	57	159	03	95	265	05
20	55	80	58	161	82	96	267	84
21	58	59	59	164	61	97	270	63
22	61	38	60	167	40	98	273	42
23	64	17	61	170	19	99	276	21
24	66	96	62	172	98	100	279	00
25	69	75	63	175	77	200	558	00
26	72	54	64	178	56	300	837	00
27	75	33	65	181	35	400	1116	00
28	78	12	66	184	14	500	1395	00
29	80	91	67	186	93	600	1674	00
30	83	70	68	189	72	700	1953	00
31	86	49	69	192	51	800	2232	00
32	89	28	70	195	30	900	2511	00
33	92	07	71	198	09	1 k.	2790	00
34	94	86	72	200	88	2 k.	5580	00
35	97	65	73	203	67	3 k.	8370	00
36	100	44	74	206	46	4 k.	11160	00
37	103	23	75	209	25	5 k.	13950	00
38	106	02	76	212	04			

PRODUIT des DÉCIGRAMMES.	décig.	fr.	c.	décig.	fr.	c.
	1/2	0	14	5	1	39
	1	0	28	6	1	67
	2	0	56	7	1	95
	3	0	84	8	2	23
	4	1	12	9	2	51

Or à 2 francs 80 centimes le gramme.
280 francs les 100 grammes.

gram.	fr.	c.	gram.	fr.	c.	gram.	fr.	c.
1	2	80	39	109	20	77	215	60
2	5	60	40	112	00	78	218	40
3	8	40	41	114	80	79	221	20
4	11	20	42	117	60	80	224	00
5	14	00	43	120	40	81	226	80
6	16	80	44	123	20	82	229	60
7	19	60	45	126	00	83	232	40
8	22	40	46	128	80	84	235	20
9	25	20	47	131	60	85	238	00
10	28	00	48	134	40	86	240	80
11	30	80	49	137	20	87	243	60
12	33	60	50	140	00	88	246	40
13	36	40	51	142	80	89	249	20
14	39	20	52	145	60	90	252	00
15	42	00	53	148	40	91	254	80
16	44	80	54	151	20	92	257	60
17	47	60	55	154	00	93	260	40
18	50	40	56	156	80	94	263	20
19	53	20	57	159	60	95	266	00
20	56	00	58	162	40	96	268	80
21	58	80	59	165	20	97	271	60
22	61	60	60	168	00	98	274	40
23	64	40	61	170	80	99	277	20
24	67	20	62	173	60	100	280	00
25	70	00	63	176	40	200	560	00
26	72	80	64	179	20	300	840	00
27	75	60	65	182	00	400	1120	00
28	78	40	66	184	80	500	1400	00
29	81	20	67	187	60	600	1680	00
30	84	00	68	190	40	700	1960	00
31	86	80	69	193	20	800	2240	00
32	89	60	70	196	00	900	2520	00
33	92	40	71	198	80	1 k.	2800	00
34	95	20	72	201	60	2 k.	5600	00
35	98	00	73	204	40	3 k.	8400	00
36	100	80	74	207	20	4 k.	11200	00
37	103	60	75	210	00	5 k.	14000	00
38	106	40	76	212	80			

PRODUIT des DÉCIGRAMMES.	décig.	fr.	c.	décig.	fr.	c.
	1/2	0	14	5	1	40
	1	0	28	6	1	68
	2	0	56	7	1	96
	3	0	84	8	2	24
	4	1	12	9	2	52

Ajoutez le produit des décigrammes, chaque fois qu'il y aura des fractions dans les pesées.

Or à 2 francs 81 centimes le gramme.
281 francs les 100 grammes.

gram.	fr.	c.	gram.	fr.	c.	gram.	fr.	c.
1	2	81	39	109	59	77	216	37
2	5	62	40	112	40	78	219	18
3	8	43	41	115	21	79	221	99
4	11	24	42	118	02	80	224	80
5	14	05	43	120	83	81	227	61
6	16	86	44	123	64	82	230	42
7	19	67	45	126	45	83	233	23
8	22	48	46	129	26	84	236	04
9	25	29	47	132	07	85	238	85
10	28	10	48	134	88	86	241	66
11	30	91	49	137	69	87	244	47
12	33	72	50	140	50	88	247	28
13	36	53	51	143	31	89	250	09
14	39	34	52	146	12	90	252	90
15	42	15	53	148	93	91	255	71
16	44	96	54	151	74	92	258	52
17	47	77	55	154	55	93	261	33
18	50	58	56	157	36	94	264	14
19	53	39	57	160	17	95	266	95
20	56	20	58	162	98	96	269	76
21	59	01	59	165	79	97	272	57
22	61	82	60	168	60	98	275	38
23	64	63	61	171	41	99	278	19
24	67	44	62	174	22	100	281	00
25	70	25	63	177	03	200	562	00
26	73	06	64	179	84	300	843	00
27	75	87	65	182	65	400	1124	00
28	78	68	66	185	46	500	1405	00
29	81	49	67	188	27	600	1686	00
30	84	30	68	191	08	700	1967	00
31	87	11	69	193	89	800	2248	00
32	89	92	70	196	70	900	2529	00
33	92	73	71	199	51	1 k.	2810	00
34	95	54	72	202	32	2 k.	5620	00
35	98	35	73	205	13	3 k.	8430	00
36	101	16	74	207	94	4 k.	11240	00
37	103	97	75	210	75	5 k.	14050	00
38	106	78	76	213	56			

Or à 2 francs 82 centimes le gramme.
282 francs les 100 grammes.

gram.	fr.	c.	gram.	fr.	c.	gram.	fr.	c.
1	2	82	39	109	98	77	217	14
2	5	64	40	112	80	78	219	96
3	8	46	41	115	62	79	222	78
4	11	28	42	118	44	80	225	60
5	14	10	43	121	26	81	228	42
6	16	92	44	124	08	82	231	24
7	19	74	45	126	90	83	234	06
8	22	56	46	129	72	84	236	88
9	25	38	47	132	54	85	239	70
10	28	20	48	135	36	86	242	52
11	31	02	49	138	18	87	245	34
12	33	84	50	141	00	88	248	16
13	36	66	51	143	82	89	250	98
14	39	48	52	146	64	90	253	80
15	42	30	53	149	46	91	256	62
16	45	12	54	152	28	92	259	44
17	47	94	55	155	10	93	262	26
18	50	76	56	157	92	94	265	08
19	53	58	57	160	74	95	267	90
20	56	40	58	163	56	96	270	72
21	59	22	59	166	38	97	273	54
22	62	04	60	169	20	98	276	36
23	64	86	61	172	02	99	279	18
24	67	68	62	174	84	100	282	00
25	70	50	63	177	66	200	564	00
26	73	32	64	180	48	300	846	00
27	76	14	65	183	30	400	1128	00
28	78	96	66	186	12	500	1410	00
29	81	78	67	188	94	600	1692	00
30	84	60	68	191	76	700	1974	00
31	87	42	69	194	58	800	2256	00
32	90	24	70	197	40	900	2538	00
33	93	06	71	200	22	1 k.	2820	00
34	95	88	72	203	04	2 k.	5640	00
35	98	70	73	205	86	3 k.	8460	00
36	101	52	74	208	68	4 k.	11280	00
37	104	34	75	211	50	5 k.	14100	00
38	107	16	76	214	32			

PRODUIT des DÉCIGRAMMES.	décig.	fr.	c.	décig.	fr.	c.
	1/2	0	14	5	1	40
	1	0	28	6	1	69
	2	0	56	7	1	97
	3	0	84	8	2	25
	4	1	12	9	2	53

PRODUIT des DÉCIGRAMMES.	décig.	fr.	c.	décig.	fr.	c.
	1/2	0	14	5	1	41
	1	0	28	6	1	69
	2	0	56	7	1	97
	3	0	85	8	2	26
	4	1	13	9	2	54

Ajoutez le produit des décigrammes, chaque fois qu'il y aura des fractions dans les pesées.

Or à 2 francs 83 centimes le gramme.
283 francs les 100 grammes.

gram.	fr.	c.	gram.	fr.	c.	gram.	fr.	c.
1	2	83	39	110	37	77	217	91
2	5	66	40	113	20	78	220	74
3	8	49	41	116	03	79	223	57
4	11	32	42	118	86	80	226	40
5	14	15	43	121	69	81	229	23
6	16	98	44	124	52	82	232	06
7	19	81	45	127	35	83	234	89
8	22	64	46	130	18	84	237	72
9	25	47	47	133	01	85	240	55
10	28	30	48	135	84	86	243	38
11	31	13	49	138	67	87	246	21
12	33	96	50	141	50	88	249	04
13	36	79	51	144	33	89	251	87
14	39	62	52	147	16	90	254	70
15	42	45	53	149	99	91	257	53
16	45	28	54	152	82	92	260	36
17	48	11	55	155	65	93	263	19
18	50	94	56	158	48	94	266	02
19	53	77	57	161	31	95	268	85
20	56	60	58	164	14	96	271	68
21	59	43	59	166	97	97	274	51
22	62	26	60	169	80	98	277	34
23	65	09	61	172	63	99	280	17
24	67	92	62	175	46	100	283	00
25	70	75	63	178	29	200	566	00
26	73	58	64	181	12	300	849	00
27	76	41	65	183	95	400	1132	00
28	79	24	66	186	78	500	1415	00
29	82	07	67	189	61	600	1698	00
30	84	90	68	192	44	700	1981	00
31	87	73	69	195	27	800	2264	00
32	90	56	70	198	10	900	2547	00
33	93	39	71	200	93	1 k.	2830	00
34	96	22	72	203	76	2 k.	5660	00
35	99	05	73	206	59	3 k.	8490	00
36	101	88	74	209	42	4 k.	11320	00
37	104	71	75	212	25	5 k.	14150	00
38	107	54	76	215	08			

PRODUIT des DÉCIGRAMMES.	décig.	fr.	c.	décig.	fr.	c.
	½	0	14	5	1	41
	1	0	28	6	1	70
	2	0	57	7	1	98
	3	0	85	8	2	26
	4	1	13	9	2	55

Or à 2 francs 84 centimes le gramme.
284 francs les 100 grammes.

gram.	fr.	c.	gram.	fr.	c.	gram.	fr.	c.
1	2	84	39	110	76	77	218	68
2	5	68	40	113	60	78	221	52
3	8	52	41	116	44	79	224	36
4	11	36	42	119	28	80	227	20
5	14	20	43	122	12	81	230	04
6	17	04	44	124	96	82	232	88
7	19	88	45	127	80	83	235	72
8	22	72	46	130	64	84	238	56
9	25	56	47	133	48	85	241	40
10	28	40	48	136	32	86	244	24
11	31	24	49	139	16	87	247	08
12	34	08	50	142	00	88	249	92
13	36	92	51	144	84	89	252	76
14	39	76	52	147	68	90	255	60
15	42	60	53	150	52	91	258	44
16	45	44	54	153	36	92	261	28
17	48	28	55	156	20	93	264	12
18	51	12	56	159	04	94	266	96
19	53	96	57	161	88	95	269	80
20	56	80	58	164	72	96	272	64
21	59	64	59	167	56	97	275	48
22	62	48	60	170	40	98	278	32
23	65	32	61	173	24	99	281	16
24	68	16	62	176	08	100	284	00
25	71	00	63	178	92	200	568	00
26	73	84	64	181	76	300	852	00
27	76	68	65	184	60	400	1136	00
28	79	52	66	187	44	500	1420	00
29	82	36	67	190	28	600	1704	00
30	85	20	68	193	12	700	1988	00
31	88	04	69	195	96	800	2272	00
32	90	88	70	198	80	900	2556	00
33	93	72	71	201	64	1 k.	2840	00
34	96	56	72	204	48	2 k.	5680	00
35	99	40	73	207	32	3 k.	8520	00
36	102	24	74	210	16	4 k.	11360	00
37	105	08	75	213	00	5 k.	14200	00
38	107	92	76	215	84			

PRODUIT des DÉCIGRAMMES.	décig.	fr.	c.	décig.	fr.	c.
	½	0	14	5	1	42
	1	0	28	6	1	70
	2	0	57	7	1	99
	3	0	85	8	2	27
	4	1	14	9	2	56

Ajoutez le produit des décigrammes, chaque fois qu'il y aura des fractions dans les pesées.

Or à **2** francs **85** centimes le gramme.
285 francs les 100 grammes.

gram.	fr.	c.	gram.	fr.	c.	gram.	fr.	c.
1	2	85	39	111	15	77	219	45
2	5	70	40	114	00	78	222	30
3	8	55	41	116	85	79	225	15
4	11	40	42	119	70	80	228	00
5	14	25	43	122	55	81	230	85
6	17	10	44	125	40	82	233	70
7	19	95	45	128	25	83	236	55
8	22	80	46	131	10	84	239	40
9	25	65	47	133	95	85	242	25
10	28	50	48	136	80	86	245	10
11	31	35	49	139	65	87	247	95
12	34	20	50	142	50	88	250	80
13	37	05	51	145	35	89	253	65
14	39	90	52	148	20	90	256	50
15	42	75	53	151	05	91	259	35
16	45	60	54	153	90	92	262	20
17	48	45	55	156	75	93	265	05
18	51	30	56	159	60	94	267	90
19	54	15	57	162	45	95	270	75
20	57	00	58	165	30	96	273	60
21	59	85	59	168	15	97	276	45
22	62	70	60	171	00	98	279	30
23	65	55	61	173	85	99	282	15
24	68	40	62	176	70	100	285	00
25	71	25	63	179	55	200	570	00
26	74	10	64	182	40	300	855	00
27	76	95	65	185	25	400	1140	00
28	79	80	66	188	10	500	1425	00
29	82	65	67	190	95	600	1710	00
30	85	50	68	193	80	700	1995	00
31	88	35	69	196	65	800	2280	00
32	91	20	70	199	50	900	2565	00
33	94	05	71	202	35	1 k.	2850	00
34	96	90	72	205	20	2 k.	5700	00
35	99	75	73	208	05	3 k.	8550	00
36	102	60	74	210	90	4 k.	11400	00
37	105	45	75	213	75	5 k.	14250	00
38	108	30	76	216	60			

PRODUIT des DÉCIGRAMMES.	décig.	fr.	c.	décig.	fr.	c.
	½	0	14	5	1	42
	1	0	28	6	1	71
	2	0	57	7	1	99
	3	0	85	8	2	28
	4	1	14	9	2	56

Or à **2** francs **86** centimes le gramme.
286 francs les 100 grammes.

gram.	fr.	c.	gram.	fr.	c.	gram.	fr.	c.
1	2	86	39	111	54	77	220	22
2	5	72	40	114	40	78	223	08
3	8	58	41	117	26	79	225	94
4	11	44	42	120	12	80	228	80
5	14	30	43	122	98	81	231	66
6	17	16	44	125	84	82	234	52
7	20	02	45	128	70	83	237	38
8	22	88	46	131	56	84	240	24
9	25	74	47	134	42	85	243	10
10	28	60	48	137	28	86	245	96
11	31	46	49	140	14	87	248	82
12	34	32	50	143	00	88	251	68
13	37	18	51	145	86	89	254	54
14	40	04	52	148	72	90	257	40
15	42	90	53	151	58	91	260	26
16	45	76	54	154	44	92	263	12
17	48	62	55	157	30	93	265	98
18	51	48	56	160	16	94	268	84
19	54	34	57	163	02	95	271	70
20	57	20	58	165	88	96	274	56
21	60	06	59	168	74	97	277	42
22	62	92	60	171	60	98	280	28
23	65	78	61	174	46	99	283	14
24	68	64	62	177	32	100	286	00
25	71	50	63	180	18	200	572	00
26	74	36	64	183	04	300	858	00
27	77	22	65	185	90	400	1144	00
28	80	08	66	188	76	500	1430	00
29	82	94	67	191	62	600	1716	00
30	85	80	68	194	48	700	2002	00
31	88	66	69	197	34	800	2288	00
32	91	52	70	200	20	900	2574	00
33	94	38	71	203	06	1 k.	2860	00
34	97	24	72	205	92	2 k.	5720	00
35	100	10	73	208	78	3 k.	8580	00
36	102	96	74	211	64	4 k.	11440	00
37	105	82	75	214	50	5 k.	14300	00
38	108	68	76	217	36			

PRODUIT des DÉCIGRAMMES.	décig.	fr.	c.	décig.	fr.	c.
	½	0	14	5	1	43
	1	0	29	6	1	72
	2	0	57	7	2	00
	3	0	86	8	2	29
	4	1	14	9	2	57

Ajoutez le produit des décigrammes chaque fois qu'il y aura des fractions dans les pesées.

Or à 2 francs 87 centimes le gramme.
287 francs les 100 grammes.

gram.	fr.	c.	gram.	fr.	c.	gram.	fr.	c.
1	2	87	39	111	93	77	220	99
2	5	74	40	114	80	78	223	86
3	8	61	41	117	67	79	226	73
4	11	48	42	120	54	80	229	60
5	14	35	43	123	41	81	232	47
6	17	22	44	126	28	82	235	34
7	20	09	45	129	15	83	238	21
8	22	96	46	132	02	84	241	08
9	25	83	47	134	89	85	243	95
10	28	70	48	137	76	86	246	82
11	31	57	49	140	63	87	249	69
12	34	44	50	143	50	88	252	56
13	37	31	51	146	37	89	255	43
14	40	18	52	149	24	90	258	30
15	43	05	53	152	11	91	261	17
16	45	92	54	154	98	92	264	04
17	48	79	55	157	85	93	266	91
18	51	66	56	160	72	94	269	78
19	54	53	57	163	59	95	272	65
20	57	40	58	166	46	96	275	52
21	60	27	59	169	33	97	278	39
22	63	14	60	172	20	98	281	26
23	66	01	61	175	07	99	284	13
24	68	88	62	177	94	100	287	00
25	71	75	63	180	81	200	574	00
26	74	62	64	183	68	300	861	00
27	77	49	65	186	55	400	1148	00
28	80	36	66	189	42	500	1435	00
29	83	23	67	192	29	600	1722	00
30	86	10	68	195	16	700	2009	00
31	88	97	69	198	03	800	2296	00
32	91	84	70	200	90	900	2583	00
33	94	71	71	203	77	1 k.	2870	00
34	97	58	72	206	64	2 k.	5740	00
35	100	45	73	209	51	3 k.	8610	00
36	103	32	74	212	38	4 k.	11480	00
37	106	19	75	215	25	5 k.	14350	00
38	109	06	76	218	12			

PRODUIT des DÉCIGRAMMES.	décig.	fr.	c.	décig.	fr.	c.
	1/2	0	14	5	1	43
	1	0	29	6	1	72
	2	0	57	7	2	01
	3	0	86	8	2	30
	4	1	15	9	2	58

Or à 2 francs 88 centimes le gramme.
288 francs les 100 grammes.

gram.	fr.	c.	gram.	fr.	c.	gram.	fr.	c.
1	2	88	39	112	32	77	221	76
2	5	76	40	115	20	78	224	64
3	8	64	41	118	08	79	227	52
4	11	52	42	120	96	80	230	40
5	14	40	43	123	84	81	233	28
6	17	28	44	126	72	82	236	16
7	20	16	45	129	60	83	239	04
8	23	04	46	132	48	84	241	92
9	25	92	47	135	36	85	244	80
10	28	80	48	138	24	86	247	68
11	31	68	49	141	12	87	250	56
12	34	56	50	144	00	88	253	44
13	37	44	51	146	88	89	256	32
14	40	32	52	149	76	90	259	20
15	43	20	53	152	64	91	262	08
16	46	08	54	155	52	92	264	96
17	48	96	55	158	40	93	267	84
18	51	84	56	161	28	94	270	72
19	54	72	57	164	16	95	273	60
20	57	60	58	167	04	96	276	48
21	60	48	59	169	92	97	279	36
22	63	36	60	172	80	98	282	24
23	66	24	61	175	68	99	285	12
24	69	12	62	178	56	100	288	00
25	72	00	63	181	44	200	576	00
26	74	88	64	184	32	300	864	00
27	77	76	65	187	20	400	1152	00
28	80	64	66	190	08	500	1440	00
29	83	52	67	192	96	600	1728	00
30	86	40	68	195	84	700	2016	00
31	89	28	69	198	72	800	2304	00
32	92	16	70	201	60	900	2592	00
33	95	04	71	204	48	1 k.	2880	00
34	97	92	72	207	36	2 k.	5760	00
35	100	80	73	210	24	3 k.	8640	00
36	103	68	74	213	12	4 k.	11520	00
37	106	56	75	216	00	5 k.	14400	00
38	109	44	76	218	88			

PRODUIT des DÉCIGRAMMES.	décig.	fr.	c.	décig.	fr.	c.
	1/2	0	14	5	1	44
	1	0	29	6	1	73
	2	0	58	7	2	02
	3	0	86	8	2	30
	4	1	15	9	2	59

Ajoutez le produit des décigrammes, chaque fois qu'il y aura des fractions dans les pesées.

Or à 2 francs 89 centimes le gramme.
289 francs les 100 grammes.

gram.	fr.	c.	gram.	fr.	c.	gram.	fr.	c.
1	2	89	39	112	71	77	222	53
2	5	78	40	115	60	78	225	42
3	8	67	41	118	49	79	228	31
4	11	56	42	121	38	80	231	20
5	14	45	43	124	27	81	234	09
6	17	34	44	127	16	82	236	98
7	20	23	45	130	05	83	239	87
8	23	12	46	132	94	84	242	76
9	26	01	47	135	83	85	245	65
10	28	90	48	138	72	86	248	54
11	31	79	49	141	61	87	251	43
12	34	68	50	144	50	88	254	32
13	37	57	51	147	39	89	257	21
14	40	46	52	150	28	90	260	10
15	43	35	53	153	17	91	262	99
16	46	24	54	156	06	92	265	88
17	49	13	55	158	95	93	268	77
18	52	02	56	161	84	94	271	66
19	54	91	57	164	73	95	274	55
20	57	80	58	167	62	96	277	44
21	60	69	59	170	51	97	280	33
22	63	58	60	173	40	98	283	22
23	66	47	61	176	29	99	286	11
24	69	36	62	179	18	100	289	00
25	72	25	63	182	07	200	578	00
26	75	14	64	184	96	300	867	00
27	78	03	65	187	85	400	1156	00
28	80	92	66	190	74	500	1445	00
29	83	81	67	193	63	600	1734	00
30	86	70	68	196	52	700	2023	00
31	89	59	69	199	41	800	2312	00
32	92	48	70	202	30	900	2601	00
33	95	37	71	205	19	1 k.	2890	00
34	98	26	72	208	08	2 k.	5780	00
35	101	15	73	210	97	3 k.	8670	00
36	104	04	74	213	86	4 k.	11560	00
37	106	93	75	216	75	5 k.	14450	00
38	109	82	76	219	64			

PRODUIT des DÉCIGRAMMES.	décig.	fr.	c.	décig.	fr.	c.
	1/2	0	14	5	1	44
	1	0	29	6	1	73
	2	0	58	7	2	02
	3	0	87	8	2	31
	4	1	16	9	2	60

Or à 2 francs 90 centimes le gramme.
290 francs les 100 grammes.

gram.	fr.	c.	gram.	fr.	c.	gram.	fr.	c.
1	2	90	39	113	10	77	223	30
2	5	80	40	116	00	78	226	20
3	8	70	41	118	90	79	229	10
4	11	60	42	121	80	80	232	00
5	14	50	43	124	70	81	234	90
6	17	40	44	127	60	82	237	80
7	20	30	45	130	50	83	240	70
8	23	20	46	133	40	84	243	60
9	26	10	47	136	30	85	246	50
10	29	00	48	139	20	86	249	40
11	31	90	49	142	10	87	252	30
12	34	80	50	145	00	88	255	20
13	37	70	51	147	90	89	258	10
14	40	60	52	150	80	90	261	00
15	43	50	53	153	70	91	263	90
16	46	40	54	156	60	92	266	80
17	49	30	55	159	50	93	269	70
18	52	20	56	162	40	94	272	60
19	55	10	57	165	30	95	275	50
20	58	00	58	168	20	96	278	40
21	60	90	59	171	10	97	281	30
22	63	80	60	174	00	98	284	20
23	66	70	61	176	90	99	287	10
24	69	60	62	179	80	100	290	00
25	72	50	63	182	70	200	580	00
26	75	40	64	185	60	300	770	00
27	78	30	65	188	50	400	1160	00
28	81	20	66	191	40	500	1450	00
29	84	10	67	194	30	600	1740	00
30	87	00	68	197	20	700	2030	00
31	89	90	69	200	10	800	2320	00
32	92	80	70	203	00	900	2610	00
33	95	70	71	205	90	1 k.	2900	00
34	98	60	72	208	80	2 k.	5800	00
35	101	50	73	211	70	3 k.	8700	00
36	104	40	74	214	60	4 k.	11600	00
37	107	30	75	217	50	5 k.	14500	00
38	110	20	76	220	40			

PRODUIT des DÉCIGRAMMES.	décig.	fr.	c.	décig.	fr.	c.
	1/2	0	14	5	1	45
	1	0	29	6	1	74
	2	0	58	7	2	03
	3	0	87	8	2	32
	4	1	16	9	2	61

Ajoutez le produit des décigrammes, chaque fois qu'il y aura des fractions dans les pesées.

Or à **2** francs **91** centimes le gramme.
291 francs les 100 grammes.

gram.	fr.	c.	gram.	fr.	c.	gram.	fr.	c.
1	2	91	39	113	49	77	224	07
2	5	82	40	116	40	78	226	98
3	8	73	41	119	31	79	229	89
4	11	64	42	122	22	80	232	80
5	14	55	43	125	13	81	235	71
6	17	46	44	128	04	82	238	62
7	20	37	45	130	95	83	241	53
8	23	28	46	133	86	84	244	44
9	26	19	47	136	77	85	247	35
10	29	10	48	139	68	86	250	26
11	32	01	49	142	59	87	253	17
12	34	92	50	145	50	88	256	08
13	37	83	51	148	41	89	258	99
14	40	74	52	151	32	90	261	90
15	43	65	53	154	23	91	264	81
16	46	56	54	157	14	92	267	72
17	49	47	55	160	05	93	270	63
18	52	38	56	162	96	94	273	54
19	55	29	57	165	87	95	276	45
20	58	20	58	168	78	96	279	36
21	61	11	59	171	69	97	282	27
22	64	02	60	174	60	98	285	18
23	66	93	61	177	51	99	288	09
24	69	84	62	180	42	100	291	00
25	72	75	63	183	33	200	582	00
26	75	66	64	186	24	300	873	00
27	78	57	65	189	15	400	1164	00
28	81	48	66	192	06	500	1455	00
29	84	39	67	194	97	600	1746	00
30	87	30	68	197	88	700	2037	00
31	90	21	69	200	79	800	2328	00
32	93	12	70	203	70	900	2619	00
33	96	03	71	206	61	1 k.	2910	00
34	98	94	72	209	52	2 k.	5820	00
35	101	85	73	212	43	3 k.	8730	00
36	104	76	74	215	34	4 k.	11640	00
37	107	67	75	218	25	5 k.	14550	00
38	110	58	76	221	16			

PRODUIT des DÉCIGRAMMES.	décig.	fr.	c.	décig.	fr.	c.
	1/2	0	14	5	1	45
	1	0	29	6	1	75
	2	0	58	7	2	04
	3	0	87	8	2	33
	4	1	16	9	2	62

Or à **2** francs **92** centimes le gramme.
292 francs les 100 grammes.

gram.	fr.	c.	gram.	fr.	c.	gram.	fr.	c.
1	2	92	39	113	88	77	224	84
2	5	84	40	116	80	78	227	76
3	8	76	41	119	72	79	230	68
4	11	68	42	122	64	80	233	60
5	14	60	43	125	56	81	236	52
6	17	52	44	128	48	82	239	44
7	20	44	45	131	40	83	242	36
8	23	36	46	134	32	84	245	28
9	26	28	47	137	24	85	248	20
10	29	20	48	140	16	86	251	12
11	32	12	49	143	08	87	254	04
12	35	04	50	146	00	88	256	96
13	37	96	51	148	92	89	259	88
14	40	88	52	151	84	90	262	80
15	43	80	53	154	76	91	265	72
16	46	72	54	157	68	92	268	64
17	49	64	55	160	60	93	271	56
18	52	56	56	163	52	94	274	48
19	55	48	57	166	44	95	277	40
20	58	40	58	169	36	96	280	32
21	61	32	59	172	28	97	283	24
22	64	24	60	175	20	98	286	16
23	67	16	61	178	12	99	289	08
24	70	08	62	181	04	100	292	00
25	73	00	63	183	96	200	584	00
26	75	92	64	186	88	300	876	00
27	78	84	65	189	80	400	1168	00
28	81	76	66	192	72	500	1460	00
29	84	68	67	195	64	600	1752	00
30	87	60	68	198	56	700	2044	00
31	90	52	69	201	48	800	2336	00
32	93	44	70	204	40	900	2628	00
33	96	36	71	207	32	1 k.	2920	00
34	99	28	72	210	24	2 k.	5840	00
35	102	20	73	213	16	3 k.	8760	00
36	105	12	74	216	08	4 k.	11680	00
37	108	04	75	219	00	5 k.	14600	00
38	110	96	76	221	92			

PRODUIT des DÉCIGRAMMES.	décig.	fr.	c.	décig.	fr.	c.
	1/2	0	14	5	1	46
	1	0	29	6	1	75
	2	0	58	7	2	04
	3	0	88	8	2	34
	4	1	17	9	2	63

Ajoutez le produit des décigrammes, chaque fois qu'il y aura des fractions dans les pesées.

Or à 2 francs 93 centimes le gramme.
293 francs les 100 grammes.

gram.	fr.	c.	gram.	fr.	c.	gram.	fr.	c.
1	2	93	39	114	27	77	225	61
2	5	86	40	117	20	78	228	54
3	8	79	41	120	13	79	231	47
4	11	72	42	123	06	80	234	40
5	14	65	43	125	99	81	237	33
6	17	58	44	128	92	82	240	26
7	20	51	45	131	85	83	243	19
8	23	44	46	134	78	84	246	12
9	26	37	47	137	71	85	249	05
10	29	30	48	140	64	86	251	98
11	32	23	49	143	57	87	254	91
12	35	16	50	146	50	88	257	84
13	38	09	51	149	43	89	260	77
14	41	02	52	152	36	90	263	70
15	43	95	53	155	29	91	266	63
16	46	88	54	158	22	92	269	56
17	49	81	55	161	15	93	272	49
18	52	74	56	164	08	94	275	42
19	55	67	57	167	01	95	278	35
20	58	60	58	169	94	96	281	28
21	61	53	59	172	87	97	284	21
22	64	46	60	175	80	98	287	14
23	67	39	61	178	73	99	290	07
24	70	32	62	181	66	100	293	00
25	73	25	63	184	59	200	586	00
26	76	18	64	187	52	300	879	00
27	79	11	65	190	45	400	1172	00
28	82	04	66	193	38	500	1465	00
29	84	97	67	196	31	600	1758	00
30	87	90	68	199	24	700	2051	00
31	90	83	69	202	17	800	2344	00
32	93	76	70	205	10	900	2637	00
33	96	69	71	208	03	1 k.	2930	00
34	99	62	72	210	96	2 k.	5860	00
35	102	55	73	213	89	3 k.	8790	00
36	105	48	74	216	82	4 k.	11720	00
37	108	41	75	219	75	5 k.	14650	00
38	111	34	76	222	68			

PRODUIT des DÉCIGRAMMES.	décig.	fr.	c.	décig.	fr.	c.
	1/2	0	14	5	1	46
	1	0	29	6	1	76
	2	0	59	7	2	05
	3	0	88	8	2	34
	4	1	17	9	2	64

Or à 2 francs 94 centimes le gramme.
294 francs les 100 grammes.

gram.	fr.	c.	gram	fr.	c.	gram.	fr.	c.
1	2	94	39	114	66	77	226	38
2	5	88	40	117	60	78	229	32
3	8	82	41	120	54	79	232	26
4	11	76	42	123	48	80	235	20
5	14	70	43	126	42	81	238	14
6	17	64	44	129	36	82	241	08
7	20	58	45	132	30	83	244	02
8	23	52	46	135	24	84	246	96
9	26	46	47	138	18	85	249	90
10	29	40	48	141	12	86	252	84
11	32	34	49	144	06	87	255	78
12	35	28	50	147	00	88	258	72
13	38	22	51	149	94	89	261	66
14	41	16	52	152	88	90	264	60
15	44	10	53	155	82	91	267	54
16	47	04	54	158	76	92	270	48
17	49	98	55	161	70	93	273	42
18	52	92	56	164	64	94	276	36
19	55	86	57	167	58	95	279	30
20	58	80	58	170	52	96	282	24
21	61	74	59	173	46	97	285	18
22	64	68	60	176	40	98	288	12
23	67	62	61	179	34	99	291	06
24	70	56	62	182	28	100	294	00
25	73	50	63	185	22	200	588	00
26	76	44	64	188	16	300	882	00
27	79	38	65	191	10	400	1176	00
28	82	32	66	194	04	500	1470	00
29	85	26	67	196	98	600	1764	00
30	88	20	68	199	92	700	2058	00
31	91	14	69	202	86	800	2352	00
32	94	08	70	205	80	900	2646	00
33	97	02	71	208	74	1 k.	2940	00
34	99	96	72	211	68	2 k.	5880	00
35	102	90	73	214	62	3 k.	8820	00
36	105	84	74	217	56	4 k.	11760	00
37	108	78	75	220	50	5 k.	14700	00
38	111	72	76	223	44			

PRODUIT des DÉCIGRAMMES.	décig.	fr.	c.	décig.	fr.	c.
	1/2	0	14	5	1	47
	1	0	29	6	1	76
	2	0	59	7	2	06
	3	0	88	8	2	35
	4	1	18	9	2	65

Ajoutez le produit des décigrammes, chaque fois qu'il y aura des fractions dans les pesées.

Or à 2 francs 95 centimes le gramme, 295 francs les 100 grammes.

gram.	fr.	c.	gram	fr.	c.	gram.	fr.	c.
1	2	95	39	115	05	77	227	15
2	5	90	40	118	00	78	230	10
3	8	85	41	120	95	79	233	05
4	11	80	42	123	90	80	236	00
5	14	75	43	126	85	81	238	95
6	17	70	44	129	80	82	241	90
7	20	65	45	132	75	83	244	85
8	23	60	46	135	70	84	247	80
9	26	55	47	138	65	85	250	75
10	29	50	48	141	60	86	253	70
11	32	45	49	144	55	87	256	65
12	35	40	50	147	50	88	259	60
13	38	35	51	150	45	89	262	55
14	41	30	52	153	40	90	265	50
15	44	25	53	156	35	91	268	45
16	47	20	54	159	30	92	271	40
17	50	15	55	162	25	93	274	35
18	53	10	56	165	20	94	277	30
19	56	05	57	168	15	95	280	25
20	59	00	58	171	10	96	283	20
21	61	95	59	174	05	97	286	15
22	64	90	60	177	00	98	289	10
23	67	85	61	179	95	99	292	05
24	70	80	62	182	90	100	295	00
25	73	75	63	185	85	200	590	00
26	76	70	64	188	80	300	885	00
27	79	65	65	191	75	400	1180	00
28	82	60	66	194	70	500	1475	00
29	85	55	67	197	65	600	1770	00
30	88	50	68	200	60	700	2065	00
31	91	45	69	203	55	800	2360	00
32	94	40	70	206	50	900	2655	00
33	97	35	71	209	45	1 k.	2950	00
34	100	30	72	212	40	2 k.	5900	00
35	103	25	73	215	35	3 k.	8850	00
36	106	20	74	218	30	4 k.	11800	00
37	109	15	75	221	25	5 k.	14750	00
38	112	10	76	224	20			

PRODUIT des DÉCIGRAMMES.	décig.	fr.	c.	décig.	fr.	c.
	1/2	0	14	5	1	47
	1	0	29	6	1	77
	2	0	59	7	2	06
	3	0	88	8	2	36
	4	1	18	9	2	65

Or à 2 francs 96 centimes le gramme, 296 francs les 100 grammes.

gram.	fr.	c.	gram.	fr.	c.	gram.	fr.	c.
1	2	96	39	115	44	77	227	92
2	5	92	40	118	40	78	230	88
3	8	88	41	121	36	79	233	84
4	11	84	42	124	32	80	236	80
5	14	80	43	127	28	81	239	76
6	17	76	44	130	24	82	242	72
7	20	72	45	133	20	83	245	68
8	23	68	46	136	16	84	248	64
9	26	64	47	139	12	85	251	60
10	29	60	48	142	08	86	254	56
11	32	56	49	145	04	87	257	52
12	35	52	50	148	00	88	260	48
13	38	48	51	150	96	89	263	44
14	41	44	52	153	92	90	266	40
15	44	40	53	156	88	91	269	36
16	47	36	54	159	84	92	272	32
17	50	32	55	162	80	93	275	28
18	53	28	56	165	76	94	278	24
19	56	24	57	168	72	95	281	20
20	59	20	58	171	68	96	284	16
21	62	16	59	174	64	97	287	12
22	65	12	60	177	60	98	290	08
23	68	08	61	180	56	99	293	04
24	71	04	62	183	52	100	296	00
25	74	00	63	186	48	200	592	00
26	76	96	64	189	44	300	888	00
27	79	92	65	192	40	400	1184	00
28	82	88	66	195	36	500	1480	00
29	85	84	67	198	32	600	1776	00
30	88	80	68	201	28	700	2072	00
31	91	76	69	204	24	800	2368	00
32	94	72	70	207	20	900	2664	00
33	97	68	71	210	16	1 k.	2960	00
34	100	64	72	213	12	2 k.	5920	00
35	103	60	73	216	08	3 k.	8880	00
36	106	56	74	219	04	4 k.	11840	00
37	109	52	75	222	00	5 k.	14800	00
38	112	48	76	224	96			

PRODUIT des DÉCIGRAMMES.	décig.	fr.	c.	décig.	fr.	c.
	1/2	0	15	5	1	48
	1	0	30	6	1	78
	2	0	59	7	2	07
	3	0	89	8	2	37
	4	1	18	9	2	66

Ajoutez le produit des décigrammes, chaque fois qu'il y aura des fractions dans les pesées.

Or à 2 francs 97 centimes le gramme.
297 francs les 100 grammes.

gram.	fr.	c.	gram.	fr.	c.	gram.	fr.	c.
1	2	97	39	115	83	77	228	69
2	5	94	40	118	80	78	231	66
3	8	91	41	121	77	79	234	63
4	11	88	42	124	74	80	237	60
5	14	85	43	127	71	81	240	57
6	17	82	44	130	68	82	243	54
7	20	79	45	133	65	83	246	51
8	23	76	46	136	62	84	249	48
9	26	73	47	139	59	85	252	45
10	29	70	48	142	56	86	255	42
11	32	67	49	145	53	87	258	39
12	35	64	50	148	50	88	261	36
13	38	61	51	151	47	89	264	33
14	41	58	52	154	44	90	267	30
15	44	55	53	157	41	91	270	27
16	47	52	54	160	38	92	273	24
17	50	49	55	163	35	93	276	21
18	53	46	56	166	32	94	279	18
19	56	43	57	169	29	95	282	15
20	59	40	58	172	26	96	285	12
21	62	37	59	175	23	97	288	09
22	65	34	60	178	20	98	291	06
23	68	31	61	181	17	99	294	03
24	71	28	62	184	14	100	297	00
25	74	25	63	187	11	200	594	00
26	77	22	64	190	08	300	891	00
27	80	19	65	193	05	400	1188	00
28	83	16	66	196	02	500	1485	00
29	86	13	67	198	99	600	1782	00
30	89	10	68	201	96	700	2079	00
31	92	07	69	204	93	800	2376	00
32	95	04	70	207	90	900	2673	00
33	98	01	71	210	87	1 k.	2970	00
34	100	98	72	213	84	2 k.	5940	00
35	103	95	73	216	81	3 k.	8910	00
36	106	92	74	219	78	4 k.	11880	00
37	109	89	75	222	75	5 k.	14850	00
38	112	86	76	225	72			

PRODUIT des DÉCIGRAMMES.	décig.	fr.	c.	décig.	fr.	c.
	1/2	0	15	5	1	48
	1	0	30	6	1	78
	2	0	59	7	2	08
	3	0	89	8	2	38
	4	1	19	9	2	67

Or à 2 francs 98 centimes le gramme,
298 francs les 100 grammes.

gram.	fr.	c.	gram.	fr.	c.	gram.	fr.	c.
1	2	98	39	116	22	77	229	46
2	5	96	40	119	20	78	232	44
3	8	94	41	122	18	79	235	42
4	11	92	42	125	16	80	238	40
5	14	90	43	128	14	81	241	38
6	17	88	44	131	12	82	244	36
7	20	86	45	134	10	83	247	34
8	23	84	46	137	08	84	250	32
9	26	82	47	140	06	85	253	30
10	29	80	48	143	04	86	256	28
11	32	78	49	146	02	87	259	26
12	35	76	50	149	00	88	262	24
13	38	74	51	151	98	89	265	22
14	41	72	52	154	96	90	268	20
15	44	70	53	157	94	91	271	18
16	47	68	54	160	92	92	274	16
17	58	66	55	163	90	93	277	14
18	53	64	56	166	88	94	280	12
19	56	62	57	169	86	95	283	10
20	59	60	58	172	84	96	286	08
21	62	58	59	175	82	97	289	06
22	65	56	60	178	80	98	292	04
23	68	54	61	181	78	99	295	02
24	71	52	62	184	76	100	298	00
25	74	50	63	187	74	200	596	00
26	77	48	64	190	72	300	894	00
27	80	46	65	193	70	400	1192	00
28	83	44	66	196	68	500	1490	00
29	86	42	67	199	66	600	1788	00
30	89	40	68	202	64	700	2086	00
31	92	38	69	205	62	800	2384	00
32	95	36	70	208	60	900	2682	00
33	98	34	71	211	58	1 k.	2980	00
34	101	32	72	214	56	2 k.	5960	00
35	104	30	73	217	54	3 k.	8940	00
36	107	28	74	220	52	4 k.	11920	00
37	110	26	75	223	50	5 k.	14900	00
38	113	24	76	226	48			

PRODUIT des DÉCIGRAMMES.	décig.	fr.	c.	décig.	fr.	c.
	1/2	0	15	5	1	49
	1	0	30	6	1	79
	2	0	60	7	2	09
	3	0	89	8	2	38
	4	1	19	9	2	68

Ajoutez le produit des décigrammes, chaque fois qu'il y aura des fractions dans les pesées.

Or à **2** francs **99** centimes le gramme.
299 francs les 100 grammes.

gram.	fr.	c.	gram.	fr.	c.	gram.	fr.	c.
1	2	99	39	116	61	77	230	23
2	5	98	40	119	60	78	233	22
3	8	97	41	122	59	79	236	21
4	11	96	42	125	58	80	239	20
5	14	95	43	128	57	81	242	19
6	17	94	44	131	56	82	245	18
7	20	93	45	134	55	83	248	17
8	23	92	46	137	54	84	251	16
9	26	91	47	140	53	85	254	15
10	29	90	48	143	52	86	257	14
11	32	89	49	146	51	87	260	13
12	35	88	50	149	50	88	263	12
13	38	87	51	152	49	89	266	11
14	41	86	52	155	48	90	269	10
15	44	85	53	158	47	91	272	09
16	47	84	54	161	46	92	275	08
17	50	83	55	164	45	93	278	07
18	53	82	56	167	44	94	281	06
19	56	81	57	170	43	95	284	05
20	59	80	58	173	42	96	287	04
21	62	79	59	176	41	97	290	03
22	65	78	60	179	40	98	293	02
23	68	77	61	182	39	99	296	01
24	71	76	62	185	38	100	299	00
25	74	75	63	188	37	200	598	00
26	77	74	64	191	36	300	897	00
27	80	73	65	194	35	400	1196	00
28	83	72	66	197	34	500	1495	00
29	86	71	67	200	33	600	1794	00
30	89	70	68	203	32	700	2093	00
31	92	69	69	206	31	800	2392	00
32	95	68	70	209	30	900	2691	00
33	98	67	71	212	29	1 k.	2990	00
34	101	66	72	215	28	2 k.	5980	00
35	104	65	73	218	27	3 k.	8970	00
36	107	64	74	221	26	4 k.	11960	00
37	110	63	75	224	25	5 k.	14950	00
38	113	62	76	227	24			

PRODUIT des DÉCIGRAMMES.	décig.	fr.	c.	décig.	fr.	c.
	1/2	0	15	5	1	49
	1	0	30	6	1	79
	2	0	60	7	2	09
	3	0	90	8	2	39
	4	1	20	9	2	69

Or à **3** francs le gramme.
300 francs les 100 grammes.

gram.	fr.	c.	gram.	fr.	c.	gram.	fr.	c.
1	3	00	39	117	00	77	231	00
2	6	00	40	120	00	78	234	00
3	9	00	41	123	00	79	237	00
4	12	00	42	126	00	80	240	00
5	15	00	43	129	00	81	243	00
6	18	00	44	132	00	82	246	00
7	21	00	45	135	00	83	249	00
8	24	00	46	138	00	84	252	00
9	27	00	47	141	00	85	255	00
10	30	00	48	144	00	86	258	00
11	33	00	49	147	00	87	261	00
12	36	00	50	150	00	88	264	00
13	39	00	51	153	00	89	267	00
14	42	00	52	156	00	90	270	00
15	45	00	53	159	00	91	273	00
16	48	00	54	162	00	92	276	00
17	51	00	55	165	00	93	279	00
18	54	00	56	168	00	94	282	00
19	57	00	57	171	00	95	285	00
20	60	00	58	174	00	96	288	00
21	63	00	59	177	00	97	291	00
22	66	00	60	180	00	98	294	00
23	69	00	61	183	00	99	297	00
24	72	00	62	186	00	100	300	00
25	75	00	63	189	00	200	600	00
26	78	00	64	192	00	300	900	00
27	81	00	65	195	00	400	1200	00
28	84	00	66	198	00	500	1500	00
29	87	00	67	201	00	600	1800	00
30	90	00	68	204	00	700	2100	00
31	93	00	69	207	00	800	2400	00
32	96	00	70	210	00	900	2700	00
33	99	00	71	213	00	1 k.	3000	00
34	102	00	72	216	00	2 k.	6000	00
35	105	00	73	219	00	3 k.	9000	00
36	108	00	74	222	00	4 k.	12000	00
37	111	00	75	225	00	5 k.	15000	00
38	114	00	76	228	00			

PRODUIT des DÉCIGRAMMES.	décig.	fr.	c.	décig.	fr.	c.
	1/2	0	15	5	1	50
	1	0	30	6	1	80
	2	0	60	7	2	10
	3	0	90	8	2	40
	4	1	20	9	2	70

Ajoutez le produit des décigrammes, chaque fois qu'il y aura des fractions dans les pesées.

Or à 3 francs 05 centimes le gramme.
305 francs les 100 grammes.

gram.	fr.	c.	gram.	fr.	c.	gram.	fr.	c.
1	3	05	39	118	95	77	234	85
2	6	10	40	122	00	78	237	90
3	9	15	41	125	05	79	240	95
4	12	20	42	128	10	80	244	00
5	15	25	43	131	15	81	247	05
6	18	30	44	134	20	82	250	10
7	21	35	45	137	25	83	253	15
8	24	40	46	140	30	84	256	20
9	27	45	47	143	35	85	259	25
10	30	50	48	146	40	86	262	30
11	33	55	49	149	45	87	265	35
12	36	60	50	152	50	88	268	40
13	39	65	51	155	55	89	271	45
14	42	70	52	158	60	90	274	50
15	45	75	53	161	65	91	277	55
16	48	80	54	164	70	92	280	60
17	51	85	55	167	75	93	283	65
18	54	90	56	170	80	94	286	70
19	57	95	57	173	85	95	289	75
20	61	00	58	176	90	96	292	80
21	64	05	59	179	95	97	295	85
22	67	10	60	183	00	98	298	90
23	70	15	61	186	05	99	301	95
24	73	20	62	189	10	100	305	00
25	76	25	63	192	15	200	610	00
26	79	30	64	195	20	300	915	00
27	82	35	65	198	25	400	1220	00
28	85	40	66	201	30	500	1525	00
29	88	45	67	204	35	600	1830	00
30	91	50	68	207	40	700	2135	00
31	94	55	69	210	45	800	2440	00
32	97	60	70	213	50	900	2745	00
33	100	65	71	216	55	1 k.	3050	00
34	103	70	72	219	60	2 k.	6100	00
35	106	75	73	222	65	3 k.	9150	00
36	109	80	74	225	70	4 k.	12200	00
37	112	85	75	228	75	5 k.	15250	00
38	115	90	76	231	80			

PRODUIT des DÉCIGRAMMES.	décig.	fr.	c.	décig.	fr.	c.
	1/2	0	15	5	1	52
	1	0	30	6	1	83
	2	0	61	7	2	13
	3	0	91	8	2	44
	4	1	22	9	2	74

Or à 3 francs 10 centimes le gramme.
310 francs les 100 grammes.

gram.	fr.	c.	gram.	fr.	c.	gram.	fr.	c.
1	3	10	39	120	90	77	238	70
2	6	20	40	124	00	78	241	80
3	9	30	41	127	10	79	244	90
4	12	40	42	130	20	80	248	00
5	15	50	43	133	30	81	251	10
6	18	60	44	136	40	82	254	20
7	21	70	45	139	50	83	257	30
8	24	80	46	142	60	84	260	40
9	27	90	47	145	70	85	263	50
10	31	00	48	148	80	86	266	60
11	34	10	49	151	90	87	269	70
12	37	20	50	155	00	88	272	80
13	40	30	51	158	10	89	275	90
14	43	40	52	161	20	90	279	00
15	46	50	53	164	30	91	282	10
16	49	60	54	167	40	92	285	20
17	52	70	55	170	50	93	288	30
18	55	80	56	173	60	94	291	40
19	58	90	57	176	70	95	294	50
20	62	00	58	179	80	96	297	60
21	65	10	59	182	90	97	300	70
22	68	20	60	186	00	98	303	80
23	71	30	61	189	10	99	306	90
24	74	40	62	192	20	100	310	00
25	77	50	63	195	30	200	620	00
26	80	60	64	198	40	300	930	00
27	83	70	65	201	50	400	1240	00
28	86	80	66	204	60	500	1550	00
29	89	90	67	207	70	600	1860	00
30	93	00	68	210	80	700	2170	00
31	96	10	69	213	90	800	2480	00
32	99	20	70	217	00	900	2790	00
33	102	30	71	220	10	1 k.	3100	00
34	105	40	72	223	20	2 k.	6200	00
35	108	50	73	226	30	3 k.	9300	00
36	111	60	74	229	40	4 k.	12400	00
37	114	70	75	232	50	5 k.	15500	00
38	117	80	76	235	60			

PRODUIT des DÉCIGRAMMES.	décig.	fr.	c.	décig.	fr.	c.
	1/2	0	15	5	1	55
	1	0	31	6	1	86
	2	0	62	7	2	17
	3	0	93	8	2	48
	4	1	24	9	2	79

Ajoutez le produit des décigrammes, chaque fois qu'il y aura des fractions dans les pesées.

Or à 3 francs 15 centimes le gramme.
315 francs les 100 grammes.

gram.	fr.	c.	gram.	fr.	c.	gram.	fr.	c.
1	3	15	39	122	85	77	242	55
2	6	30	40	126	00	78	245	70
3	9	45	41	129	15	79	248	85
4	12	60	42	132	30	80	252	00
5	15	75	43	135	45	81	255	15
6	18	90	44	138	60	82	258	30
7	22	05	45	141	75	83	261	45
8	25	20	46	144	90	84	264	60
9	28	35	47	148	05	85	267	75
10	31	50	48	151	20	86	270	90
11	34	65	49	154	35	87	274	05
12	37	80	50	157	50	88	277	20
13	40	95	51	160	65	89	280	35
14	44	10	52	163	80	90	283	50
15	47	25	53	166	95	91	286	65
16	50	40	54	170	10	92	289	80
17	53	55	55	173	25	93	292	95
18	56	70	56	176	40	94	296	10
19	59	85	57	179	55	95	299	25
20	63	00	58	182	70	96	302	40
21	66	15	59	185	85	97	305	55
22	69	30	60	189	00	98	308	70
23	72	45	61	192	15	99	311	85
24	75	60	62	195	30	100	315	00
25	78	75	63	198	45	200	630	00
26	81	90	64	201	60	300	945	00
27	85	05	65	204	75	400	1260	00
28	88	20	66	207	90	500	1575	00
29	91	35	67	211	05	600	1890	00
30	94	50	68	214	20	700	2205	00
31	97	65	69	217	35	800	2520	00
32	100	80	70	220	50	900	2835	00
33	103	95	71	223	65	1 k.	3150	00
34	107	10	72	226	80	2 k.	6300	00
35	110	25	73	229	95	3 k.	9450	00
36	113	40	74	233	10	4 k.	12600	00
37	116	55	75	236	25	5 k.	15750	00
38	119	70	76	239	40			

PRODUIT des DÉCIGRAMMES.	décig.	fr.	c.	décig.	fr.	c.
	1/2	0	15	5	1	57
	1	0	31	6	1	89
	2	0	63	7	2	20
	3	0	94	8	2	52
	4	1	26	9	2	83

Or à 3 francs 20 centimes le gramme.
320 francs les 100 grammes.

gram.	fr.	c.	gram.	fr.	c.	gram.	fr.	c.
1	3	20	39	124	80	77	246	40
2	6	40	40	128	00	78	249	60
3	9	60	41	131	20	79	252	80
4	12	80	42	134	40	80	256	00
5	16	00	43	137	60	81	259	20
6	19	20	44	140	80	82	262	40
7	22	40	45	144	00	83	265	60
8	25	60	46	147	20	84	268	80
9	28	80	47	150	40	85	272	00
10	32	00	48	153	60	86	275	20
11	35	20	49	156	80	87	278	40
12	38	40	50	160	00	88	281	60
13	41	60	51	163	20	89	284	80
14	44	80	52	166	40	90	288	00
15	48	00	53	169	60	91	291	20
16	51	20	54	172	80	92	294	40
17	54	40	55	176	00	93	297	60
18	57	60	56	179	20	94	300	80
19	60	80	57	182	40	95	304	00
20	64	00	58	185	60	96	307	20
21	67	20	59	188	80	97	310	40
22	70	40	60	192	00	98	313	60
23	73	60	61	195	20	99	316	80
24	76	80	62	198	40	100	320	00
25	80	00	63	201	60	200	640	00
26	83	20	64	204	80	300	960	00
27	86	40	65	208	00	400	1280	00
28	89	60	66	211	20	500	1600	00
29	92	80	67	214	40	600	1920	00
30	96	00	68	217	60	700	2240	00
31	99	20	69	220	80	800	2560	00
32	102	40	70	224	00	900	2880	00
33	105	60	71	227	20	1 k.	3200	00
34	108	80	72	230	40	2 k.	6400	00
35	112	00	73	233	60	3 k.	9600	00
36	115	20	74	236	80	4 k.	12800	00
37	118	40	75	240	00	5 k.	16000	00
38	121	60	76	243	20			

PRODUIT des DÉCIGRAMMES.	décig.	fr.	c.	décig.	fr.	c.
	1/2	0	16	5	1	60
	1	0	32	6	1	92
	2	0	64	7	2	24
	3	0	96	8	2	56
	4	1	28	9	2	88

Ajoutez le produit des décigrammes, chaque fois qu'il y aura des fractions dans les pesées.

Or à 3 francs 25 centimes le gramme.
325 francs les 100 grammes.

gram.	fr.	c.	gram.	fr.	c.	gram.	fr.	c.
1	3	25	39	126	75	77	250	25
2	6	50	40	130	00	78	253	50
3	9	75	41	133	25	79	256	75
4	13	00	42	136	50	80	260	00
5	16	25	43	139	75	81	263	25
6	19	50	44	143	00	82	266	50
7	22	75	45	146	25	83	269	75
8	26	00	46	149	50	84	273	00
9	29	25	47	152	75	85	276	25
10	32	50	48	156	00	86	279	50
11	35	75	49	159	25	87	282	75
12	39	00	50	162	50	88	286	00
13	42	25	51	165	75	89	289	25
14	45	50	52	169	00	90	292	50
15	48	75	53	172	25	91	295	75
16	52	00	54	175	50	92	299	00
17	55	25	55	178	75	93	302	25
18	58	50	56	182	00	94	305	50
19	61	75	57	185	25	95	308	75
20	65	00	58	188	50	96	312	00
21	68	25	59	191	75	97	315	25
22	71	50	60	195	00	98	318	50
23	74	75	61	198	25	99	321	75
24	78	00	62	201	50	100	325	00
25	81	25	63	204	75	200	650	00
26	84	50	64	208	00	300	975	00
27	87	75	65	211	25	400	1300	00
28	91	00	66	214	50	500	1625	00
29	94	25	67	217	75	600	1950	00
30	97	50	68	221	00	700	2275	00
31	100	75	69	224	25	800	2600	00
32	104	00	70	227	50	900	2925	00
33	107	25	71	230	75	1 k.	3250	00
34	110	50	72	234	00	2 k.	6500	00
35	113	75	73	237	25	3 k.	9750	00
36	117	00	74	240	50	4 k.	13000	00
37	120	25	75	243	75	5 k.	16250	00
38	123	50	76	247	00			

PRODUIT des DÉCIGRAMMES.	décig.	fr.	c.	décig.	fr.	c.
	1/2	0	16	5	1	62
	1	0	32	6	1	95
	2	0	65	7	2	27
	3	0	97	8	2	60
	4	1	30	9	2	92

Or à 3 francs 30 centimes le gramme.
330 francs les 100 grammes.

gram.	fr.	c.	gram.	fr.	c.	gram.	fr.	c.
1	3	30	39	128	70	77	254	10
2	6	60	40	132	00	78	257	40
3	9	90	41	135	30	79	260	70
4	13	20	42	138	60	80	264	00
5	16	50	43	141	90	81	267	30
6	19	80	44	145	20	82	270	60
7	23	10	45	148	50	83	273	90
8	26	40	46	151	80	84	277	20
9	29	70	47	155	10	85	280	50
10	33	00	48	158	40	86	283	80
11	36	30	49	161	70	87	287	10
12	39	60	50	165	00	88	290	40
13	42	90	51	168	30	89	293	70
14	46	20	52	171	60	90	297	00
15	49	50	53	174	90	91	300	30
16	52	80	54	178	20	92	303	60
17	56	10	55	181	50	93	306	90
18	59	40	56	184	80	94	310	20
19	62	70	57	188	10	95	313	50
20	66	00	58	191	40	96	316	80
21	69	30	59	194	70	97	320	10
22	72	60	60	198	00	98	323	40
23	75	90	61	201	30	99	326	70
24	79	20	62	204	60	100	330	00
25	82	50	63	207	90	200	660	00
26	85	80	64	211	20	300	990	00
27	89	10	65	214	50	400	1320	00
28	92	40	66	217	80	500	1650	00
29	95	70	67	221	10	600	1980	00
30	99	00	68	224	40	700	2310	00
31	102	30	69	227	70	800	2640	00
32	105	60	70	231	00	900	2970	00
33	108	90	71	234	30	1 k.	3300	00
34	112	20	72	237	60	2 k.	6600	00
35	115	50	73	240	90	3 k.	9900	00
36	118	80	74	244	20	4 k.	13200	00
37	122	10	75	247	50	5 k.	16500	00
38	125	40	76	250	80			

PRODUIT des DÉCIGRAMMES.	décig.	fr.	c.	décig.	fr.	c.
	1/2	0	16	5	1	65
	1	0	33	6	1	98
	2	0	66	7	2	31
	3	0	99	8	2	64
	4	1	32	9	2	97

Ajoutez le produit des décigrammes, chaque fois qu'il y aura des fractions dans les pesées

Or à 3 francs 35 centimes le gramme.
335 francs les 100 grammes.

gram.	fr.	c.	gram.	fr.	c.	gram.	fr.	c.
1	3	35	39	130	65	77	257	95
2	6	70	40	134	00	78	261	30
3	10	05	41	137	35	79	264	65
4	13	40	42	140	70	80	268	00
5	16	75	43	144	05	81	271	35
6	20	10	44	147	40	82	274	70
7	23	45	45	150	75	83	278	05
8	26	80	46	154	10	84	281	40
9	30	15	47	157	45	85	284	75
10	33	50	48	160	80	86	288	10
11	36	85	49	164	15	87	291	45
12	40	20	50	167	50	88	294	80
13	43	55	51	170	85	89	298	15
14	46	90	52	174	20	90	301	50
15	50	25	53	177	55	91	304	85
16	53	60	54	180	90	92	308	20
17	56	95	55	184	25	93	311	55
18	60	30	56	187	60	94	314	90
19	63	65	57	190	95	95	318	25
20	67	00	58	194	30	96	321	60
21	70	35	59	197	65	97	324	95
22	73	70	60	201	00	98	328	30
23	77	05	61	204	35	99	331	65
24	80	40	62	207	70	100	335	00
25	83	75	63	211	05	200	670	00
26	87	10	64	214	40	300	1005	00
27	90	45	65	217	75	400	1340	00
28	93	80	66	221	10	500	1675	00
29	97	15	67	224	45	600	2010	00
30	100	50	68	227	80	700	2345	00
31	103	85	69	231	15	800	2680	00
32	107	20	70	234	50	900	3015	00
33	110	55	71	237	85	1 k.	3350	00
34	113	90	72	241	20	2 k.	6700	00
35	117	25	73	244	55	3 k.	10050	00
36	120	60	74	247	90	4 k.	13400	00
37	123	95	75	251	25	5 k.	16750	00
38	127	30	76	254	60			

PRODUIT des DÉCIGRAMMES.	décig.	fr.	c.	décig.	fr.	c.
	1/2	0	16	5	1	67
	1	0	33	6	2	01
	2	0	67	7	2	34
	3	1	00	8	2	68
	4	1	34	9	3	01

Or à 3 francs 40 centimes le gramme.
340 francs les 100 grammes.

gram.	fr.	c.	gram.	fr.	c.	gram.	fr.	c.
1	3	40	39	132	60	77	261	80
2	6	80	40	136	00	78	265	20
3	10	20	41	139	40	79	268	60
4	13	60	42	142	80	80	272	00
5	17	00	43	146	20	81	275	40
6	20	40	44	149	60	82	278	80
7	23	80	45	153	00	83	282	20
8	27	20	46	156	40	84	285	60
9	30	60	47	159	80	85	289	00
10	34	00	48	163	20	86	292	40
11	37	40	49	166	60	87	295	80
12	40	80	50	170	00	88	299	20
13	44	20	51	173	40	89	302	60
14	47	60	52	176	80	90	306	00
15	51	00	53	180	20	91	309	40
16	54	40	54	183	60	92	312	80
17	57	80	55	187	00	93	316	20
18	61	20	56	190	40	94	319	60
19	64	60	57	193	80	95	323	00
20	68	00	58	197	20	96	326	40
21	71	40	59	200	60	97	329	80
22	74	80	60	204	00	98	333	20
23	78	20	61	207	40	99	336	60
24	81	60	62	210	80	100	340	00
25	85	00	63	214	20	200	680	00
26	88	40	64	217	60	300	1020	00
27	91	80	65	221	00	400	1360	00
28	95	20	66	224	40	500	1700	00
29	98	60	67	227	80	600	2040	00
30	102	00	68	231	20	700	2380	00
31	105	40	69	234	60	800	2720	00
32	108	80	70	238	00	900	3060	00
33	112	20	71	241	40	1 k.	3400	00
34	115	60	72	244	80	2 k.	6800	00
35	119	00	73	248	20	3 k.	10200	00
36	122	40	74	251	60	4 k.	13600	00
37	125	80	75	255	00	5 k.	17000	00
38	129	20	76	258	40			

PRODUIT des DÉCIGRAMMES.	décig.	fr.	c.	décig.	fr.	c.
	1/2	0	17	5	1	70
	1	0	34	6	2	04
	2	0	68	7	2	38
	3	1	02	8	2	72
	4	1	36	9	3	06

Ajoutez le produit des décigrammes, chaque fois qu'il y aura des fractions dans les pesées.

Or à 3 francs 41 centimes le gramme.
341 francs les 100 grammes.

gram.	fr.	c.	gram.	fr.	c.	gram.	fr.	c.
1	3	41	39	132	99	77	262	57
2	6	82	40	136	40	78	265	98
3	10	23	41	139	81	79	269	39
4	13	64	42	143	22	80	272	80
5	17	05	43	146	63	81	276	21
6	20	46	44	150	04	82	279	62
7	23	87	45	153	45	83	283	03
8	27	28	46	156	86	84	286	44
9	30	69	47	160	27	85	289	85
10	34	10	48	163	68	86	293	26
11	37	51	49	167	09	87	296	67
12	40	92	50	170	50	88	300	08
13	44	33	51	173	91	89	303	49
14	47	74	52	177	32	90	306	90
15	51	15	53	180	73	91	310	31
16	54	56	54	184	14	92	313	72
17	57	97	55	187	55	93	317	13
18	61	38	56	190	96	94	320	54
19	64	79	57	194	37	95	323	95
20	68	20	58	197	78	96	327	36
21	71	61	59	201	19	97	330	77
22	75	02	60	204	60	98	334	18
23	78	43	61	208	01	99	337	59
24	81	84	62	211	42	100	341	00
25	85	25	63	214	83	200	682	00
26	88	66	64	218	24	300	1023	00
27	92	07	65	221	65	400	1364	00
28	95	48	66	225	06	500	1705	00
29	98	89	67	228	47	600	2046	00
30	102	30	68	231	88	700	2387	00
31	105	71	69	235	29	800	2728	00
32	109	12	70	238	70	900	3069	00
33	112	53	71	242	11	1 k.	3410	00
34	115	94	72	245	52	2 k.	6820	00
35	119	35	73	248	93	3 k.	10230	00
36	122	76	74	252	34	4 k.	13640	00
37	126	17	75	255	75	5 k.	17050	00
38	129	58	76	259	16			

PRODUIT des DÉCIGRAMMES.	décig.	fr.	c.	décig.	fr.	c.
	1/2	0	17	5	1	70
	1	0	34	6	2	05
	2	0	68	7	2	39
	3	1	02	8	2	73
	4	1	36	9	3	07

Or à 3 francs 42 centimes le gramme.
342 francs les 100 grammes.

gram.	fr.	c.	gram.	fr.	c.	gram.	fr.	c.
1	3	42	39	133	38	77	263	34
2	6	84	40	136	80	78	266	76
3	10	26	41	140	22	79	270	18
4	13	68	42	143	64	80	273	60
5	17	10	43	147	06	81	277	02
6	20	52	44	150	48	82	280	44
7	23	94	45	153	90	83	283	86
8	27	36	46	157	32	84	287	28
9	30	78	47	160	74	85	290	70
10	34	20	48	164	16	86	294	12
11	37	62	49	167	58	87	297	54
12	41	04	50	171	00	88	300	96
13	44	46	51	174	42	89	304	38
14	47	88	52	177	84	90	307	80
15	51	30	53	181	26	91	311	22
16	54	72	54	184	68	92	314	64
17	58	14	55	188	10	93	318	06
18	61	56	56	191	52	94	321	48
19	64	98	57	194	94	95	324	90
20	68	40	58	198	36	96	328	32
21	71	82	59	201	78	97	331	74
22	75	24	60	205	20	98	335	16
23	78	66	61	208	62	99	338	58
24	82	08	62	212	04	100	342	00
25	85	50	63	215	46	200	684	00
26	88	92	64	218	88	300	1026	00
27	92	34	65	222	30	400	1368	00
28	95	76	66	225	72	500	1710	00
29	99	18	67	229	14	600	2052	00
30	102	60	68	232	56	700	2394	00
31	106	02	69	235	98	800	2736	00
32	109	44	70	239	40	900	3078	00
33	112	86	71	242	82	1 k.	3420	00
34	116	28	72	246	24	2 k.	6840	00
35	119	70	73	249	66	3 k.	10260	00
36	123	12	74	253	08	4 k.	13680	00
37	126	54	75	256	50	5 k.	17100	00
38	129	96	76	259	92			

PRODUIT des DÉCIGRAMMES.	décig.	fr.	c.	décig.	fr.	c.
	1/2	0	17	5	1	71
	1	0	34	6	2	05
	2	0	68	7	2	39
	3	1	03	8	2	74
	4	1	37	9	3	08

Ajoutez le produit des décigrammes, chaque fois qu'il y aura des fractions dans les pesées.

Or à 3 francs 43 centimes le gramme.
343 francs les 100 grammes.

gram.	fr.	c.	gram.	fr.	c.	gram.	fr.	c.
1	3	43	39	133	77	77	264	11
2	6	86	40	137	20	78	267	54
3	10	29	41	140	63	79	270	97
4	13	72	42	144	06	80	274	40
5	17	15	43	147	49	81	277	83
6	20	58	44	150	92	82	281	26
7	24	01	45	154	35	83	284	69
8	27	44	46	157	78	84	288	12
9	30	87	47	161	21	85	291	55
10	34	30	48	164	64	86	294	98
11	37	73	49	168	07	87	298	41
12	41	16	50	171	50	88	301	84
13	44	59	51	174	93	89	305	27
14	48	02	52	178	36	90	308	70
15	51	45	53	181	79	91	312	13
16	54	88	54	185	22	92	315	56
17	58	31	55	188	65	93	318	99
18	61	74	56	192	08	94	322	42
19	65	17	57	195	51	95	325	85
20	68	60	58	198	94	96	329	28
21	72	03	59	202	37	97	332	71
22	75	46	60	205	80	98	336	14
23	78	89	61	209	23	99	339	57
24	82	32	62	212	66	100	343	00
25	85	75	63	216	09	200	686	00
26	89	18	64	219	52	300	1029	00
27	92	61	65	222	95	400	1372	00
28	96	04	66	226	38	500	1715	00
29	99	47	67	229	81	600	2058	00
30	102	90	68	233	24	700	2401	00
31	106	33	69	236	67	800	2744	00
32	109	76	70	240	10	900	3087	00
33	113	19	71	243	53	1 k.	3430	00
34	116	62	72	246	96	2 k.	6860	00
35	120	05	73	250	39	3 k.	10290	00
36	123	48	74	253	82	4 k.	13720	00
37	126	91	75	257	25	5 k.	17150	00
38	130	34	76	260	68			

Or à 3 francs 44 centimes le gramme.
344 francs les 100 grammes.

gram.	fr.	c.	gram.	fr.	c.	gram.	fr.	c.
1	3	44	39	134	16	77	264	88
2	6	88	40	137	60	78	268	32
3	10	32	41	141	04	79	271	76
4	13	76	42	144	48	80	275	20
5	17	20	43	147	92	81	278	64
6	20	64	44	151	36	82	282	08
7	24	08	45	154	80	83	285	52
8	27	52	46	158	24	84	288	96
9	30	96	47	161	68	85	292	40
10	34	40	48	165	12	86	295	84
11	37	84	49	168	56	87	299	28
12	41	28	50	172	00	88	302	72
13	44	72	51	175	44	89	306	16
14	48	16	52	178	88	90	309	60
15	51	60	53	182	32	91	313	04
16	55	04	54	185	76	92	316	48
17	58	48	55	189	20	93	319	92
18	61	92	56	192	64	94	323	36
19	65	36	57	196	08	95	326	80
20	68	80	58	199	52	96	330	24
21	72	24	59	202	96	97	333	68
22	75	68	60	206	40	98	337	12
23	79	12	61	209	84	99	340	56
24	82	56	62	213	28	100	344	00
25	86	00	63	216	72	200	688	00
26	89	44	64	220	16	300	1032	00
27	92	88	65	223	60	400	1376	00
28	96	32	66	227	04	500	1720	00
29	99	76	67	230	48	600	2064	00
30	103	20	68	233	92	700	2408	00
31	106	64	69	237	36	800	2752	00
32	110	08	70	240	80	900	3096	00
33	113	52	71	244	24	1 k.	3440	00
34	116	96	72	247	68	2 k.	6880	00
35	120	40	73	251	12	3 k.	10320	00
36	123	84	74	254	56	4 k.	13760	00
37	127	28	75	258	00	5 k.	17200	00
38	130	72	76	261	44			

PRODUIT des DÉCIGRAMMES.	décig.	fr.	c.	décig.	fr.	c.
	1/2	0	17	5	1	71
	1	0	34	6	2	06
	2	0	69	7	2	40
	3	1	03	8	2	74
	4	1	37	9	3	09

PRODUIT des DÉCIGRAMMES.	décig.	fr.	c.	décig.	fr.	c.
	1/2	0	17	5	1	72
	1	0	34	6	2	06
	2	0	69	7	2	41
	3	1	03	8	2	75
	4	1	38	9	3	10

Ajoutez le produit des décigrammes, chaque fois qu'il y aura des fractions dans les pesées.

Or à 3 francs 45 centimes le gramme.
345 francs les 100 grammes.

gram.	fr.	c.	gram.	fr.	c.	gram.	fr.	c.
1	3	45	39	134	55	77	265	65
2	6	90	40	138	00	78	269	10
3	10	35	41	141	45	79	272	55
4	13	80	42	144	90	80	276	00
5	17	25	43	148	35	81	279	45
6	20	70	44	151	80	82	282	90
7	24	15	45	155	25	83	286	35
8	27	60	46	158	70	84	289	80
9	31	05	47	162	15	85	293	25
10	34	50	48	165	60	86	296	70
11	37	95	49	169	05	87	300	15
12	41	40	50	172	50	88	303	60
13	44	85	51	175	95	89	307	05
14	48	30	52	179	40	90	310	50
15	51	75	53	182	85	91	313	95
16	55	20	54	186	30	92	317	40
17	58	65	55	189	75	93	320	85
18	62	10	56	193	20	94	324	30
19	65	55	57	196	65	95	327	75
20	69	00	58	200	10	96	331	20
21	72	45	59	203	55	97	334	65
22	75	90	60	207	00	98	338	10
23	79	35	61	210	45	99	341	55
24	82	80	62	213	90	100	345	00
25	86	25	63	217	35	200	690	00
26	89	70	64	220	80	300	1035	00
27	93	15	65	224	25	400	1380	00
28	96	60	66	227	70	500	1725	00
29	100	05	67	231	15	600	2070	00
30	103	50	68	234	60	700	2415	00
31	106	95	69	238	05	800	2760	00
32	110	40	70	241	50	900	3105	00
33	113	85	71	244	95	1 k.	3450	00
34	117	30	72	248	40	2 k.	6900	00
35	120	75	73	251	85	3 k.	10350	00
36	124	20	74	255	30	4 k.	13800	00
37	127	65	75	258	75	5 k.	17250	00
38	131	10	76	262	20			

PRODUIT des DÉCIGRAMMES.	décig.	fr.	c.	décig.	fr.	c.
	1/2	0	17	5	1	72
	1	0	34	6	2	07
	2	0	69	7	2	41
	3	1	03	8	2	76
	4	1	38	9	3	10

Or à 3 francs 46 centimes le gramme.
346 francs les 100 grammes.

gram.	fr.	c.	gram.	fr.	c.	gram.	fr.	c.
1	3	46	39	134	94	77	266	42
2	6	92	40	138	40	78	269	88
3	10	38	41	141	86	79	273	34
4	13	84	42	145	32	80	276	80
5	17	30	43	148	78	81	280	26
6	20	76	44	152	24	82	283	72
7	24	22	45	155	70	83	287	18
8	27	68	46	159	16	84	290	64
9	31	14	47	162	62	85	294	10
10	34	60	48	166	08	86	297	56
11	38	06	49	169	54	87	301	02
12	41	52	50	173	00	88	304	48
13	44	98	51	176	46	89	307	94
14	48	44	52	179	92	90	311	40
15	51	90	53	183	38	91	314	86
16	55	36	54	186	84	92	318	32
17	58	82	55	190	30	93	321	78
18	62	28	56	193	76	94	325	24
19	65	74	57	197	22	95	328	70
20	69	20	58	200	68	96	332	16
21	72	66	59	204	14	97	335	62
22	76	12	60	207	60	98	339	08
23	79	58	61	211	06	99	342	54
24	83	04	62	214	52	100	346	00
25	86	50	63	217	98	200	692	00
26	89	96	64	221	44	300	1038	00
27	93	42	65	224	90	400	1384	00
28	96	88	66	228	36	500	1730	00
29	100	34	67	231	82	600	2076	00
30	103	80	68	235	28	700	2422	00
31	107	26	69	238	74	800	2768	00
32	110	72	70	242	20	900	3114	00
33	114	18	71	245	66	1 k.	3460	00
34	117	64	72	249	12	2 k.	6920	00
35	121	10	73	252	58	3 k.	10380	00
36	124	56	74	256	04	4 k.	13840	00
37	128	02	75	259	50	5 k.	17300	00
38	131	48	76	262	96			

PRODUIT des DÉCIGRAMMES.	décig.	fr.	c.	décig.	fr.	c.
	1/2	0	17	5	1	73
	1	0	35	6	2	08
	2	0	69	7	2	42
	3	1	04	8	2	77
	4	1	38	9	3	11

Ajoutez le produit des décigrammes, chaque fois qu'il y aura des fractions dans les pesées.

Or à 3 francs 47 centimes le gramme. 347 francs les 100 grammes.

gram	fr.	c.	gram	fr.	c.	gram.	fr.	c.
1	3	47	39	135	33	77	267	19
2	6	94	40	138	80	78	270	66
3	10	41	41	142	27	79	274	13
4	13	88	42	145	74	80	277	60
5	17	35	43	149	21	81	281	07
6	20	82	44	152	68	82	284	54
7	24	29	45	156	15	83	288	01
8	27	76	46	159	62	84	291	48
9	31	23	47	163	09	85	294	95
10	34	70	48	166	56	86	298	42
11	38	17	49	170	03	87	301	89
12	41	64	50	173	50	88	305	36
13	45	11	51	176	97	89	308	83
14	48	58	52	180	44	90	312	30
15	52	05	53	183	91	91	315	77
16	55	52	54	187	38	92	319	24
17	58	99	55	190	85	93	322	71
18	62	46	56	194	32	94	326	18
19	65	93	57	197	79	95	329	65
20	69	40	58	201	26	96	333	12
21	72	87	59	204	73	97	336	59
22	76	34	60	208	20	98	340	06
23	79	81	61	211	67	99	343	53
24	83	28	62	215	14	100	347	00
25	86	75	63	218	61	200	694	00
26	90	22	64	222	08	300	1041	00
27	93	69	65	225	55	400	1388	00
28	97	16	66	229	02	500	1735	00
29	100	63	67	232	49	600	2082	00
30	104	10	68	235	96	700	2429	00
31	107	57	69	239	43	800	2776	00
32	111	04	70	242	90	900	3123	00
33	114	51	71	246	37	1 k.	3470	00
34	117	98	72	249	84	2 k.	6940	00
35	121	45	73	253	31	3 k.	10410	00
36	124	92	74	256	78	4 k.	13880	00
37	128	39	75	260	25	5 k.	17350	00
38	131	86	76	263	72			

PRODUIT des DÉCIGRAMMES.	décig.	fr.	c.	décig.	fr.	c.
	½	0	17	5	1	73
	1	0	35	6	2	08
	2	0	69	7	2	43
	3	1	04	8	2	78
	4	1	39	9	3	12

Or à 3 francs 48 centimes le gramme. 348 francs les 100 grammes.

gram	fr.	c.	gram	fr.	c.	gram.	fr.	c.
1	3	48	39	135	72	77	267	96
2	6	96	40	139	20	78	271	44
3	10	44	41	142	68	79	274	92
4	13	92	42	146	16	80	278	40
5	17	40	43	149	64	81	281	88
6	20	88	44	153	12	82	285	36
7	24	36	45	156	60	83	288	84
8	27	84	46	160	08	84	292	32
9	31	32	47	163	56	85	295	80
10	34	80	48	167	04	86	299	28
11	38	28	49	170	52	87	302	76
12	41	76	50	174	00	88	306	24
13	45	24	51	177	48	89	309	72
14	48	72	52	180	96	90	313	20
15	52	20	53	184	44	91	316	68
16	55	68	54	187	92	92	320	16
17	59	16	55	191	40	93	323	64
18	62	64	56	194	88	94	327	12
19	66	12	57	198	36	95	330	60
20	69	60	58	201	84	96	334	08
21	73	08	59	205	32	97	337	56
22	76	56	60	208	80	98	341	04
23	80	04	61	212	28	99	344	52
24	83	52	62	215	76	100	348	00
25	87	00	63	219	24	200	696	00
26	90	48	64	222	72	300	1044	00
27	93	96	65	226	20	400	1392	00
28	97	44	66	229	68	500	1740	00
29	100	92	67	233	16	600	2088	00
30	104	40	68	236	64	700	2436	00
31	107	88	69	240	12	800	2784	00
32	111	36	70	243	60	900	3132	00
33	114	84	71	247	08	1 k.	3480	00
34	118	32	72	250	56	2 k.	6960	00
35	121	80	73	254	04	3 k.	10440	00
36	125	28	74	257	52	4 k.	13920	00
37	128	76	75	261	00	5 k.	17400	00
38	132	24	76	264	48			

PRODUIT des DÉCIGRAMMES.	décig.	fr.	c.	décig.	fr.	c.
	½	0	17	5	1	74
	1	0	35	6	2	09
	2	0	70	7	2	44
	3	1	04	8	2	78
	4	1	39	9	3	13

Ajoutez le produit des décigrammes, chaque fois qu'il y aura des fractions dans les pesées.

Or à **3** francs **49** centimes le gramme.
349 francs les 100 grammes.

gram.	fr.	c.	gram.	fr.	c.	gram.	fr.	c.
1	3	49	39	136	11	77	268	73
2	6	98	40	139	60	78	272	22
3	10	47	41	143	09	79	275	71
4	13	96	42	146	58	80	279	20
5	17	45	43	150	07	81	282	69
6	20	94	44	153	56	82	286	18
7	24	43	45	157	05	83	289	67
8	27	92	46	160	54	84	293	16
9	31	41	47	164	03	85	296	65
10	34	90	48	167	52	86	300	14
11	38	39	49	171	01	87	303	63
12	41	88	50	174	50	88	307	12
13	45	37	51	177	99	89	310	61
14	48	86	52	181	48	90	314	10
15	52	35	53	184	97	91	317	59
16	55	84	54	188	46	92	321	08
17	59	33	55	191	95	93	324	57
18	62	82	56	195	44	94	328	06
19	66	31	57	198	93	95	331	55
20	69	80	58	202	42	96	335	04
21	73	29	59	205	91	97	338	53
22	76	78	60	209	40	98	342	02
23	80	27	61	212	89	99	345	51
24	83	76	62	216	38	100	349	00
25	87	25	63	219	87	200	698	00
26	90	74	64	223	36	300	1047	00
27	94	23	65	226	85	400	1396	00
28	97	72	66	230	34	500	1745	00
29	101	21	67	233	83	600	2094	00
30	104	70	68	237	32	700	2443	00
31	108	19	69	240	81	800	2792	00
32	111	68	70	244	30	900	3141	00
33	115	17	71	247	79	1 k.	3490	00
34	118	66	72	251	28	2 k.	6980	00
35	122	15	73	254	77	3 k.	10470	00
36	125	64	74	258	26	4 k.	13960	00
37	129	13	75	261	75	5 k.	17450	00
38	132	62	76	265	24			

PRODUIT des DÉCIGRAMMES.	décig.	fr.	c.	décig.	fr.	c.
	½	0	17	5	1	74
	1	0	35	6	2	09
	2	0	70	7	2	44
	3	1	05	8	2	79
	4	1	40	9	3	14

Or à **3** francs **50** centimes le gramme.
350 francs les 100 grammes.

gram.	fr.	c.	gram.	fr.	c.	gram.	fr.	c.
1	3	50	39	136	50	77	269	50
2	7	00	40	140	00	78	273	00
3	10	50	41	143	50	79	276	50
4	14	00	42	147	00	80	280	00
5	17	50	43	150	50	81	283	50
6	21	00	44	154	00	82	287	00
7	24	50	45	157	50	83	290	50
8	28	00	46	161	00	84	294	00
9	31	50	47	164	50	85	297	50
10	35	00	48	168	00	86	301	00
11	38	50	49	171	50	87	304	50
12	42	00	50	175	00	88	308	00
13	45	50	51	178	50	89	311	50
14	49	00	52	182	00	90	315	00
15	52	50	53	185	50	91	318	50
16	56	00	54	189	00	92	322	00
17	59	50	55	192	50	93	325	50
18	63	00	56	196	00	94	329	00
19	66	50	57	199	50	95	332	50
20	70	00	58	203	00	96	336	00
21	73	50	59	206	50	97	339	50
22	77	00	60	210	00	98	343	00
23	80	50	61	213	50	99	346	50
24	84	00	62	217	00	100	350	00
25	87	50	63	220	50	200	700	00
26	91	00	64	224	00	300	1050	00
27	94	50	65	227	50	400	1400	00
28	98	00	66	231	00	500	1750	00
29	101	50	67	234	50	600	2100	00
30	105	00	68	238	00	700	2450	00
31	108	50	69	241	50	800	2800	00
32	112	00	70	245	00	900	3150	00
33	115	50	71	248	50	1 k.	3500	00
34	119	00	72	252	00	2 k.	7000	00
35	122	50	73	255	50	3 k.	10500	00
36	126	00	74	259	00	4 k.	14000	00
37	129	50	75	262	50	5 k.	17500	00
38	133	00	76	266	00			

PRODUIT des DÉCIGRAMMES.	décig.	fr.	c.	décig.	fr.	c.
	½	0	17	5	1	75
	1	0	35	6	2	10
	2	0	70	7	2	45
	3	1	05	8	2	80
	4	1	40	9	3	15

Ajoutez le produit des décigrammes, chaque fois qu'il y aura des fractions dans les pesées.

Cas ? — O-oyen des anytines la position
280 francs les 100 grammes

Ajoutez le produit des éloignements, divisez le produit par le premier terme dont les pieces.

ARGENT

Argent à **1** franc les 100 grammes.
10 francs le kilo.

gram.	fr.	c.	gram.	fr.	c.	gram.	fr.	c.
1	0	1	39	0	39	77	0	77
2	0	2	40	0	40	78	0	78
3	0	3	41	0	41	79	0	79
4	0	4	42	0	42	80	0	80
5	0	5	43	0	43	81	0	81
6	0	6	44	0	44	82	0	82
7	0	7	45	0	45	83	0	83
8	0	8	46	0	46	84	0	84
9	0	9	47	0	47	85	0	85
10	0	10	48	0	48	86	0	86
11	0	11	49	0	49	87	0	87
12	0	12	50	0	50	88	0	88
13	0	13	51	0	51	89	0	89
14	0	14	52	0	52	90	0	90
15	0	15	53	0	53	91	0	91
16	0	16	54	0	54	92	0	92
17	0	17	55	0	55	93	0	93
18	0	18	56	0	56	94	0	94
19	0	19	57	0	57	95	0	95
20	0	20	58	0	58	96	0	96
21	0	21	59	0	59	97	0	97
22	0	22	60	0	60	98	0	98
23	0	23	61	0	61	99	0	99
24	0	24	62	0	62	100	1	00
25	0	25	63	0	63	200	2	00
26	0	26	64	0	64	300	3	00
27	0	27	65	0	65	400	4	00
28	0	28	66	0	66	500	5	00
29	0	29	67	0	67	600	6	00
30	0	30	68	0	68	700	7	00
31	0	31	69	0	69	800	8	00
32	0	32	70	0	70	900	9	00
33	0	33	71	0	71	1 k.	10	00
34	0	34	72	0	72	2 k.	20	00
35	0	35	73	0	73	3 k.	30	00
36	0	36	74	0	74	4 k.	40	00
37	0	37	75	0	75	5 k.	50	00
38	0	38	76	0	76			

PRODUIT des DÉCIGRAMMES.	décig.	fr.	c.	décig.	fr.	c.
	½	0	0	5	0	0
	1	0	0	6	0	0
	2	0	0	7	0	0
	3	0	0	8	0	0
	4	0	0	9	0	1

Argent à **2** francs les 100 grammes.
20 francs le kilo.

gram.	fr.	c.	gram.	fr.	c.	gram.	fr.	c.
1	0	2	39	0	78	77	1	54
2	0	4	40	0	80	78	1	56
3	0	6	41	0	82	79	1	58
4	0	8	42	0	84	80	1	60
5	0	10	43	0	86	81	1	62
6	0	12	44	0	88	82	1	64
7	0	14	45	0	90	83	1	66
8	0	16	46	0	92	84	1	68
9	0	18	47	0	94	85	1	70
10	0	20	48	0	96	86	1	72
11	0	22	49	0	98	87	1	74
12	0	24	50	1	00	88	1	76
13	0	26	51	1	02	89	1	78
14	0	28	52	1	04	90	1	80
15	0	30	53	1	06	91	1	82
16	0	32	54	1	08	92	1	84
17	0	34	55	1	10	93	1	86
18	0	36	56	1	12	94	1	88
19	0	38	57	1	14	95	1	90
20	0	40	58	1	16	96	1	92
21	0	42	59	1	18	97	1	94
22	0	44	60	1	20	98	1	96
23	0	46	61	1	22	99	1	98
24	0	48	62	1	24	100	2	00
25	0	50	63	1	26	200	4	00
26	0	52	64	1	28	300	6	00
27	0	54	65	1	30	400	8	00
28	0	56	66	1	32	500	10	00
29	0	58	67	1	34	600	12	00
30	0	60	68	1	36	700	14	00
31	0	62	69	1	38	800	16	00
32	0	64	70	1	40	900	18	00
33	0	66	71	1	42	1 k.	20	00
34	0	68	72	1	44	2 k.	40	00
35	0	70	73	1	46	3 k.	60	00
36	0	72	74	1	48	4 k.	80	00
37	0	74	75	1	50	5 k.	100	00
38	0	76	76	1	52			

PRODUIT des DÉCIGRAMMES.	décig.	fr.	c.	décig.	fr.	c.
	½	0	0	5	0	1
	1	0	0	6	0	1
	2	0	0	7	0	1
	3	0	0	8	0	1
	4	0	0	9	0	2

Ajoutez le produit des décigrammes, chaque fois qu'il y aura des fractions dans les pesées.

Argent à 3 francs les 100 grammes.
30 francs le kilo.

gram.	fr.	c.	gram.	fr.	c.	gram.	fr.	c.
1	0	3	39	1	17	77	2	31
2	0	6	40	1	20	78	2	34
3	0	9	41	1	23	79	2	37
4	0	12	42	1	26	80	2	40
5	0	15	43	1	29	81	2	43
6	0	18	44	1	32	82	2	46
7	0	21	45	1	35	83	2	49
8	0	24	46	1	38	84	2	52
9	0	27	47	1	41	85	2	55
10	0	30	48	1	44	86	2	58
11	0	33	49	1	47	87	2	61
12	0	36	50	1	50	88	2	64
13	0	39	51	1	53	89	2	67
14	0	42	52	1	56	90	2	70
15	0	45	53	1	59	91	2	73
16	0	48	54	1	62	92	2	76
17	0	51	55	1	65	93	2	79
18	0	54	56	1	68	94	2	82
19	0	57	57	1	71	95	2	85
20	0	60	58	1	74	96	2	88
21	0	63	59	1	77	97	2	91
22	0	66	60	1	80	98	2	94
23	0	69	61	1	83	99	2	97
24	0	72	62	1	86	100	3	00
25	0	75	63	1	89	200	6	00
26	0	78	64	1	92	300	9	00
27	0	81	65	1	95	400	12	00
28	0	84	66	1	98	500	15	00
29	0	87	67	2	01	600	18	00
30	0	90	68	2	04	700	21	00
31	0	93	69	2	07	800	24	00
32	0	96	70	2	10	900	27	00
33	0	99	71	2	13	1 k.	30	00
34	1	02	72	2	16	2 k.	60	00
35	1	05	73	2	19	3 k.	90	00
36	1	08	74	2	22	4 k.	120	00
37	1	11	75	2	25	5 k.	150	00
38	1	14	76	2	28			

PRODUIT des DÉCIGRAMMES.	décig.	fr.	c.	décig.	fr.	c.
	1/2	0	0	5	0	[illegible]
	1	0	0	6	0	[illegible]
	2	0	0	7	0	[illegible]
	3	0	0	8	0	[illegible]
	4	0	1	9	0	[illegible]

Argent à 4 francs les 100 grammes.
40 francs le kilo.

gram.	fr.	c.	gram.	fr.	c.	gram.	fr.	c.
1	0	4	39	1	56	77	3	08
2	0	8	40	1	60	78	3	12
3	0	12	41	1	64	79	3	16
4	0	16	42	1	68	80	3	20
5	0	20	43	1	72	81	3	24
6	0	24	44	1	76	82	3	28
7	0	28	45	1	80	83	3	32
8	0	32	46	1	84	84	3	36
9	0	36	47	1	88	85	3	40
10	0	40	48	1	92	86	3	44
11	0	44	49	1	96	87	3	48
12	0	48	50	2	00	88	3	52
13	0	52	51	2	04	89	3	56
14	0	56	52	2	08	90	3	60
15	0	60	53	2	12	91	3	64
16	0	64	54	2	16	92	3	68
17	0	68	55	2	20	93	3	72
18	0	72	56	2	24	94	3	76
19	0	76	57	2	28	95	3	80
20	0	80	58	2	32	96	3	84
21	0	84	59	2	36	97	3	88
22	0	88	60	2	40	98	3	92
23	0	92	61	2	44	99	3	96
24	0	96	62	2	48	100	4	00
25	1	00	63	2	52	200	8	00
26	1	04	64	2	56	300	12	00
27	1	08	65	2	60	400	16	00
28	1	12	66	2	64	500	20	00
29	1	16	67	2	68	600	24	00
30	1	20	68	2	72	700	28	00
31	1	24	69	2	76	800	32	00
32	1	28	70	2	80	900	36	00
33	1	32	71	2	84	1 k.	40	00
34	1	36	72	2	88	2 k.	80	00
35	1	40	73	2	92	3 k.	120	00
36	1	44	74	2	96	4 k.	160	00
37	1	48	75	3	00	5 k.	200	00
38	1	52	76	3	04			

PRODUIT des DÉCIGRAMMES.	décig.	fr.	c.	décig.	fr.	c.
	1/2	0	0	5	0	[illegible]
	1	0	0	6	0	[illegible]
	2	0	0	7	0	[illegible]
	3	0	1	8	0	[illegible]
	4	0	2	9	0	[illegible]

Ajoutez le produit des décigrammes chaque fois qu'il y aura des fractions dans les ventes.

Argent à 5 francs les 100 grammes.
50 francs le kile.

gram.	fr.	c.	gram.	fr.	c.	gram.	fr.	c.
1	0	05	39	1	95	77	3	85
2	0	10	40	2	00	78	3	90
3	0	15	41	2	05	79	3	95
4	0	20	42	2	10	80	4	00
5	0	25	43	2	15	81	4	05
6	0	30	44	2	20	82	4	10
7	0	35	45	2	25	83	4	15
8	0	40	46	2	30	84	4	20
9	0	45	47	2	35	85	4	25
10	0	50	48	2	40	86	4	30
11	0	55	49	2	45	87	4	35
12	0	60	50	2	50	88	4	40
13	0	65	51	2	55	89	4	45
14	0	70	52	2	60	90	4	50
15	0	75	53	2	65	91	4	55
16	0	80	54	2	70	92	4	60
17	0	85	55	2	75	93	4	65
18	0	90	56	2	80	94	4	70
19	0	95	57	2	85	95	4	75
20	1	00	58	2	90	96	4	80
21	1	05	59	2	95	97	4	85
22	1	10	60	3	00	98	4	90
23	1	15	61	3	05	99	4	95
24	1	20	62	3	10	100	5	00
25	1	25	63	3	15	200	10	00
26	1	30	64	3	20	300	15	00
27	1	35	65	3	25	400	20	00
28	1	40	66	3	30	500	25	00
29	1	45	67	3	35	600	30	00
30	1	50	68	3	40	700	35	00
31	1	55	69	3	45	800	40	00
32	1	60	70	3	50	900	45	00
33	1	65	71	3	55	1 k.	50	00
34	1	70	72	3	60	2 k.	100	00
35	1	75	73	3	65	3 k.	150	00
36	1	80	74	3	70	4 k.	200	00
37	1	85	75	3	75	5 k.	250	00
38	1	90	76	3	80			

PRODUIT des DÉCIGRAMMES.

décig.	fr.	c.	décig.	fr.	c.
1/2	0	0	5	0	3
1	0	0	6	0	3
2	0	1	7	0	4
3	0	1	8	0	4
4	0	2	9	0	5

Argent à 6 francs les 100 grammes.
60 francs le kile.

gram.	fr.	c.	gram.	fr.	c.	gram.	fr.	c.
1	0	6	39	2	34	77	4	62
2	0	12	40	2	40	78	4	68
3	0	18	41	2	46	79	4	74
4	0	24	42	2	52	80	4	80
5	0	30	43	2	58	81	4	86
6	0	36	44	2	64	82	4	92
7	0	42	45	2	70	83	4	98
8	0	48	46	2	76	84	5	04
9	0	54	47	2	82	85	5	10
10	0	60	48	2	88	86	5	16
11	0	66	49	2	94	87	5	22
12	0	72	50	3	00	88	5	28
13	0	78	51	3	06	89	5	34
14	0	84	52	3	12	90	5	40
15	0	90	53	3	18	91	5	46
16	0	96	54	3	24	92	5	52
17	1	02	55	3	30	93	5	58
18	1	08	56	3	36	94	5	64
19	1	14	57	3	42	95	5	70
20	1	20	58	3	48	96	5	76
21	1	26	59	3	54	97	5	82
22	1	32	60	3	60	98	5	88
23	1	38	61	3	66	99	5	94
24	1	44	62	3	72	100	6	00
25	1	50	63	3	78	200	12	00
26	1	56	64	3	84	300	18	00
27	1	62	65	3	90	400	24	00
28	1	68	66	3	96	500	30	00
29	1	74	67	4	02	600	36	00
30	1	80	68	4	08	700	42	00
31	1	86	69	4	14	800	48	00
32	1	92	70	4	20	900	54	00
33	1	98	71	4	26	1 k.	60	00
34	2	04	72	4	32	2 k.	120	00
35	2	10	73	4	38	3 k.	180	00
36	2	16	74	4	44	4 k.	240	00
37	2	22	75	4	50	5 k.	300	00
38	2	28	76	4	56			

PRODUIT des DÉCIGRAMMES.

décig.	fr.	c.	décig.	fr.	c.
1/2	0	0	5	0	3
1	0	0	6	0	4
2	0	1	7	0	4
3	0	2	8	0	5
4	0	3	9	0	5

Ajoutez le produit des décigrammes, chaque fois qu'il y aura des fractions dans les pesées.

Argent à 7 francs les 100 grammes.
70 francs le kilo.

gram.	fr.	c.	gram.	fr.	c.	gram.	fr.	c.
1	0	7	39	2	73	77	5	39
2	0	14	40	2	80	78	5	46
3	0	21	41	2	87	79	5	53
4	0	28	42	2	94	80	5	60
5	0	35	43	3	01	81	5	67
6	0	42	44	3	08	82	5	74
7	0	49	45	3	15	83	5	81
8	0	56	46	3	22	84	5	88
9	0	63	47	3	29	85	5	95
10	0	70	48	3	36	86	6	02
11	0	77	49	3	43	87	6	09
12	0	84	50	3	50	88	6	16
13	0	91	51	3	57	89	6	23
14	0	98	52	3	64	90	6	30
15	1	05	53	3	71	91	6	37
16	1	12	54	3	78	92	6	44
17	1	19	55	3	85	93	6	51
18	1	26	56	3	92	94	6	58
19	1	33	57	3	99	95	6	65
20	1	40	58	4	06	96	6	72
21	1	47	59	4	13	97	6	79
22	1	54	60	4	20	98	6	86
23	1	61	61	4	27	99	6	93
24	1	68	62	4	34	100	7	00
25	1	75	63	4	41	200	14	00
26	1	82	64	4	48	300	21	00
27	1	89	65	4	55	400	28	00
28	1	96	66	4	62	500	35	00
29	2	03	67	4	69	600	42	00
30	2	10	68	4	76	700	49	00
31	2	17	69	4	83	800	56	00
32	2	24	70	4	90	900	63	00
33	2	31	71	4	97	1 k.	70	00
34	2	38	72	5	04	2 k.	140	00
35	2	45	73	5	11	3 k.	210	00
36	2	52	74	5	18	4 k.	280	00
37	2	59	75	5	25	5 k.	350	00
38	2	66	76	5	32			

PRODUIT des DÉCIGRAMMES.	décig.	fr.	c.	décig.	fr.	c.
	1/2	0	0	5	0	3
	1	0	0	6	0	4
	2	0	1	7	0	5
	3	0	2	8	0	6
	4	0	3	9	0	6

Argent à 8 francs les 100 grammes.
80 francs le kilo.

gram.	fr.	c.	gram.	fr.	c.	gram.	fr.	c.
1	0	8	39	3	12	77	6	16
2	0	16	40	3	20	78	6	24
3	0	24	41	3	28	79	6	32
4	0	32	42	3	36	80	6	40
5	0	40	43	3	44	81	6	48
6	0	48	44	3	52	82	6	56
7	0	56	45	3	60	83	6	64
8	0	64	46	3	68	84	6	72
9	0	72	47	3	76	85	6	80
10	0	80	48	3	84	86	6	88
11	0	88	49	3	92	87	6	96
12	0	96	50	4	00	88	7	04
13	1	04	51	4	08	89	7	12
14	1	12	52	4	16	90	7	20
15	1	20	53	4	24	91	7	28
16	1	28	54	4	32	92	7	36
17	1	36	55	4	40	93	7	44
18	1	44	56	4	48	94	7	52
19	1	52	57	4	56	95	7	60
20	1	60	58	4	64	96	7	68
21	1	68	59	4	72	97	7	76
22	1	76	60	4	80	98	7	84
23	1	84	61	4	88	99	7	92
24	1	92	62	4	96	100	8	00
25	2	00	63	5	04	200	16	00
26	2	08	64	5	12	300	24	00
27	2	16	65	5	20	400	32	00
28	2	24	66	5	28	500	40	00
29	2	32	67	5	36	600	48	00
30	2	40	68	5	44	700	56	00
31	2	48	69	5	52	800	64	00
32	2	56	70	5	60	900	72	00
33	2	64	71	5	68	1 k.	80	00
34	2	72	72	5	76	2 k.	160	00
35	2	80	73	5	84	3 k.	240	00
36	2	88	74	5	92	4 k.	320	00
37	2	96	75	6	00	5 k.	400	00
38	3	04	76	6	08			

PRODUIT des DÉCIGRAMMES.	décig.	fr.	c.	décig.	fr.	c.
	1/2	0	0	5	0	4
	1	0	1	6	0	5
	2	0	2	7	0	6
	3	0	2	8	0	6
	4	0	3	9	0	7

Ajoutez le produit des décigrammes, chaque fois qu'il y aura des fractions dans les pesées.

Argent à 9 francs les 100 grammes. 90 francs le kilo.

gram.	fr.	c.	gram.	fr.	c.	gram.	fr.	c.
1	0	9	39	3	51	77	6	93
2	0	18	40	3	60	78	7	02
3	0	27	41	3	69	79	7	11
4	0	36	42	3	78	80	7	20
5	0	45	43	3	87	81	7	29
6	0	54	44	3	96	82	7	38
7	0	63	45	4	05	83	7	47
8	0	72	46	4	14	84	7	56
9	0	81	47	4	23	85	7	65
10	0	90	48	4	32	86	7	74
11	0	99	49	4	41	87	7	83
12	1	08	50	4	50	88	7	92
13	1	17	51	4	59	89	8	01
14	1	26	52	4	68	90	8	10
15	1	35	53	4	77	91	8	19
16	1	44	54	4	86	92	8	28
17	1	53	55	4	95	93	8	37
18	1	62	56	5	04	94	8	46
19	1	71	57	5	13	95	8	55
20	1	80	58	5	22	96	8	64
21	1	89	59	5	31	97	8	73
22	1	98	60	5	40	98	8	82
23	2	07	61	5	49	99	8	91
24	2	16	62	5	58	100	9	00
25	2	25	63	5	67	200	18	00
26	2	34	64	5	76	300	27	00
27	2	43	65	5	85	400	36	00
28	2	52	66	5	94	500	45	00
29	2	61	67	6	03	600	54	00
30	2	70	68	6	12	700	63	00
31	2	79	69	6	21	800	72	00
32	2	88	70	6	30	900	81	00
33	2	97	71	6	39	1 k.	90	00
34	3	06	72	6	48	2 k.	180	00
35	3	15	73	6	57	3 k.	270	00
36	3	24	74	6	66	4 k.	360	00
37	3	33	75	6	75	5 k.	450	00
38	3	42	76	6	84			

PRODUIT des DÉCIGRAMMES.	décig.	fr.	c.	décig.	fr.	c.
	1/2	0	0	5	0	4
	1	0	1	6	0	5
	2	0	2	7	0	6
	3	0	3	8	0	7
	4	0	4	9	0	8

Argent à 10 francs les 100 grammes. 100 francs le kilo.

gram.	fr.	c.	gram.	fr.	c.	gram.	fr.	c.
1	0	10	39	3	90	77	7	70
2	0	20	40	4	00	78	7	80
3	0	30	41	4	10	79	7	90
4	0	40	42	4	20	80	8	00
5	0	50	43	4	30	81	8	10
6	0	60	44	4	40	82	8	20
7	0	70	45	4	50	83	8	30
8	0	80	46	4	60	84	8	40
9	0	90	47	4	70	85	8	50
10	1	00	48	4	80	86	8	60
11	1	10	49	4	90	87	8	70
12	1	20	50	5	00	88	8	80
13	1	30	51	5	10	89	8	90
14	1	40	52	5	20	90	9	00
15	1	50	53	5	30	91	9	10
16	1	60	54	5	40	92	9	20
17	1	70	55	5	50	93	9	30
18	1	80	56	5	60	94	9	40
19	1	90	57	5	70	95	9	50
20	2	00	58	5	80	96	9	60
21	2	10	59	5	90	97	9	70
22	2	20	60	6	00	98	9	80
23	2	30	61	6	10	99	9	90
24	2	40	62	6	20	100	10	00
25	2	50	63	6	30	200	20	00
26	2	60	64	6	40	300	30	00
27	2	70	65	6	50	400	40	00
28	2	80	66	6	60	500	50	00
29	2	90	67	6	70	600	60	00
30	3	00	68	6	80	700	70	00
31	3	10	69	6	90	800	80	00
32	3	20	70	7	00	900	90	00
33	3	30	71	7	10	1 k.	100	00
34	3	40	72	7	20	2 k.	200	00
35	3	50	73	7	30	3 k.	300	00
36	3	60	74	7	40	4 k.	400	00
37	3	70	75	7	50	5 k.	500	00
38	3	80	76	7	60			

PRODUIT des DÉCIGRAMMES.	décig.	fr.	c.	décig.	fr.	c.
	1/2	0	0	5	0	5
	1	0	1	6	0	6
	2	0	2	7	0	7
	3	0	3	8	0	8
	4	0	4	9	0	9

Ajoutez le produit des décigrammes, chaque fois qu'il y aura des fractions dans les pesées.

Argent à 11 francs les 100 grammes. 110 francs le kilo.

gram.	fr.	c.	gram.	fr.	c.	gram.	fr.	c.
1	0	11	39	4	29	77	8	47
2	0	22	40	4	40	78	8	58
3	0	33	41	4	51	79	8	69
4	0	44	42	4	62	80	8	80
5	0	55	43	4	73	81	8	91
6	0	66	44	4	84	82	9	02
7	0	77	45	4	95	83	9	13
8	0	88	46	5	06	84	9	24
9	0	99	47	5	17	85	9	35
10	1	10	48	5	28	86	9	46
11	1	21	49	5	39	87	9	57
12	1	32	50	5	50	88	9	68
13	1	43	51	5	61	89	9	79
14	1	54	52	5	72	90	9	90
15	1	65	53	5	83	91	10	01
16	1	76	54	5	94	92	10	12
17	1	87	55	6	05	93	10	23
18	1	98	56	6	16	94	10	34
19	2	09	57	6	27	95	10	45
20	2	20	58	6	38	96	10	56
21	2	31	59	6	49	97	10	67
22	2	42	60	6	60	98	10	78
23	2	53	61	6	71	99	10	89
24	2	64	62	6	82	100	11	00
25	2	75	63	6	93	200	22	00
26	2	86	64	7	04	300	33	00
27	2	97	65	7	15	400	44	00
28	3	08	66	7	26	500	55	00
29	3	19	67	7	37	600	66	00
30	3	30	68	7	48	700	77	00
31	3	41	69	7	59	800	88	00
32	3	52	70	7	70	900	99	00
33	3	63	71	7	81	1 k.	110	00
34	3	74	72	7	92	2 k.	220	00
35	3	85	73	8	03	3 k.	330	00
36	3	96	74	8	14	4 k.	440	00
37	4	07	75	8	25	5 k.	550	00
38	4	18	76	8	36			

PRODUIT des DÉCIGRAMMES.	décig.	fr.	c.	décig.	fr.	c.
	1/2	0	0	5	0	5
	1	0	1	6	0	7
	2	0	2	7	0	8
	3	0	3	8	0	9
	4	0	4	9	0	10

Argent à 12 francs les 100 grammes. 120 francs le kilo.

gram.	fr.	c.	gram.	fr.	c.	gram.	fr.	c.
1	0	12	39	4	68	77	9	24
2	0	24	40	4	80	78	9	36
3	0	36	41	4	92	79	9	48
4	0	48	42	5	04	80	9	60
5	0	60	43	5	16	81	9	72
6	0	72	44	5	28	82	9	84
7	0	84	45	5	40	83	9	96
8	0	96	46	5	52	84	10	08
9	1	08	47	5	64	85	10	20
10	1	20	48	5	76	86	10	32
11	1	32	49	5	88	87	10	44
12	1	44	50	6	00	88	10	56
13	1	56	51	6	12	89	10	68
14	1	68	52	6	24	90	10	80
15	1	80	53	6	36	91	10	92
16	1	92	54	6	48	92	11	04
17	2	04	55	6	60	93	11	16
18	2	16	56	6	72	94	11	28
19	2	28	57	6	84	95	11	40
20	2	40	58	6	96	96	11	52
21	2	52	59	7	08	97	11	64
22	2	64	60	7	20	98	11	76
23	2	76	61	7	32	99	11	88
24	2	88	62	7	44	100	12	00
25	3	00	63	7	56	200	24	00
26	3	12	64	7	68	300	36	00
27	3	24	65	7	80	400	48	00
28	3	36	66	7	92	500	60	00
29	3	48	67	8	04	600	72	00
30	3	60	68	8	16	700	84	00
31	3	72	69	8	28	800	96	00
32	3	84	70	8	40	900	108	00
33	3	96	71	8	52	1 k.	120	00
34	4	08	72	8	64	2 k.	240	00
35	4	20	73	8	76	3 k.	360	00
36	4	32	74	8	88	4 k.	480	00
37	4	44	75	9	00	5 k.	600	00
38	4	56	76	9	12			

PRODUIT des DÉCIGRAMMES.	décig.	fr.	c.	décig.	fr.	c.
	1/2	0	0	5	0	6
	1	0	1	6	0	7
	2	0	2	7	0	8
	3	0	4	8	0	10
	4	0	5	9	0	11

Ajoutez le produit des décigrammes, chaque fois qu'il y aura des fractions dans les pesées.

Argent à **13** francs les 100 grammes.
130 francs le kilo.

gram.	fr.	c.	gram.	fr.	c.	gram.	fr.	c.
1	0	13	39	5	07	77	10	01
2	0	26	40	5	20	78	10	14
3	0	39	41	5	33	79	10	27
4	0	52	42	5	46	80	10	40
5	0	65	43	5	59	81	10	53
6	0	78	44	5	72	82	10	66
7	0	91	45	5	85	83	10	79
8	1	04	46	5	98	84	10	92
9	1	17	47	6	11	85	11	05
10	1	30	48	6	24	86	11	18
11	1	43	49	6	37	87	11	31
12	1	56	50	6	50	88	11	44
13	1	69	51	6	63	89	11	57
14	1	82	52	6	76	90	11	70
15	1	95	53	6	89	91	11	83
16	2	08	54	7	02	92	11	96
17	2	21	55	7	15	93	12	09
18	2	34	56	7	28	94	12	22
19	2	47	57	7	41	95	12	35
20	2	60	58	7	54	96	12	48
21	2	73	59	7	67	97	12	61
22	2	86	60	7	80	98	12	74
23	2	99	61	7	93	99	12	87
24	3	12	62	8	06	100	13	00
25	3	25	63	8	19	200	26	00
26	3	38	64	8	32	300	39	00
27	3	51	65	8	45	400	52	00
28	3	64	66	8	58	500	65	00
29	3	77	67	8	71	600	78	00
30	3	90	68	8	84	700	91	00
31	4	03	69	8	97	800	104	00
32	4	16	70	9	10	900	117	00
33	4	29	71	9	23	1 k.	130	00
34	4	42	72	9	36	2 k.	260	00
35	4	55	73	9	49	3 k.	390	00
36	4	68	74	9	62	4 k.	520	00
37	4	81	75	9	75	5 k.	650	00
38	4	94	76	9	88			

Argent à **14** francs les 100 grammes.
140 francs le kilo.

gram.	fr.	c.	gram.	fr.	c.	gram.	fr.	c.
1	0	14	39	5	46	77	10	78
2	0	28	40	5	60	78	10	92
3	0	42	41	5	74	79	11	06
4	0	56	42	5	88	80	11	20
5	0	70	43	6	02	81	11	34
6	0	84	44	6	16	82	11	48
7	0	98	45	6	30	83	11	62
8	1	12	46	6	44	84	11	76
9	1	26	47	6	58	85	11	90
10	1	40	48	6	72	86	12	04
11	1	54	49	6	86	87	12	18
12	1	68	50	7	00	88	12	32
13	1	82	51	7	14	89	12	46
14	1	96	52	7	28	90	12	60
15	2	10	53	7	42	91	12	74
16	2	24	54	7	56	92	12	88
17	2	38	55	7	70	93	13	02
18	2	52	56	7	84	94	13	16
19	2	66	57	7	98	95	13	30
20	2	80	58	8	12	96	13	44
21	2	94	59	8	26	97	13	58
22	3	08	60	8	40	98	13	72
23	3	22	61	8	54	99	13	86
24	3	36	62	8	68	100	14	00
25	3	50	63	8	82	200	28	00
26	3	64	64	8	96	300	42	00
27	3	78	65	9	10	400	56	00
28	3	92	66	9	24	500	70	00
29	4	06	67	9	38	600	84	00
30	4	20	68	9	52	700	98	00
31	4	34	69	9	66	800	112	00
32	4	48	70	9	80	900	126	00
33	4	62	71	9	94	1 k.	140	00
34	4	76	72	10	08	2 k.	280	00
35	4	90	73	10	22	3 k.	420	00
36	5	04	74	10	36	4 k.	560	00
37	5	18	75	10	50	5 k.	700	00
38	5	32	76	10	64			

PRODUIT des DÉCIGRAMMES.

décig.	fr.	c.	décig.	fr.	c.
1/2	0	0	5	0	6
1	0	1	6	0	8
2	0	3	7	0	9
3	0	4	8	0	10
4	0	5	9	0	12

PRODUIT des DÉCIGRAMMES.

décig.	fr.	c.	décig.	fr.	c.
1/2	0	0	5	0	7
1	0	1	6	0	8
2	0	3	7	0	10
3	0	4	8	0	11
4	0	6	9	0	13

Ajoutez le produit des décigrammes, chaque fois qu'il y aura des fractions dans les pesées.

Argent à 15 francs les 100 grammes. 150 francs le kilo.

gram.	fr.	c.	gram.	fr.	c.	gram.	fr.	c.
1	0	15	39	5	85	77	11	55
2	0	30	40	6	00	78	11	70
3	0	45	41	6	15	79	11	85
4	0	60	42	6	30	80	12	00
5	0	75	43	6	45	81	12	15
6	0	90	44	6	60	82	12	30
7	1	05	45	6	75	83	12	45
8	1	20	46	6	90	84	12	60
9	1	35	47	7	05	85	12	75
10	1	50	48	7	20	86	12	90
11	1	65	49	7	35	87	13	05
12	1	80	50	7	50	88	13	20
13	1	95	51	7	65	89	13	35
14	2	10	52	7	80	90	13	50
15	2	25	53	7	95	91	13	65
16	2	40	54	8	10	92	13	80
17	2	55	55	8	25	93	13	95
18	2	70	56	8	40	94	14	10
19	2	85	57	8	55	95	14	25
20	3	00	58	8	70	96	14	40
21	3	15	59	8	85	97	14	55
22	3	30	60	9	00	98	14	70
23	3	45	61	9	15	99	14	85
24	3	60	62	9	30	100	15	00
25	3	75	63	9	45	200	30	00
26	3	90	64	9	60	300	45	00
27	4	05	65	9	75	400	60	00
28	4	20	66	9	90	500	75	00
29	4	35	67	10	05	600	90	00
30	4	50	68	10	20	700	105	00
31	4	65	69	10	35	800	120	00
32	4	80	70	10	50	900	135	00
33	4	95	71	10	65	1 k.	150	00
34	5	10	72	10	80	2 k.	300	00
35	5	25	73	10	95	3 k.	450	00
36	5	40	74	11	10	4 k.	600	00
37	5	55	75	11	25	5 k.	750	00
38	5	70	76	11	40			

PRODUIT des DÉCIGRAMMES.	décig.	fr.	c.	décig.	fr.	c.
	½	0	0	5	0	7
	1	0	1	6	0	9
	2	0	3	7	0	10
	3	0	4	8	0	12
	4	0	6	9	0	13

Argent à 16 francs les 100 grammes, 160 francs le kilo.

gram.	fr.	c.	gram.	fr.	c.	gram.	fr.	c.
1	0	16	39	6	24	77	12	32
2	0	32	40	6	40	78	12	48
3	0	48	41	6	56	79	12	64
4	0	64	42	6	72	80	12	80
5	0	80	43	6	88	81	12	96
6	0	96	44	7	04	82	13	12
7	1	12	45	7	20	83	13	28
8	1	28	46	7	36	84	13	44
9	1	44	47	7	52	85	13	60
10	1	60	48	7	68	86	13	76
11	1	76	49	7	84	87	13	92
12	1	92	50	8	00	88	14	08
13	2	08	51	8	16	89	14	24
14	2	24	52	8	32	90	14	40
15	2	40	53	8	48	91	14	56
16	2	56	54	8	64	92	14	72
17	2	72	55	8	80	93	14	88
18	2	88	56	8	96	94	15	04
19	3	04	57	9	12	95	15	20
20	3	20	58	9	28	96	15	36
21	3	36	59	9	44	97	15	52
22	3	52	60	9	60	98	15	68
23	3	68	61	9	76	99	15	84
24	3	84	62	9	92	100	16	00
25	4	00	63	10	08	200	32	00
26	4	16	64	10	24	300	48	00
27	4	32	65	10	40	400	64	00
28	4	48	66	10	56	500	80	00
29	4	64	67	10	72	600	96	00
30	4	80	68	10	88	700	112	00
31	4	96	69	11	04	800	128	00
32	5	12	70	11	20	900	144	00
33	5	28	71	11	36	1 k.	160	00
34	5	44	72	11	52	2 k.	320	00
35	5	60	73	11	68	3 k.	480	00
36	5	76	74	11	84	4 k.	640	00
37	5	92	75	12	00	5 k.	800	00
38	6	08	76	12	16			

PRODUIT des DÉCIGRAMMES.	décig.	fr.	c.	décig.	fr.	c.
	½	0	1	5	0	8
	1	0	2	6	0	10
	2	0	3	7	0	11
	3	0	5	8	0	13
	4	0	6	9	0	14

Ajoutez le produit des décigrammes, chaque fois qu'il y aura des fractions dans les pesées.

Argent à 16 fr. 10 c. les 100 grammes.
161 francs le kilo.

gram.	fr. c.	gram.	fr. c.	gram.	fr. c.
1	0 16	39	6 28	77	12 40
2	0 32	40	6 44	78	12 56
3	0 48	41	6 60	79	12 72
4	0 64	42	6 76	80	12 88
5	0 80	43	6 92	81	13 04
6	0 97	44	7 08	82	13 20
7	1 13	45	7 24	83	13 36
8	1 29	46	7 41	84	13 52
9	1 45	47	7 57	85	13 68
10	1 61	48	7 73	86	13 85
11	1 77	49	7 89	87	14 01
12	1 93	50	8 05	88	14 17
13	2 09	51	8 21	89	14 33
14	2 25	52	8 37	90	14 49
15	2 41	53	8 53	91	14 65
16	2 58	54	8 69	92	14 81
17	2 74	55	8 85	93	14 97
18	2 90	56	9 02	94	15 13
19	3 06	57	9 18	95	15 29
20	3 22	58	9 34	96	15 46
21	3 38	59	9 50	97	15 62
22	3 54	60	9 66	98	15 78
23	3 70	61	9 82	99	15 94
24	3 86	62	9 98	100	16 10
25	4 02	63	10 14	200	32 20
26	4 19	64	10 30	300	48 30
27	4 35	65	10 46	400	64 40
28	4 51	66	10 63	500	80 50
29	4 67	67	10 79	600	96 60
30	4 83	68	10 95	700	112 70
31	4 99	69	11 11	800	128 80
32	5 15	70	11 27	900	144 90
33	5 31	71	11 43	1 k.	161 00
34	5 47	72	11 59	2 k.	322 00
35	5 63	73	11 75	3 k.	483 00
36	5 80	74	11 91	4 k.	644 00
37	5 96	75	12 07	5 k.	805 00
38	6 12	76	12 24		

PRODUIT des DÉCIGRAMMES.	décig.	fr. c.	décig.	fr. c.
	1/2	0.....1	5	0.....8
	1	0.....2	6	0.....10
	2	0.....3	7	0.....11
	3	0.....5	8	0.....13
	4	0.....6	9	0.....14

Argent à 16 fr. 20 c. les 100 grammes.
162 francs le kilo.

gram.	fr. c.	gram.	fr. c.	gram.	fr. c.
1	0 16	39	6 32	77	12 47
2	0 32	40	6 48	78	12 64
3	0 49	41	6 64	79	12 80
4	0 65	42	6 80	80	12 96
5	0 81	43	6 97	81	13 12
6	0 97	44	7 13	82	13 28
7	1 13	45	7 29	83	13 45
8	1 30	46	7 45	84	13 61
9	1 46	47	7 61	85	13 77
10	1 62	48	7 78	86	13 93
11	1 78	49	7 94	87	14 09
12	1 94	50	8 10	88	14 26
13	2 11	51	8 26	89	14 42
14	2 27	52	8 42	90	14 58
15	2 43	53	8 59	91	14 74
16	2 59	54	8 75	92	14 90
17	2 75	55	8 91	93	15 07
18	2 92	56	9 07	94	15 23
19	3 08	57	9 23	95	15 39
20	3 24	58	9 40	96	15 55
21	3 40	59	9 56	97	15 71
22	3 56	60	9 72	98	15 88
23	3 73	61	9 88	99	16 04
24	3 89	62	10 04	100	16 20
25	4 05	63	10 21	200	32 40
26	4 21	64	10 37	300	48 60
27	4 37	65	10 53	400	64 80
28	4 54	66	10 69	500	81 00
29	4 70	67	10 85	600	97 20
30	4 86	68	11 02	700	113 40
31	5 02	69	11 18	800	129 60
32	5 18	70	11 34	900	145 80
33	5 35	71	11 50	1 k.	162 00
34	5 51	72	11 66	2 k.	324 00
35	5 67	73	11 83	3 k.	486 00
36	5 83	74	11 99	4 k.	648 00
37	5 99	75	12 15	5 k.	810 00
38	6 16	76	12 31		

PRODUIT des DÉCIGRAMMES.	décig.	fr. c.	décig.	fr. c.
	1/2	0.....1	5	0.....8
	1	0.....2	6	0.....10
	2	0.....3	7	0.....11
	3	0.....5	8	0.....13
	4	0.....6	9	0.....14

Ajoutez le produit des décigrammes, chaque fois qu'il y aura des fractions dans les pesées.

Argent à 16 fr. 30 c. les 100 grammes.
163 francs le kilo.

gram.	fr.	c.	gram.	fr.	c.	gram.	fr.	c.
1	0	16	39	6	36	77	12	55
2	0	33	40	6	52	78	12	71
3	0	49	41	6	68	79	12	88
4	0	65	42	6	85	80	13	04
5	0	81	43	7	01	81	13	20
6	0	98	44	7	17	82	13	37
7	1	14	45	7	33	83	13	53
8	1	30	46	7	50	84	13	69
9	1	47	47	7	66	85	13	85
10	1	63	48	7	82	86	14	02
11	1	79	49	7	99	87	14	18
12	1	96	50	8	15	88	14	34
13	2	12	51	8	31	89	14	51
14	2	28	52	8	48	90	14	67
15	2	44	53	8	64	91	14	83
16	2	61	54	8	80	92	15	00
17	2	77	55	8	96	93	15	16
18	2	93	56	9	13	94	15	32
19	3	10	57	9	29	95	15	48
20	3	26	58	9	45	96	15	65
21	3	42	59	9	62	97	15	81
22	3	59	60	9	78	98	15	97
23	3	75	61	9	94	99	16	14
24	3	91	62	10	11	100	16	30
25	4	07	63	10	27	200	32	60
26	4	24	64	10	43	300	48	90
27	4	40	65	10	59	400	65	20
28	4	56	66	10	76	500	81	50
29	4	73	67	10	92	600	97	80
30	4	89	68	11	08	700	114	10
31	5	05	69	11	25	800	130	40
32	5	22	70	11	41	900	146	70
33	5	38	71	11	57	1 k.	163	00
34	5	54	72	11	74	2 k.	326	00
35	5	70	73	11	90	3 k.	489	00
36	5	87	74	12	06	4 k.	652	00
37	6	03	75	12	22	5 k.	815	00
38	6	19	76	12	39			

PRODUIT des DÉCIGRAMMES.	décig.	fr.	c.	décig.	fr.	c.
	1/2	0	1	5	0	8
	1	0	2	6	0	10
	2	0	3	7	0	11
	3	0	5	8	0	13
	4	0	6	9	0	15

Argent à 16 fr. 40 c. les 100 grammes.
164 francs le kilo.

gram.	fr.	c.	gram.	fr.	c.	gram.	fr.	c.
1	0	16	39	6	40	77	12	63
2	0	33	40	6	56	78	12	79
3	0	49	41	6	72	79	12	96
4	0	66	42	6	89	80	13	12
5	0	82	43	7	05	81	13	28
6	0	98	44	7	22	82	13	45
7	1	15	45	7	38	83	13	61
8	1	31	46	7	54	84	13	78
9	1	48	47	7	71	85	13	94
10	1	64	48	7	87	86	14	10
11	1	80	49	8	04	87	14	27
12	1	97	50	8	20	88	14	43
13	2	13	51	8	36	89	14	60
14	2	30	52	8	53	90	14	76
15	2	46	53	8	69	91	14	92
16	2	62	54	8	86	92	15	09
17	2	79	55	9	02	93	15	25
18	2	95	56	9	18	94	15	42
19	3	12	57	9	35	95	15	58
20	3	28	58	9	51	96	15	74
21	3	44	59	9	68	97	15	91
22	3	61	60	9	84	98	16	07
23	3	77	61	10	00	99	16	24
24	3	94	62	10	17	100	16	40
25	4	10	63	10	33	200	32	80
26	4	26	64	10	50	300	49	20
27	4	43	65	10	66	400	65	60
28	4	59	66	10	82	500	82	00
29	4	76	67	10	99	600	98	40
30	4	92	68	11	15	700	114	80
31	5	08	69	11	32	800	131	20
32	5	25	70	11	48	900	147	60
33	5	41	71	11	64	1 k.	164	00
34	5	58	72	11	81	2 k.	328	00
35	5	74	73	11	97	3 k.	492	00
36	5	90	74	12	14	4 k.	656	00
37	6	07	75	12	30	5 k.	820	00
38	6	23	76	12	46			

PRODUIT des DÉCIGRAMMES.	décig.	fr.	c.	décig.	fr.	c.
	1/2	0	1	5	0	8
	1	0	2	6	0	10
	2	0	3	7	0	11
	3	0	5	8	0	13
	4	0	7	9	0	15

Ajoutez le produit des décigrammes, chaque fois qu'il y aura des fractions dans les pesées.

Argent à 16 fr. 50 c. les 100 grammes.
165 francs le kilo.

gram.	fr.	c.	gram.	fr.	c.	gram.	fr.	c.
1	0	16	39	6	43	77	12	70
2	0	33	40	6	60	78	12	87
3	0	49	41	6	76	79	13	03
4	0	66	42	6	93	80	13	20
5	0	82	43	7	09	81	13	36
6	0	99	44	7	26	82	13	53
7	1	15	45	7	42	83	13	69
8	1	32	46	7	59	84	13	86
9	1	48	47	7	75	85	14	02
10	1	65	48	7	92	86	14	19
11	1	81	49	8	08	87	14	35
12	1	98	50	8	25	88	14	52
13	2	14	51	8	41	89	14	68
14	2	31	52	8	58	90	14	85
15	2	47	53	8	74	91	15	01
16	2	64	54	8	91	92	15	18
17	2	80	55	9	07	93	15	34
18	2	97	56	9	24	94	15	51
19	3	13	57	9	40	95	15	67
20	3	30	58	9	57	96	15	84
21	3	46	59	9	73	97	16	00
22	3	63	60	9	90	98	16	17
23	3	79	61	10	06	99	16	33
24	3	94	62	10	23	100	16	50
25	4	12	63	10	39	200	33	00
26	4	29	64	10	56	300	49	50
27	4	45	65	10	72	400	66	00
28	4	62	66	10	89	500	82	50
29	4	78	67	11	05	600	99	00
30	4	95	68	11	22	700	115	50
31	5	11	69	11	38	800	132	00
32	5	28	70	11	55	900	148	50
33	5	44	71	11	71	1 k.	165	00
34	5	61	72	11	88	2 k.	330	00
35	5	77	73	12	04	3 k.	495	00
36	5	94	74	12	21	4 k.	660	00
37	6	10	75	12	37	5 k.	825	00
38	6	27	76	12	54			

PRODUIT des DÉCIGRAMMES.	décig.	fr.	c.	décig.	fr.	c.
	½	0	1	5	0	8
	1	0	2	6	0	10
	2	0	3	7	0	12
	3	0	5	8	0	13
	4	0	7	9	0	15

Argent à 16 fr. 60 c. les 100 grammes.
166 francs le kilo.

gram.	fr.	c.	gram.	fr.	c.	gram.	fr.	c.
1	0	17	39	6	47	77	12	78
2	0	33	40	6	64	78	12	95
3	0	50	41	6	81	79	13	11
4	0	66	42	6	97	80	13	28
5	0	83	43	7	14	81	13	45
6	1	00	44	7	30	82	13	61
7	1	16	45	7	47	83	13	78
8	1	33	46	7	64	84	13	94
9	1	49	47	7	80	85	14	11
10	1	66	48	7	97	86	14	28
11	1	83	49	8	13	87	14	44
12	1	99	50	8	30	88	14	61
13	2	16	51	8	47	89	14	77
14	2	32	52	8	63	90	14	94
15	2	49	53	8	80	91	15	11
16	2	66	54	8	96	92	15	27
17	2	82	55	9	13	93	15	44
18	2	99	56	9	30	94	15	60
19	3	15	57	9	46	95	15	77
20	3	32	58	9	63	96	15	94
21	3	49	59	9	79	97	16	10
22	3	65	60	9	96	98	16	27
23	3	82	61	10	13	99	16	43
24	3	98	62	10	29	100	16	60
25	4	15	63	10	46	200	33	20
26	4	32	64	10	62	300	49	80
27	4	48	65	10	79	400	66	40
28	4	65	66	10	98	500	83	00
29	4	81	67	11	12	600	99	60
30	4	98	68	11	29	700	116	20
31	5	15	69	11	45	800	132	80
32	5	31	70	11	62	900	149	40
33	5	48	71	11	79	1 k.	166	00
34	5	64	72	11	95	2 k.	332	00
35	5	81	73	12	12	3 k.	498	00
36	5	98	74	12	28	4 k.	664	00
37	6	14	75	12	45	5 k.	830	00
38	6	31	76	12	62			

PRODUIT des DÉCIGRAMMES.	décig.	fr.	c.	décig.	fr.	c.
	½	0	1	5	0	8
	1	0	2	6	0	10
	2	0	3	7	0	12
	3	0	5	8	0	13
	4	0	7	9	0	15

Ajoutez le produit des décigrammes, chaque fois qu'il y aura des fractions dans les pesées.

Argent à 16 fr. 70 c. les 100 grammes, 167 francs le kilo.

gram.	fr.	c.	gram.	fr.	c.	gram.	fr.	c.
1	0	17	39	6	51	77	12	86
2	0	33	40	6	68	78	13	03
3	0	50	41	6	85	79	13	19
4	0	67	42	7	01	80	13	36
5	0	83	43	7	18	81	13	53
6	1	00	44	7	35	82	13	69
7	1	17	45	7	51	83	13	86
8	1	34	46	7	68	84	14	03
9	1	50	47	7	85	85	14	19
10	1	67	48	8	02	86	14	36
11	1	84	49	8	18	87	14	53
12	2	00	50	8	35	88	14	70
13	2	17	51	8	52	89	14	86
14	2	34	52	8	68	90	15	03
15	2	50	53	8	85	91	15	20
16	2	67	54	9	02	92	15	36
17	2	84	55	9	18	93	15	53
18	3	01	56	9	35	94	15	70
19	3	17	57	9	52	95	15	86
20	3	34	58	9	69	96	16	03
21	3	51	59	9	85	97	16	20
22	3	67	60	10	02	98	16	37
23	3	84	61	10	19	99	16	53
24	4	01	62	10	35	100	16	70
25	4	17	63	10	52	200	33	40
26	4	34	64	10	69	300	50	10
27	4	51	65	10	85	400	66	80
28	4	68	66	11	02	500	83	50
29	4	84	67	11	19	600	100	20
30	5	01	68	11	36	700	116	90
31	5	18	69	11	52	800	133	60
32	5	34	70	11	69	900	150	30
33	5	51	71	11	86	1 k.	167	00
34	5	68	72	12	02	2 k.	334	00
35	5	84	73	12	19	3 k.	501	00
36	6	01	74	12	36	4 k.	668	00
37	6	18	75	12	52	5 k.	835	00
38	6	35	76	12	69			

PRODUIT des DÉCIGRAMMES.	décig.	fr.	c.	décig.	fr.	c.
	1/2	0	1	5	0	8
	1	0	2	6	0	10
	2	0	3	7	0	12
	3	0	5	8	0	13
	4	0	7	9	0	15

Argent à 16 fr. 80 c. les 100 grammes, 168 francs le kilo.

gram.	fr.	c.	gram.	fr.	c.	gram.	fr.	c.
1	0	17	39	6	55	77	12	94
2	0	34	40	6	72	78	13	10
3	0	50	41	6	89	79	13	27
4	0	67	42	7	06	80	13	44
5	0	84	43	7	22	81	13	61
6	1	01	44	7	39	82	13	78
7	1	18	45	7	56	83	13	94
8	1	34	46	7	73	84	14	11
9	1	51	47	7	90	85	14	28
10	1	68	48	8	06	86	14	45
11	1	85	49	8	23	87	14	62
12	2	02	50	8	40	88	14	78
13	2	18	51	8	57	89	14	95
14	2	35	52	8	74	90	15	12
15	2	52	53	8	90	91	15	29
16	2	69	54	9	07	92	15	46
17	2	86	55	9	24	93	15	62
18	3	02	56	9	41	94	15	79
19	3	19	57	9	58	95	15	96
20	3	36	58	9	74	96	16	13
21	3	53	59	9	91	97	16	30
22	3	70	60	10	08	98	16	46
23	3	86	61	10	25	99	16	63
24	4	03	62	10	42	100	16	80
25	4	20	63	10	58	200	33	60
26	4	37	64	10	75	300	50	40
27	4	54	65	10	92	400	67	20
28	4	70	66	11	09	500	84	00
29	4	87	67	11	26	600	100	80
30	5	04	68	11	42	700	117	60
31	5	21	69	11	59	800	134	40
32	5	38	70	11	76	900	151	20
33	5	54	71	11	93	1 k.	168	00
34	5	71	72	12	10	2 k.	336	00
35	5	88	73	12	26	3 k.	504	00
36	6	05	74	12	43	4 k.	672	00
37	6	22	75	12	60	5 k.	840	00
38	6	38	76	12	77			

PRODUIT des DÉCIGRAMMES.	décig.	fr.	c.	décig.	fr.	c.
	1/2	0	1	5	1	8
	1	0	2	6	2	10
	2	0	3	7	2	12
	3	0	5	8	2	13
	4	0	7	9	3	15

Ajoutez le produit des décigrammes, chaque fois qu'il y aura des fractions dans les pesées.

Argent à **16** fr. **90** c. les 100 grammes.
169 francs le kilo.

gram.	fr.	c.	gram.	fr.	c.	gram.	fr.	c.
1	0	17	39	6	59	77	13	01
2	0	34	40	6	76	78	13	18
3	0	51	41	6	93	79	13	35
4	0	68	42	7	10	80	13	52
5	0	84	43	7	27	81	13	69
6	1	01	44	7	44	82	13	86
7	1	18	45	7	60	83	14	03
8	1	35	46	7	77	84	14	20
9	1	52	47	7	94	85	14	36
10	1	69	48	8	11	86	14	53
11	1	86	49	8	28	87	14	70
12	2	03	50	8	45	88	14	87
13	2	20	51	8	62	89	15	04
14	2	37	52	8	79	90	15	21
15	2	53	53	8	96	91	15	38
16	2	70	54	9	13	92	15	55
17	2	87	55	9	29	93	15	72
18	3	04	56	9	46	94	15	89
19	3	21	57	9	63	95	16	05
20	3	38	58	9	80	96	16	22
21	3	55	59	9	97	97	16	39
22	3	72	60	10	14	98	16	56
23	3	89	61	10	31	99	16	73
24	4	06	62	10	48	100	16	90
25	4	22	63	10	65	200	33	80
26	4	39	64	10	82	300	50	70
27	4	56	65	10	98	400	67	60
28	4	73	66	11	15	500	84	50
29	4	90	67	11	32	600	101	40
30	5	07	68	11	49	700	118	30
31	5	24	69	11	66	800	135	20
32	5	41	70	11	83	900	152	10
33	5	58	71	12	00	1 k.	169	00
34	5	75	72	12	17	2 k.	338	00
35	5	91	73	12	34	3 k.	507	00
36	6	08	74	12	51	4 k.	676	00
37	6	25	75	12	67	5 k.	845	00
38	6	42	76	12	84			

PRODUIT des DÉCIGRAMMES.	décig.	fr.	c.	décig.	fr.	c.
	1/2	0	1	5	0	8
	1	0	2	6	0	10
	2	0	3	7	0	12
	3	0	5	8	0	13
	4	0	7	9	0	15

Argent à **17** francs les 100 grammes.
170 francs le kilo.

gram.	fr.	c.	gram.	fr.	c.	gram.	fr.	c.
1	0	17	39	6	63	77	13	09
2	0	34	40	6	80	78	13	26
3	0	51	41	6	97	79	13	43
4	0	68	42	7	14	80	13	60
5	0	85	43	7	31	81	13	77
6	1	02	44	7	48	82	13	94
7	1	19	45	7	65	83	14	11
8	1	36	46	7	82	84	14	28
9	1	53	47	7	99	85	14	45
10	1	70	48	8	16	86	14	62
11	1	87	49	8	33	87	14	79
12	2	04	50	8	50	88	14	96
13	2	21	51	8	67	89	15	13
14	2	38	52	8	84	90	15	30
15	2	55	53	9	01	91	15	47
16	2	72	54	9	18	92	15	64
17	2	89	55	9	35	93	15	81
18	3	06	56	9	52	94	15	98
19	3	23	57	9	69	95	16	15
20	3	40	58	9	86	96	16	32
21	3	57	59	10	03	97	16	49
22	3	74	60	10	20	98	16	66
23	3	91	61	10	37	99	16	83
24	4	08	62	10	54	100	17	00
25	4	25	63	10	71	200	34	00
26	4	42	64	10	88	300	51	00
27	4	59	65	11	05	400	68	00
28	4	76	66	11	22	500	85	00
29	4	93	67	11	39	600	102	00
30	5	10	68	11	56	700	119	00
31	5	27	69	11	73	800	136	00
32	5	44	70	11	90	900	153	00
33	5	61	71	12	07	1 k.	170	00
34	5	78	72	12	24	2 k.	340	00
35	5	95	73	12	41	3 k.	510	00
36	6	12	74	12	58	4 k.	680	00
37	6	29	75	12	75	5 k.	850	00
38	6	46	76	12	92			

PRODUIT des DÉCIGRAMMES.	décig.	fr.	c.	décig.	fr.	c.
	1/2	0	1	5	0	8
	1	0	2	6	0	10
	2	0	3	7	0	12
	3	0	5	8	0	14
	4	0	7	9	0	15

Ajoutez le produit des décigrammes, chaque fois qu'il y aura des fractions dans les pesées.

Argent à 17 fr. 10 c. les 100 grammes.
171 francs le kilo.

gram.	fr.	c.	gram.	fr.	c.	gram.	fr.	c.
1	0	17	39	6	67	77	13	17
2	0	34	40	6	84	78	13	34
3	0	51	41	7	01	79	13	51
4	0	68	42	7	18	80	13	68
5	0	85	43	7	35	81	13	85
6	1	03	44	7	52	82	14	02
7	1	20	45	7	69	83	14	19
8	1	37	46	7	87	84	14	36
9	1	54	47	8	04	85	14	53
10	1	71	48	8	21	86	14	71
11	1	88	49	8	38	87	14	88
12	2	05	50	8	55	88	15	05
13	2	22	51	8	72	89	15	22
14	2	39	52	8	89	90	15	39
15	2	56	53	9	06	91	15	56
16	2	74	54	9	23	92	15	73
17	2	91	55	9	40	93	15	90
18	3	08	56	9	58	94	16	07
19	3	25	57	9	75	95	16	24
20	3	42	58	9	92	96	16	42
21	3	59	59	10	09	97	16	59
22	3	76	60	10	26	98	16	76
23	3	93	61	10	43	99	16	93
24	4	10	62	10	60	100	17	10
25	4	27	63	10	77	200	34	20
26	4	45	64	10	94	300	51	30
27	4	62	65	11	11	400	68	40
28	4	79	66	11	29	500	85	50
29	4	96	67	11	46	600	102	60
30	5	13	68	11	63	700	119	70
31	5	30	69	11	80	800	136	80
32	5	47	70	11	97	900	153	90
33	5	64	71	12	14	1 k.	171	00
34	5	81	72	12	31	2 k.	342	00
35	5	98	73	12	48	3 k.	513	00
36	6	16	74	12	65	4 k.	684	00
37	6	33	75	12	82	5 k.	855	00
38	6	50	76	13	00			

PRODUIT des DÉCIGRAMMES.	décig.	fr.	c.	décig.	fr.	c.
	1/2	0	1	5	0	8
	1	0	2	6	0	10
	2	0	3	7	0	12
	3	0	5	8	0	14
	4	0	7	9	0	15

Argent à 17 fr. 20 c. les 100 grammes.
172 francs le kilo.

gram.	fr.	c.	gram.	fr.	c.	gram.	fr.	c.
1	0	17	39	6	71	77	13	24
2	0	34	40	6	88	78	13	42
3	0	52	41	7	05	79	13	59
4	0	69	42	7	22	80	13	76
5	0	86	43	7	40	81	13	93
6	1	03	44	7	57	82	14	10
7	1	20	45	7	74	83	14	28
8	1	38	46	7	91	84	14	45
9	1	55	47	8	08	85	14	62
10	1	72	48	8	26	86	14	79
11	1	89	49	8	43	87	14	96
12	2	06	50	8	60	88	15	14
13	2	24	51	8	77	89	15	31
14	2	41	52	8	94	90	15	48
15	2	58	53	9	12	91	15	65
16	2	75	54	9	29	92	15	82
17	2	92	55	9	46	93	16	00
18	3	10	56	9	63	94	16	17
19	3	27	57	9	80	95	16	34
20	3	44	58	9	98	96	16	51
21	3	61	59	10	15	97	16	68
22	3	78	60	10	32	98	16	86
23	3	96	61	10	49	99	17	03
24	4	13	62	10	66	100	17	20
25	4	30	63	10	84	200	34	40
26	4	47	64	11	01	300	51	60
27	4	64	65	11	18	400	68	80
28	4	82	66	11	35	500	86	00
29	4	99	67	11	52	600	103	20
30	5	16	68	11	70	700	120	40
31	5	33	69	11	87	800	137	60
32	5	50	70	12	04	900	154	80
33	5	68	71	12	21	1 k.	172	00
34	5	85	72	12	38	2 k.	344	00
35	6	02	73	12	56	3 k.	516	00
36	6	19	74	12	73	4 k.	688	00
37	6	36	75	12	90	5 k.	860	00
38	6	54	76	13	07			

PRODUIT des DÉCIGRAMMES.	décig.	fr.	c.	décig.	fr.	c.
	1/2	0	1	5	0	8
	1	0	2	6	0	10
	2	0	3	7	0	12
	3	0	5	8	0	14
	4	0	7	9	0	15

Ajoutez le produit des décigrammes, chaque fois qu'il y aura des fractions dans les pesées.

Argent à 17 fr. 30 c. les 100 grammes.
173 francs le kilo.

gram.	fr.	c.	gram.	fr.	c.	gram.	fr.	c.
1	0	17	39	6	75	77	13	32
2	0	35	40	6	92	78	13	49
3	0	52	41	7	09	79	13	67
4	0	69	42	7	27	80	13	84
5	0	86	43	7	44	81	14	01
6	1	04	44	7	61	82	14	19
7	1	21	45	7	78	83	14	36
8	1	38	46	7	96	84	14	53
9	1	56	47	8	13	85	14	70
10	1	73	48	8	30	86	14	88
11	1	90	49	8	48	87	15	05
12	2	08	50	8	65	88	15	22
13	2	25	51	8	82	89	15	40
14	2	42	52	9	00	90	15	57
15	2	59	53	9	17	91	15	74
16	2	77	54	9	34	92	15	92
17	2	94	55	9	51	93	16	09
18	3	11	56	9	69	94	16	26
19	3	29	57	9	86	95	16	43
20	3	46	58	10	03	96	16	61
21	3	63	59	10	21	97	16	78
22	3	81	60	10	38	98	16	95
23	3	98	61	10	55	99	17	13
24	4	15	62	10	73	100	17	30
25	4	32	63	10	90	200	34	60
26	4	50	64	11	07	300	51	90
27	4	67	65	11	24	400	69	20
28	4	84	66	11	42	500	86	50
29	5	02	67	11	59	600	103	80
30	5	19	68	11	76	700	121	10
31	5	36	69	11	94	800	138	40
32	5	54	70	12	11	900	155	70
33	5	71	71	12	28	1 k.	173	00
34	5	88	72	12	46	2 k.	346	00
35	6	05	73	12	63	3 k.	519	00
36	6	23	74	12	80	4 k.	692	00
37	6	40	75	12	97	5 k.	865	00
38	6	57	76	13	15			

PRODUIT des DÉCIGRAMMES.	décig.	fr.	c.	décig.	fr.	c.
	0 1/2	0.......1		5	0.......8	
	1	0.......2		6	0.......10	
	2	0.......3		7	0.......12	
	3	0.......5		8	0.......14	
	4	0.......7		9	0.......15	

Argent à 17 fr. 40 c. les 100 grammes.
174 francs le kilo.

gram.	fr.	c.	gram.	fr.	c.	gram.	fr.	c.
1	0	17	39	6	79	77	13	40
2	0	35	40	6	96	78	13	57
3	0	52	41	7	13	79	13	75
4	0	70	42	7	31	80	13	92
5	0	87	43	7	48	81	14	09
6	1	04	44	7	66	82	14	27
7	1	22	45	7	83	83	14	44
8	1	39	46	8	00	84	14	62
9	1	57	47	8	18	85	14	79
10	1	74	48	8	35	86	14	96
11	1	91	49	8	53	87	15	14
12	2	09	50	8	70	88	15	31
13	2	26	51	8	87	89	15	49
14	2	44	52	9	05	90	15	66
15	2	61	53	9	22	91	15	83
16	2	78	54	9	40	92	16	01
17	2	96	55	9	57	93	16	18
18	3	13	56	9	74	94	16	36
19	3	31	57	9	92	95	16	53
20	3	48	58	10	09	96	16	70
21	3	65	59	10	27	97	16	88
22	3	83	60	10	44	98	17	05
23	4	00	61	10	61	99	17	23
24	4	18	62	10	79	100	17	40
25	4	35	63	10	96	200	34	80
26	4	52	64	11	14	300	52	20
27	4	70	65	11	31	400	69	60
28	4	87	66	11	48	500	87	00
29	5	05	67	11	66	600	104	40
30	5	22	68	11	83	700	121	80
31	5	39	69	12	01	800	139	20
32	5	57	70	12	18	900	156	60
33	5	74	71	12	35	1 k.	174	00
34	5	92	72	12	53	2 k.	348	00
35	6	09	73	12	70	3 k.	522	00
36	6	26	74	12	88	4 k.	696	00
37	6	44	75	13	05	5 k.	870	00
38	6	61	76	13	22			

PRODUIT des DÉCIGRAMMES.	décig.	fr.	c.	décig.	fr.	c.
	0 1/2	0.......1		5	0.......8	
	1	0.......2		6	0.......10	
	2	0.......3		7	0.......12	
	3	0.......5		8	0.......14	
	4	0.......7		9	0.......16	

Ajoutez le produit des décigrammes, chaque fois qu'il y aura des fractions dans les pesées.

Argent à 17 fr. 50 c. les 100 grammes.
175 francs le kilo.

gram.	fr.	c.	gram.	fr.	c.	gram.	fr.	c.
1	0	17	39	6	82	77	13	47
2	0	35	40	7	00	78	13	65
3	0	52	41	7	17	79	13	82
4	0	70	42	7	35	80	14	00
5	0	87	43	7	52	81	14	17
6	1	05	44	7	70	82	14	35
7	1	22	45	7	87	83	14	52
8	1	40	46	8	05	84	14	70
9	1	57	47	8	22	85	14	87
10	1	75	48	8	40	86	15	05
11	1	92	49	8	57	87	15	22
12	2	10	50	8	75	88	15	40
13	2	27	51	8	92	89	15	57
14	2	45	52	9	10	90	15	75
15	2	62	53	9	27	91	15	92
16	2	80	54	9	45	92	16	10
17	2	97	55	9	62	93	16	27
18	3	15	56	9	80	94	16	45
19	3	32	57	9	97	95	16	62
20	3	50	58	10	15	96	16	80
21	3	67	59	10	32	97	16	97
22	3	85	60	10	50	98	17	15
23	4	02	61	10	67	99	17	32
24	4	20	62	10	85	100	17	50
25	4	37	63	11	02	200	35	00
26	4	55	64	11	20	300	52	50
27	4	72	65	11	37	400	70	00
28	4	90	66	11	55	500	87	50
29	5	07	67	11	72	600	105	00
30	5	25	68	11	90	700	122	50
31	5	42	69	12	07	800	140	00
32	5	60	70	12	25	900	157	50
33	5	77	71	12	42	1 k.	175	00
34	5	95	72	12	60	2 k.	350	00
35	6	12	73	12	77	3 k.	525	00
36	6	30	74	12	95	4 k.	700	00
37	6	47	75	13	12	5 k.	875	00
38	6	65	76	13	30			

PRODUIT des DÉCIGRAMMES.	décig.	fr.	c.	décig.	fr.	c.
	½	0	1	5	0	8
	1	0	2	6	0	10
	2	0	3	7	0	12
	3	0	5	8	0	14
	4	0	7	9	0	16

Argent à 17 fr. 60 c. les 100 grammes.
176 francs le kilo.

gram.	fr.	c.	gram.	fr.	c.	gram.	fr.	c.
1	0	18	39	6	86	77	13	55
2	0	35	40	7	04	78	13	73
3	0	53	41	7	22	79	13	90
4	0	70	42	7	39	80	14	08
5	0	88	43	7	57	81	14	26
6	1	06	44	7	74	82	14	43
7	1	23	45	7	92	83	14	61
8	1	41	46	8	10	84	14	78
9	1	58	47	8	27	85	14	96
10	1	76	48	8	45	86	15	14
11	1	94	49	8	62	87	15	31
12	2	11	50	8	80	88	15	49
13	2	29	51	8	98	89	15	66
14	2	46	52	9	15	90	15	84
15	2	64	53	9	33	91	16	02
16	2	82	54	9	50	92	16	19
17	2	99	55	9	68	93	16	37
18	3	17	56	9	86	94	16	54
19	3	34	57	10	03	95	16	72
20	3	52	58	10	21	96	16	90
21	3	70	59	10	38	97	17	07
22	3	87	60	10	56	98	17	25
23	4	05	61	10	74	99	17	42
24	4	22	62	10	91	100	17	60
25	4	40	63	11	09	200	35	20
26	4	58	64	11	26	300	52	80
27	4	75	65	11	44	400	70	40
28	4	93	66	11	62	500	88	00
29	5	10	67	11	79	600	105	60
30	5	28	68	11	97	700	123	20
31	5	46	69	12	14	800	140	80
32	5	63	70	12	32	900	158	40
33	5	81	71	12	50	1 k.	176	00
34	5	98	72	12	67	2 k.	352	00
35	6	16	73	12	85	3 k.	528	00
36	6	34	74	13	02	4 k.	704	00
37	6	51	75	13	20	5 k.	880	00
38	6	69	76	13	38			

PRODUIT des DÉCIGRAMMES.	décig.	fr.	c.	décig.	fr.	c.
	½	0	1	5	0	9
	1	0	2	6	0	11
	2	0	3	7	0	12
	3	0	5	8	0	14
	4	0	7	9	0	16

Ajoutez le produit des décigrammes, chaque fois qu'il y aura des fractions dans les pesées.

Argent à **17** fr. **70** c. les 100 grammes.
177 francs le kilo.

gram.	fr.	c.	gram.	fr.	c.	gram.	fr.	c.
1	0	18	39	6	90	77	13	63
2	0	35	40	7	08	78	13	81
3	0	53	41	7	26	79	13	98
4	0	71	42	7	43	80	14	16
5	0	88	43	7	61	81	14	34
6	1	06	44	7	79	82	14	51
7	1	24	45	7	96	83	14	69
8	1	42	46	8	14	84	14	87
9	1	59	47	8	32	85	15	04
10	1	77	48	8	50	86	15	22
11	1	95	49	8	67	87	15	40
12	2	12	50	8	85	88	15	58
13	2	30	51	9	03	89	15	75
14	2	48	52	9	20	90	15	93
15	2	65	53	9	38	91	16	11
16	2	83	54	9	56	92	16	28
17	3	01	55	9	73	93	16	46
18	3	19	56	9	91	94	16	64
19	3	36	57	10	09	95	16	81
20	3	54	58	10	27	96	16	99
21	3	72	59	10	44	97	17	17
22	3	89	60	10	62	98	17	35
23	4	07	61	10	80	99	17	52
24	4	25	62	10	97	100	17	70
25	4	42	63	11	15	200	35	40
26	4	60	64	11	32	300	53	10
27	4	78	65	11	50	400	70	80
28	4	96	66	11	68	500	88	50
29	5	13	67	11	86	600	106	20
30	5	31	68	12	04	700	123	90
31	5	49	69	12	21	800	141	60
32	5	66	70	12	39	900	159	30
33	5	84	71	12	57	1 k.	177	00
34	6	02	72	12	74	2 k.	354	00
35	6	19	73	12	92	3 k.	531	00
36	6	37	74	13	10	4 k.	708	00
37	6	55	75	13	27	5 k.	885	00
38	6	73	76	13	45			

PRODUIT des DÉCIGRAMMES.	décig.	fr.	c.	décig.	fr.	c.
	1/2	0	1	5	0	9
	1	0	2	6	0	11
	2	0	3	7	0	12
	3	0	5	8	0	14
	4	0	7	9	0	16

Argent à **17** fr. **80** c. les 100 grammes.
178 francs le kilo.

gram.	fr.	c.	gram.	fr.	c.	gram.	fr.	c.
1	0	18	39	6	94	77	13	71
2	0	36	40	7	12	78	13	88
3	0	53	41	7	30	79	14	06
4	0	71	42	7	48	80	14	24
5	0	89	43	7	65	81	14	42
6	1	07	44	7	83	82	14	60
7	1	25	45	8	01	83	14	77
8	1	42	46	8	19	84	14	95
9	1	60	47	8	37	85	15	13
10	1	78	48	8	54	86	15	31
11	1	96	49	8	72	87	15	49
12	2	14	50	8	90	88	15	66
13	2	31	51	9	08	89	15	84
14	2	49	52	9	26	90	16	02
15	2	67	53	9	43	91	16	20
16	2	85	54	9	61	92	16	38
17	3	03	55	9	79	93	16	55
18	3	20	56	9	97	94	16	73
19	3	38	57	10	15	95	16	91
20	3	56	58	10	32	96	17	09
21	3	74	59	10	50	97	17	27
22	3	92	60	10	68	98	17	44
23	4	09	61	10	86	99	17	62
24	4	27	62	11	04	100	17	80
25	4	45	63	11	21	200	35	60
26	4	63	64	11	39	300	53	40
27	4	81	65	11	57	400	71	20
28	4	98	66	11	75	500	89	00
29	5	16	67	11	93	600	106	80
30	5	34	68	12	10	700	124	60
31	5	52	69	12	28	800	142	40
32	5	70	70	12	46	900	160	20
33	5	87	71	12	64	1 k.	178	00
34	6	05	72	12	82	2 k.	356	00
35	6	23	73	12	99	3 k.	534	00
36	6	41	74	13	17	4 k.	712	00
37	6	59	75	13	35	5 k.	890	00
38	6	76	76	13	53			

PRODUIT des DÉCIGRAMMES.	décig.	fr.	c.	décig.	fr.	c.
	1/2	0	1	5	0	9
	1	0	2	6	0	11
	2	0	4	7	0	12
	3	0	5	8	0	14
	4	0	7	9	0	16

Ajoutéz le produit des décigrammes, chaque fois qu'il y aura des fractions dans les pesées.

Argent à 17 fr. 90 c. les 100 grammes.
179 francs le kilo.

gram.	fr.	c.	gram.	fr.	c.	gram.	fr.	c.
1	0	18	39	6	98	77	13	78
2	0	36	40	7	16	78	13	96
3	0	54	41	7	34	79	14	14
4	0	72	42	7	52	80	14	32
5	0	89	43	7	70	81	14	50
6	1	07	44	7	88	82	14	68
7	1	25	45	8	05	83	14	86
8	1	43	46	8	23	84	15	04
9	1	61	47	8	41	85	15	21
10	1	79	48	8	59	86	15	39
11	1	97	49	8	77	87	15	57
12	2	15	50	8	95	88	15	75
13	2	33	51	9	13	89	15	93
14	2	51	52	9	31	90	16	11
15	2	68	53	9	49	91	16	29
16	2	86	54	9	67	92	16	47
17	3	04	55	9	84	93	16	65
18	3	22	56	10	02	94	16	83
19	3	40	57	10	20	95	17	00
20	3	58	58	10	38	96	17	18
21	3	76	59	10	56	97	17	36
22	3	94	60	10	74	98	17	54
23	4	12	61	10	92	99	17	72
24	4	30	62	11	10	100	17	90
25	4	47	63	11	28	200	35	80
26	4	65	64	11	46	300	53	70
27	4	83	65	11	63	400	71	60
28	5	01	66	11	81	500	89	50
29	5	19	67	11	99	600	107	40
30	5	37	68	12	17	700	125	30
31	5	55	69	12	35	800	143	20
32	5	73	70	12	53	900	161	10
33	5	91	71	12	71	1 k.	179	00
34	6	09	72	12	89	2 k.	358	00
35	6	26	73	13	07	3 k.	537	00
36	6	44	74	13	25	4 k.	716	00
37	6	62	75	13	42	5 k.	895	00
38	6	80	76	13	60			

PRODUIT des DÉCIGRAMMES.	décig.	fr.	c.	décig.	fr.	c.
	1/2	0.....	1	5	0.....	9
	1	0.....	2	6	0.....	11
	2	0.....	4	7	0.....	12
	3	0.....	5	8	0.....	14
	4	0.....	7	9	0.....	16

Argent à 18 francs les 100 grammes.
180 francs le kilo.

gram.	fr.	c.	gram.	fr.	c.	gram.	fr.	c.
1	0	18	39	7	02	77	13	86
2	0	36	40	7	20	78	14	04
3	0	54	41	7	38	79	14	22
4	0	72	42	7	56	80	14	40
5	0	90	43	7	74	81	14	58
6	1	08	44	7	92	82	14	76
7	1	26	45	8	10	83	14	94
8	1	44	46	8	28	84	15	12
9	1	62	47	8	46	85	15	30
10	1	80	48	8	64	86	15	48
11	1	98	49	8	82	87	15	66
12	2	16	50	9	00	88	15	84
13	2	34	51	9	18	89	16	02
14	2	52	52	9	36	90	16	20
15	2	70	53	9	54	91	16	38
16	2	88	54	9	72	92	16	56
17	3	06	55	9	90	93	16	74
18	3	24	56	10	08	94	16	92
19	3	42	57	10	26	95	17	10
20	3	60	58	10	44	96	17	28
21	3	78	59	10	62	97	17	46
22	3	96	60	10	80	98	17	64
23	4	14	61	10	98	99	17	82
24	4	32	62	11	16	100	18	00
25	4	50	63	11	34	200	36	00
26	4	68	64	11	52	300	54	00
27	4	86	65	11	70	400	72	00
28	5	04	66	11	88	500	90	00
29	5	22	67	12	06	600	108	00
30	5	40	68	12	24	700	126	00
31	5	58	69	12	42	800	144	00
32	5	76	70	12	60	900	162	00
33	5	94	71	12	78	1 k.	180	00
34	6	12	72	12	96	2 k.	360	00
35	6	30	73	13	14	3 k.	540	00
36	6	48	74	13	32	4 k.	720	00
37	6	66	75	13	50	5 k.	900	00
38	6	84	76	13	68			

PRODUIT des DÉCIGRAMMES.	décig.	fr.	c.	décig.	fr.	c.
	1/2	0.....	1	5	0.....	9
	1	0.....	2	6	0.....	11
	2	0.....	4	7	0.....	13
	3	0.....	5	8	0.....	14
	4	0.....	7	9	0.....	16

Ajoutez le produit des décigrammes, chaque fois qu'il y aura des fractions dans les pesées.

Argent à **18** fr. **10** c. les 100 grammes.
181 francs le kilo.

gram.	fr.	c.	gram.	fr.	c.	gram.	fr.	c.
1	0	18	39	7	06	77	13	94
2	0	36	40	7	24	78	14	12
3	0	54	41	7	42	79	14	30
4	0	72	42	7	60	80	14	48
5	0	90	43	7	78	81	14	66
6	1	09	44	7	96	82	14	84
7	1	27	45	8	14	83	15	02
8	1	45	46	8	33	84	15	20
9	1	63	47	8	51	85	15	38
10	1	81	48	8	69	86	15	57
11	1	99	49	8	87	87	15	75
12	2	17	50	9	05	88	15	93
13	2	35	51	9	23	89	16	11
14	2	53	52	9	41	90	16	29
15	2	71	53	9	59	91	16	47
16	2	90	54	9	77	92	16	65
17	3	08	55	9	95	93	16	83
18	3	26	56	10	14	94	17	01
19	3	44	57	10	32	95	17	19
20	3	62	58	10	50	96	17	38
21	3	80	59	10	68	97	17	56
22	3	98	60	10	86	98	17	74
23	4	16	61	11	04	99	17	92
24	4	34	62	11	22	100	18	10
25	4	52	63	11	40	200	36	20
26	4	71	64	11	58	300	54	30
27	4	89	65	11	76	400	72	40
28	5	07	66	11	95	500	90	50
29	5	25	67	12	13	600	108	60
30	5	43	68	12	31	700	126	70
31	5	61	69	12	49	800	144	80
32	5	79	70	12	67	900	162	90
33	5	97	71	12	85	1 k.	181	00
34	6	15	72	13	03	2 k.	362	00
35	6	33	73	13	21	3 k.	543	00
36	6	52	74	13	39	4 k.	724	00
37	6	70	75	13	57	5 k.	905	00
38	6	88	76	13	76			

PRODUIT des DÉCIGRAMMES.	décig.	fr.	c.	décig.	fr.	c.
	½	0	1	5	0	9
	1	0	2	6	0	11
	2	0	4	7	0	13
	3	0	5	8	0	14
	4	0	7	9	0	16

Argent à **18** fr. **20** c. les 100 grammes.
182 francs le kilo.

gram.	fr.	c.	gram.	fr.	c.	gram.	fr.	c.
1	0	18	39	7	10	77	14	01
2	0	36	40	7	28	78	14	20
3	0	55	41	7	46	79	14	38
4	0	73	42	7	64	80	14	56
5	0	91	43	7	83	81	14	74
6	1	09	44	8	01	82	14	92
7	1	27	45	8	19	83	15	11
8	1	46	46	8	37	84	15	29
9	1	64	47	8	55	85	15	47
10	1	82	48	8	74	86	15	65
11	2	00	49	8	92	87	15	83
12	2	18	50	9	10	88	16	02
13	2	37	51	9	28	89	16	20
14	2	55	52	9	46	90	16	38
15	2	73	53	9	65	91	16	56
16	2	91	54	9	83	92	16	74
17	3	09	55	10	01	93	16	93
18	3	28	56	10	19	94	17	11
19	3	46	57	10	37	95	17	29
20	3	64	58	10	56	96	17	47
21	3	82	59	10	74	97	17	65
22	4	00	60	10	92	98	17	84
23	4	19	61	11	10	99	18	02
24	4	37	62	11	28	100	18	20
25	4	55	63	11	47	200	36	40
26	4	73	64	11	65	300	54	60
27	4	91	65	11	83	400	72	80
28	5	10	66	12	01	500	91	00
29	5	28	67	12	19	600	109	20
30	5	46	68	12	38	700	127	40
31	5	64	69	12	56	800	145	60
32	5	82	70	12	74	900	163	80
33	6	01	71	12	92	1 k.	182	00
34	6	19	72	13	10	2 k.	364	00
35	6	37	73	13	29	3 k.	546	00
36	6	55	74	13	47	4 k.	728	00
37	6	73	75	13	65	5 k.	910	00
38	6	92	76	13	83			

PRODUIT des DÉCIGRAMMES.	décig.	fr.	c.	décig.	fr.	c.
	½	0	1	5	0	9
	1	0	2	6	0	11
	2	0	4	7	0	13
	3	0	5	8	0	15
	4	0	7	9	0	16

Ajoutez le produit des décigrammes, chaque fois qu'il y aura des fractions dans les pesées.

Argent à 18 fr. 30 c. les 100 grammes.
183 francs le kilo.

gram.	fr.	c.	gram.	fr.	c.	gram.	fr.	c.
1	0	18	39	7	14	77	14	09
2	0	37	40	7	32	78	14	27
3	0	55	41	7	50	79	14	46
4	0	73	42	7	69	80	14	64
5	0	91	43	7	87	81	14	82
6	1	10	44	8	05	82	15	01
7	1	28	45	8	23	83	15	19
8	1	46	46	8	42	84	15	37
9	1	65	47	8	60	85	15	55
10	1	83	48	8	78	86	15	74
11	2	01	49	8	97	87	15	92
12	2	20	50	9	15	88	16	10
13	2	38	51	9	33	89	16	29
14	2	56	52	9	52	90	16	47
15	2	74	53	9	70	91	16	65
16	2	93	54	9	88	92	16	84
17	3	11	55	10	06	93	17	02
18	3	29	56	10	25	94	17	20
19	3	48	57	10	43	95	17	38
20	3	66	58	10	61	96	17	57
21	3	84	59	10	80	97	17	75
22	4	03	60	10	98	98	17	93
23	4	21	61	11	16	99	18	12
24	4	39	62	11	35	100	18	30
25	4	57	63	11	53	200	36	60
26	4	76	64	11	71	300	54	90
27	4	94	65	11	89	400	73	20
28	5	12	66	12	08	500	91	50
29	5	31	67	12	26	600	109	80
30	5	49	68	12	44	700	128	10
31	5	67	69	12	63	800	146	40
32	5	86	70	12	81	900	164	70
33	6	04	71	12	99	1 k.	183	00
34	6	22	72	13	18	2 k.	366	00
35	6	40	73	13	36	3 k.	549	00
36	6	59	74	13	54	4 k.	732	00
37	6	77	75	13	72	5 k.	915	00
38	6	95	76	13	91			

PRODUIT des DÉCIGRAMMES.	décig.	fr.	c.	décig.	fr.	c.
	½	0.....	1	5	0.....	9
	1	0.....	2	6	0.....	11
	2	0.....	4	7	0.....	13
	3	0.....	5	8	0.....	15
	4	0.....	7	9	0.....	16

Argent à 18 fr. 40 c. les 100 grammes.
184 francs le kilo.

gram.	fr.	c.	gram.	fr.	c.	gram.	fr.	c.
1	0	18	39	7	18	77	14	17
2	0	37	40	7	36	78	14	35
3	0	55	41	7	54	79	14	54
4	0	74	42	7	73	80	14	72
5	0	92	43	7	91	81	14	90
6	1	10	44	8	10	82	15	09
7	1	29	45	8	28	83	15	27
8	1	47	46	8	46	84	15	46
9	1	66	47	8	65	85	15	64
10	1	84	48	8	83	86	15	82
11	2	02	49	9	02	87	16	01
12	2	21	50	9	20	88	16	19
13	2	39	51	9	38	89	16	38
14	2	58	52	9	57	90	16	56
15	2	76	53	9	75	91	16	74
16	2	94	54	9	94	92	16	93
17	3	13	55	10	12	93	17	11
18	3	31	56	10	30	94	17	30
19	3	50	57	10	49	95	17	48
20	3	68	58	10	67	96	17	66
21	3	86	59	10	86	97	17	85
22	4	05	60	11	04	98	18	03
23	4	23	61	11	22	99	18	22
24	4	42	62	11	41	100	18	40
25	4	60	63	11	59	200	36	80
26	4	78	64	11	78	300	55	20
27	4	97	65	11	96	400	73	60
28	5	15	66	12	14	500	92	00
29	5	34	67	12	33	600	110	40
30	5	52	68	12	51	700	128	80
31	5	70	69	12	70	800	147	20
32	5	89	70	12	88	900	165	60
33	6	07	71	13	06	1 k.	184	00
34	6	26	72	13	25	2 k.	368	00
35	6	44	73	13	43	3 k.	552	00
36	6	62	74	13	62	4 k.	736	00
37	6	81	75	13	80	5 k.	920	00
38	6	99	76	13	98			

PRODUIT des DÉCIGRAMMES.	décig.	fr.	c.	décig.	fr.	c.
	½	0.....	1	5	0.....	9
	1	0.....	2	6	0.....	11
	2	0.....	4	7	0.....	13
	3	0.....	5	8	0.....	15
	4	0.....	7	9	0.....	17

Ajoutez le produit des décigrammes, chaque fois qu'il y aura des fractions dans les pesées.

Argent à 18 fr. 50 c. les 100 grammes.
185 francs le kilo.

gram.	fr.	c.	gram.	fr.	c.	gram.	fr.	c.
1	0	18	39	7	21	77	14	24
2	0	37	40	7	40	78	14	43
3	0	55	41	7	58	79	14	61
4	0	74	42	7	77	80	14	80
5	0	92	43	7	95	81	14	98
6	1	11	44	8	14	82	15	17
7	1	29	45	8	32	83	15	35
8	1	48	46	8	51	84	15	54
9	1	66	47	8	69	85	15	72
10	1	85	48	8	88	86	15	91
11	2	03	49	9	06	87	16	09
12	2	22	50	9	25	88	16	28
13	2	40	51	9	43	89	16	46
14	2	59	52	9	62	90	16	65
15	2	77	53	9	80	91	16	83
16	2	96	54	9	99	92	17	02
17	3	14	55	10	17	93	17	20
18	3	33	56	10	36	94	17	39
19	3	51	57	10	54	95	17	57
20	3	70	58	10	73	96	17	76
21	3	88	59	10	91	97	17	94
22	4	07	60	11	10	98	18	13
23	4	25	61	11	28	99	18	31
24	4	44	62	11	47	100	18	50
25	4	62	63	11	65	200	37	00
26	4	81	64	11	84	300	55	50
27	4	99	65	12	02	400	74	00
28	5	18	66	12	21	500	92	50
29	5	36	67	12	39	600	111	00
30	5	55	68	12	58	700	129	50
31	5	73	69	12	76	800	148	00
32	5	92	70	12	95	900	166	50
33	6	10	71	13	13	1 k.	185	00
34	6	29	72	13	32	2 k.	370	00
35	6	47	73	13	50	3 k.	555	00
36	6	66	74	13	69	4 k.	740	00
37	6	84	75	13	87	5 k.	925	00
38	7	03	76	14	06			

PRODUIT des DÉCIGRAMMES.	décig.	fr.	c.	décig.	fr.	c.
	1/2	0	1	5	0	9
	1	0	2	6	0	11
	2	0	4	7	0	13
	3	0	6	8	0	15
	4	0	7	9	0	17

Argent à 18 fr. 60 c. les 100 grammes.
186 francs le kilo.

gram.	fr.	c.	gram.	fr.	c.	gram.	fr.	c.
1	0	19	39	7	25	77	14	32
2	0	37	40	7	44	78	14	51
3	0	56	41	7	63	79	14	69
4	0	74	42	7	81	80	14	88
5	0	93	43	8	00	81	15	07
6	1	12	44	8	18	82	15	25
7	1	30	45	8	37	83	15	44
8	1	49	46	8	56	84	15	62
9	1	67	47	8	74	85	15	81
10	1	86	48	8	93	86	16	00
11	2	05	49	9	11	87	16	18
12	2	23	50	9	30	88	16	37
13	2	42	51	9	49	89	16	55
14	2	60	52	9	67	90	16	74
15	2	79	53	9	86	91	16	93
16	2	98	54	10	04	92	17	11
17	3	16	55	10	23	93	17	30
18	3	35	56	10	42	94	17	48
19	3	53	57	10	60	95	17	67
20	3	72	58	10	79	96	17	86
21	3	91	59	10	97	97	18	04
22	4	09	60	11	16	98	18	23
23	4	28	61	11	35	99	18	41
24	4	46	62	11	53	100	18	60
25	4	65	63	11	72	200	37	20
26	4	84	64	11	90	300	55	80
27	5	02	65	12	09	400	74	40
28	5	21	66	12	28	500	93	00
29	5	39	67	12	46	600	111	60
30	5	58	68	12	65	700	130	20
31	5	77	69	12	83	800	148	80
32	5	95	70	13	02	900	167	40
33	6	14	71	13	21	1 k.	186	00
34	6	32	72	13	39	2 k.	372	00
35	6	51	73	13	58	3 k.	558	00
36	6	70	74	13	76	4 k.	744	00
37	6	88	75	13	95	5 k.	930	00
38	7	07	76	14	14			

PRODUIT des DÉCIGRAMMES.	décig.	fr.	c.	décig.	fr.	c.
	1/2	0	1	5	0	9
	1	0	2	6	0	11
	2	0	4	7	0	13
	3	0	6	8	0	15
	4	0	7	9	0	17

Ajoutez le produit des décigrammes, chaque fois qu'il y aura des fractions dans les pesées.

Argent à 18 fr. 70 c. les 100 grammes.
187 francs le kilo.

gram.	fr.	c.	gram.	fr.	c.	gram.	fr.	c.
1	0	19	39	7	29	77	14	40
2	0	37	40	7	48	78	14	59
3	0	56	41	7	67	79	14	77
4	0	75	42	7	85	80	14	96
5	0	93	43	8	04	81	15	15
6	1	12	44	8	23	82	15	33
7	1	31	45	8	41	83	15	52
8	1	50	46	8	60	84	15	71
9	1	68	47	8	79	85	15	89
10	1	87	48	8	98	86	16	08
11	2	06	49	9	16	87	16	27
12	2	24	50	9	35	88	16	46
13	2	43	51	9	54	89	16	64
14	2	62	52	9	72	90	16	83
15	2	80	53	9	91	91	17	02
16	2	99	54	10	10	92	17	20
17	3	18	55	10	28	93	17	39
18	3	37	56	10	47	94	17	58
19	3	55	57	10	66	95	17	76
20	3	74	58	10	85	96	17	95
21	3	93	59	11	03	97	18	14
22	4	11	60	11	22	98	18	33
23	4	30	61	11	41	99	18	51
24	4	49	62	11	59	100	18	70
25	4	67	63	11	78	200	37	40
26	4	86	64	11	97	300	56	10
27	5	05	65	12	16	400	74	80
28	5	24	66	12	34	500	93	50
29	5	42	67	12	53	600	112	20
30	5	61	68	12	72	700	130	90
31	5	80	69	12	90	800	149	60
32	5	98	70	13	09	900	168	30
33	6	17	71	13	28	1 k.	187	00
34	6	36	72	13	46	2 k.	374	00
35	6	54	73	13	65	3 k.	561	00
36	6	73	74	13	84	4 k.	748	00
37	6	92	75	14	02	5 k.	935	00
38	7	11	76	14	21			

PRODUIT des DÉCIGRAMMES.	décig.	fr.	c.	décig.	fr.	c.
	1/2	0	1	5	0	9
	1	0	2	6	0	11
	2	0	4	7	0	13
	3	0	6	8	0	15
	4	0	7	9	0	17

Argent à 18 fr. 80 c. les 100 grammes.
188 francs le kilo.

gram.	fr.	c.	gram.	fr.	c.	gram.	fr.	c.
1	0	19	39	7	33	77	14	48
2	0	38	40	7	52	78	14	66
3	0	56	41	7	71	79	14	85
4	0	75	42	7	90	80	15	04
5	0	94	43	8	08	81	15	23
6	1	13	44	8	27	82	15	42
7	1	32	45	8	46	83	15	60
8	1	50	46	8	65	84	15	79
9	1	69	47	8	84	85	15	98
10	1	88	48	9	02	86	16	17
11	2	07	49	9	21	87	16	36
12	2	26	50	9	40	88	16	54
13	2	44	51	9	59	89	16	73
14	2	63	52	9	78	90	16	92
15	2	82	53	9	96	91	17	11
16	3	01	54	10	15	92	17	30
17	3	20	55	10	34	93	17	48
18	3	38	56	10	53	94	17	67
19	3	57	57	10	72	95	17	86
20	3	76	58	10	90	96	18	05
21	3	95	59	11	09	97	18	24
22	4	14	60	11	28	98	18	42
23	4	32	61	11	47	99	18	61
24	4	51	62	11	66	100	18	80
25	4	70	63	11	84	200	37	60
26	4	89	64	12	03	300	56	40
27	5	08	65	12	22	400	75	20
28	5	26	66	12	41	500	94	00
29	5	45	67	12	60	600	112	80
30	5	64	68	12	78	700	131	60
31	5	83	69	12	97	800	150	40
32	6	02	70	13	16	900	169	20
33	6	20	71	13	35	1 k.	188	00
34	6	39	72	13	54	2 k.	376	00
35	6	58	73	13	72	3 k.	564	00
36	6	77	74	13	91	4 k.	752	00
37	6	96	75	14	10	5 k.	940	00
38	7	14	76	14	29			

PRODUIT des DÉCIGRAMMES.	décig.	fr.	c.	décig.	fr.	c.
	1/2	0	1	5	0	9
	1	0	2	6	0	11
	2	0	4	7	0	13
	3	0	6	8	0	15
	4	0	7	9	0	17

Ajoutez le produit des décigrammes, chaque fois qu'il y aura des fractions dans les pesées.

Argent à 18 fr. 90 c. les 100 grammes.
189 francs le kilo.

gram.	fr.	c.	gram.	fr.	c.	gram.	fr.	c.
1	0	19	39	7	37	77	14	55
2	0	38	40	7	56	78	14	74
3	0	57	41	7	75	79	14	93
4	0	76	42	7	94	80	15	12
5	0	94	43	8	13	81	15	31
6	1	13	44	8	32	82	15	50
7	1	32	45	8	50	83	15	69
8	1	51	46	8	69	84	15	88
9	1	70	47	8	88	85	16	06
10	1	89	48	9	07	86	16	25
11	2	08	49	9	26	87	16	44
12	2	27	50	9	45	88	16	63
13	2	46	51	9	64	89	16	82
14	2	65	52	9	83	90	17	01
15	2	83	53	10	02	91	17	20
16	3	02	54	10	21	92	17	39
17	3	21	55	10	39	93	17	58
18	3	40	56	10	58	94	17	77
19	3	59	57	10	77	95	17	95
20	3	78	58	10	96	96	18	14
21	3	97	59	11	15	97	18	33
22	4	16	60	11	34	98	18	52
23	4	35	61	11	53	99	18	71
24	4	54	62	11	72	100	18	90
25	4	72	63	11	91	200	37	80
26	4	91	64	12	10	300	56	70
27	5	10	65	12	28	400	75	60
28	5	29	66	12	47	500	94	50
29	5	48	67	12	66	600	113	40
30	5	67	68	12	85	700	132	30
31	5	86	69	13	04	800	151	20
32	6	05	70	13	23	900	170	10
33	6	24	71	13	42	1 k.	189	00
34	6	43	72	13	61	2 k.	378	00
35	6	61	73	13	80	3 k.	567	00
36	6	80	74	13	99	4 k.	756	00
37	6	99	75	14	17	5 k.	945	00
38	7	18	76	14	36			

PRODUIT des DÉCIGRAMMES.	décig.	fr.	c.	décig.	fr.	c.
	1/2	0	1	5	0	9
	1	0	2	6	0	11
	2	0	4	7	0	13
	3	0	6	8	0	15
	4	0	8	9	0	17

Argent à 19 francs les 100 grammes.
190 francs le kilo.

gram.	fr.	c.	gram.	fr.	c.	gram.	fr.	c.
1	0	19	39	7	41	77	14	63
2	0	38	40	7	60	78	14	82
3	0	57	41	7	79	79	15	01
4	0	76	42	7	98	80	15	20
5	0	95	43	8	17	81	15	39
6	1	14	44	8	36	82	15	58
7	1	33	45	8	55	83	15	77
8	1	52	46	8	74	84	15	96
9	1	71	47	8	93	85	16	15
10	1	90	48	9	12	86	16	34
11	2	09	49	9	31	87	16	53
12	2	28	50	9	50	88	16	72
13	2	47	51	9	69	89	16	91
14	2	66	52	9	88	90	17	10
15	2	85	53	10	07	91	17	29
16	3	04	54	10	26	92	17	48
17	3	23	55	10	45	93	17	67
18	3	42	56	10	64	94	17	86
19	3	61	57	10	83	95	18	05
20	3	80	58	11	02	96	18	24
21	3	99	59	11	21	97	18	43
22	4	18	60	11	40	98	18	62
23	4	37	61	11	59	99	18	81
24	4	56	62	11	78	100	19	00
25	4	75	63	11	97	200	38	00
26	4	94	64	12	16	300	57	00
27	5	13	65	12	35	400	76	00
28	5	32	66	12	54	500	95	00
29	5	51	67	12	73	600	114	00
30	5	70	68	12	92	700	133	00
31	5	89	69	13	11	800	152	00
32	6	08	70	13	30	900	171	00
33	6	27	71	13	49	1 k.	190	00
34	6	46	72	13	68	2 k.	380	00
35	6	65	73	13	87	3 k.	570	00
36	6	84	74	14	06	4 k.	760	00
37	7	03	75	14	25	5 k.	950	00
38	7	22	76	14	44			

PRODUIT des DÉCIGRAMMES.	décig.	fr.	c.	décig.	fr.	c.
	1/2	0	1	5	0	9
	1	0	2	6	0	11
	2	0	4	7	0	13
	3	0	6	8	0	15
	4	0	8	9	0	17

Ajoutez le produit des décigrammes, chaque fois qu'il y aura des fractions dans les pesées.

Argent à 19 fr. 10 c. les 100 grammes.
191 francs le kilo.

gram.	fr.	c.	gram.	fr.	c.	gram.	fr.	c.
1	0	19	39	7	45	77	14	71
2	0	38	40	7	64	78	14	90
3	0	57	41	7	83	79	15	09
4	0	76	42	8	02	80	15	28
5	0	95	43	8	21	81	15	47
6	1	15	44	8	40	82	15	66
7	1	34	45	8	59	83	15	85
8	1	53	46	8	79	84	16	04
9	1	73	47	8	98	85	16	23
10	1	91	48	9	17	86	16	43
11	2	10	49	9	36	87	16	62
12	2	29	50	9	55	88	16	81
13	2	48	51	9	74	89	17	00
14	2	67	52	9	93	90	17	19
15	2	86	53	10	12	91	17	38
16	3	06	54	10	31	92	17	57
17	3	25	55	10	50	93	17	76
18	3	45	56	10	70	94	17	95
19	3	64	57	10	89	95	18	14
20	3	82	58	11	08	96	18	34
21	4	01	59	11	27	97	18	53
22	4	20	60	11	46	98	18	72
23	4	39	61	11	65	99	18	91
24	4	58	62	11	84	100	19	10
25	4	77	63	12	03	200	38	20
26	4	97	64	12	22	300	57	30
27	5	16	65	12	41	400	76	40
28	5	35	66	12	61	500	95	50
29	5	54	67	12	80	600	114	60
30	5	73	68	12	99	700	133	70
31	5	92	69	13	18	800	152	80
32	6	11	70	13	37	900	171	90
33	6	30	71	13	56	1 k.	191	00
34	6	49	72	13	75	2 k.	382	00
35	6	68	73	13	94	3 k.	573	00
36	6	88	74	14	13	4 k.	764	00
37	7	07	75	14	32	5 k.	955	00
38	7	26	76	14	52			

PRODUIT des DÉCIGRAMMES.	décig.	fr.	c.	décig.	fr.	c.
	1/2	0	1	5	0	10
	1	0	2	6	0	11
	2	0	4	7	0	13
	3	0	6	8	0	15
	4	0	8	9	0	17

Argent à 19 fr. 20 c. les 100 grammes.
192 francs le kilo.

gram.	fr.	c.	gram.	fr.	c.	gram.	fr.	c.
1	0	19	39	7	49	77	14	78
2	0	38	40	7	68	78	14	98
3	0	58	41	7	87	79	15	17
4	0	77	42	8	06	80	15	36
5	0	96	43	8	26	81	15	55
6	1	15	44	8	45	82	15	74
7	1	34	45	8	64	83	15	94
8	1	54	46	8	83	84	16	13
9	1	73	47	9	02	85	16	32
10	1	92	48	9	22	86	16	51
11	2	11	49	9	41	87	16	70
12	2	30	50	9	60	88	16	90
13	2	50	51	9	79	89	17	09
14	2	69	52	9	98	90	17	28
15	2	88	53	10	18	91	17	47
16	3	07	54	10	37	92	17	66
17	3	26	55	10	56	93	17	86
18	3	46	56	10	75	94	18	05
19	3	65	57	10	94	95	18	24
20	3	84	58	11	14	96	18	43
21	4	03	59	11	33	97	18	62
22	4	22	60	11	52	98	18	82
23	4	42	61	11	71	99	19	01
24	4	61	62	11	90	100	19	20
25	4	80	63	12	10	200	38	40
26	4	99	64	12	29	300	57	60
27	5	18	65	12	48	400	76	80
28	5	38	66	12	67	500	96	00
29	5	57	67	12	86	600	115	20
30	5	76	68	13	06	700	134	40
31	5	95	69	13	25	800	153	60
32	6	14	70	13	44	900	172	80
33	6	34	71	13	63	1 k.	192	00
34	6	53	72	13	82	2 k.	384	00
35	6	72	73	14	02	3 k.	576	00
36	6	91	74	14	21	4 k.	768	00
37	7	10	75	14	40	5 k.	960	00
38	7	30	76	14	59			

PRODUIT des DÉCIGRAMMES.	décig.	fr.	c.	décig.	fr.	c.
	1/2	0	1	5	0	10
	1	0	2	6	0	11
	2	0	4	7	0	13
	3	0	6	8	0	15
	4	0	8	9	0	17

Ajoutez le produit des décigrammes, chaque fois qu'il y aura des fractions dans les pesées.

Argent à 19 fr. 30 c. les 100 grammes.
193 francs le kilo.

gram.	fr.	c.	gram.	fr.	c.	gram.	fr.	c.
1	0	19	39	7	53	77	14	86
2	0	39	40	7	72	78	15	05
3	0	58	41	7	91	79	15	25
4	0	77	42	8	11	80	15	44
5	0	96	43	8	30	81	15	63
6	1	16	44	8	49	82	15	83
7	1	35	45	8	68	83	16	02
8	1	54	46	8	88	84	16	21
9	1	74	47	9	07	85	16	40
10	1	93	48	9	26	86	16	60
11	2	12	49	9	46	87	16	79
12	2	32	50	9	65	88	16	98
13	2	51	51	9	84	89	17	18
14	2	70	52	10	04	90	17	37
15	2	89	53	10	23	91	17	56
16	3	09	54	10	42	92	17	76
17	3	28	55	10	61	93	17	95
18	3	47	56	10	81	94	18	14
19	3	67	57	11	00	95	18	33
20	3	86	58	11	19	96	18	53
21	4	05	59	11	39	97	18	72
22	4	25	60	11	58	98	18	91
23	4	44	61	11	77	99	19	11
24	4	63	62	11	97	100	19	30
25	4	82	63	12	16	200	38	60
26	5	02	64	12	35	300	57	90
27	5	21	65	12	54	400	77	20
28	5	40	66	12	74	500	96	50
29	5	60	67	12	93	600	115	80
30	5	79	68	13	12	700	135	10
31	5	98	69	13	32	800	154	40
32	6	18	70	13	51	900	173	70
33	6	37	71	13	70	1 k.	193	00
34	6	56	72	13	90	2 k.	386	00
35	6	75	73	14	09	3 k.	579	00
36	6	95	74	14	28	4 k.	772	00
37	7	14	75	14	47	5 k.	965	00
38	7	33	76	14	67			

Argent à 19 fr. 40 c. les 100 grammes.
194 francs le kilo.

gram.	fr.	c.	gram.	fr.	c.	gram.	fr.	c.
1	0	19	39	7	57	77	14	94
2	0	39	40	7	76	78	15	13
3	0	58	41	7	95	79	15	33
4	0	78	42	8	15	80	15	52
5	0	97	43	8	34	81	15	71
6	1	16	44	8	54	82	15	91
7	1	36	45	8	73	83	16	10
8	1	55	46	8	92	84	16	30
9	1	75	47	9	12	85	16	49
10	1	94	48	9	31	86	16	68
11	2	13	49	9	51	87	16	88
12	2	33	50	9	70	88	17	07
13	2	52	51	9	89	89	17	27
14	2	72	52	10	09	90	17	46
15	2	91	53	10	28	91	17	65
16	3	10	54	10	48	92	17	85
17	3	30	55	10	67	93	18	04
18	3	49	56	10	86	94	18	24
19	3	69	57	11	06	95	18	43
20	3	88	58	11	25	96	18	62
21	4	07	59	11	45	97	18	82
22	4	27	60	11	64	98	19	01
23	4	46	61	11	83	99	19	21
24	4	66	62	12	03	100	19	40
25	4	85	63	12	22	200	38	80
26	5	04	64	12	42	300	58	20
27	5	24	65	12	61	400	77	60
28	5	43	66	12	80	500	97	00
29	5	63	67	13	00	600	116	40
30	5	82	68	13	19	700	135	80
31	6	01	69	13	39	800	155	20
32	6	21	70	13	58	900	174	60
33	6	40	71	13	77	1 k.	194	00
34	6	60	72	13	97	2 k.	388	00
35	6	79	73	14	16	3 k.	582	00
36	6	98	74	14	36	4 k.	776	00
37	7	18	75	14	55	5 k.	970	00
38	7	37	76	14	74			

PRODUIT des DÉCIGRAMMES.	décig.	fr.	c.	décig.	fr.	c.
	1/2	0	1	5	0	10
	1	0	2	6	0	12
	2	0	4	7	0	13
	3	0	6	8	0	15
	4	0	8	9	0	17

PRODUIT des DÉCIGRAMMES.	décig.	fr.	c.	décig.	fr.	c.
	1/2	0	1	5	0	10
	1	0	2	6	0	12
	2	0	4	7	0	14
	3	0	6	8	0	15
	4	0	8	9	0	17

Ajoutez le produit des décigrammes, chaque fois qu'il y aura des fractions dans les pesées.

Argent à 19 fr. 50 c. les 100 grammes.
195 francs le kilo.

gram.	fr.	c.	gram	fr.	c.	gram.	fr.	c.
1	0	19	39	7	60	77	15	01
2	0	39	40	7	80	78	15	21
3	0	58	41	7	99	79	15	40
4	0	78	42	8	19	80	15	60
5	0	97	43	8	38	81	15	79
6	1	17	44	8	58	82	15	99
7	1	36	45	8	77	83	16	18
8	1	56	46	8	97	84	16	38
9	1	75	47	9	16	85	16	57
10	1	95	48	9	36	86	16	77
11	2	14	49	9	55	87	16	96
12	2	34	50	9	75	88	17	16
13	2	53	51	9	94	89	17	35
14	2	73	52	10	14	90	17	55
15	2	92	53	10	33	91	17	74
16	3	12	54	10	53	92	17	94
17	3	31	55	10	72	93	18	13
18	3	51	56	10	92	94	18	33
19	3	70	57	11	11	95	18	52
20	3	90	58	11	31	96	18	72
21	4	09	59	11	50	97	18	91
22	4	29	60	11	70	98	19	11
23	4	48	61	11	89	99	19	30
24	4	68	62	12	09	100	19	50
25	4	87	63	12	28	200	39	00
26	5	07	64	12	48	300	58	50
27	5	26	65	12	67	400	78	00
28	5	46	66	12	87	500	97	50
29	5	65	67	13	06	600	117	00
30	5	85	68	13	26	700	136	50
31	6	04	69	13	45	800	156	00
32	6	24	70	13	65	900	175	50
33	6	43	71	13	84	1 k.	195	00
34	6	63	72	14	04	2 k.	390	00
35	6	82	73	14	23	3 k.	585	00
36	7	02	74	14	43	4 k.	780	00
37	7	21	75	14	62	5 k.	975	00
38	7	41	76	14	82			

PRODUIT des DÉCIGRAMMES.	décig.	fr.	c.	décig.	fr.	c.
	1/2	0	1	5	0	10
	1	0	2	6	0	12
	2	0	4	7	0	14
	3	0	6	8	0	16
	4	0	8	9	0	18

Argent à 19 fr. 60 c. les 100 grammes.
196 francs le kilo.

gram.	fr.	c.	gram	fr.	c.	gram.	fr.	c.
1	0	20	39	7	64	77	15	09
2	0	39	40	7	84	78	15	29
3	0	59	41	8	04	79	15	48
4	0	78	42	8	23	80	15	68
5	0	98	43	8	43	81	15	88
6	1	18	44	8	62	82	16	07
7	1	37	45	8	82	83	16	27
8	1	57	46	9	02	84	16	46
9	1	76	47	9	21	85	16	66
10	1	96	48	9	41	86	16	86
11	2	16	49	9	60	87	17	05
12	2	35	50	9	80	88	17	25
13	2	55	51	10	00	89	17	44
14	2	74	52	10	19	90	17	64
15	2	94	53	10	39	91	17	84
16	3	14	54	10	58	92	18	03
17	3	33	55	10	78	93	18	23
18	3	53	56	10	98	94	18	42
19	3	72	57	11	17	95	18	62
20	3	92	58	11	37	96	18	82
21	4	12	59	11	56	97	19	01
22	4	31	60	11	76	98	19	21
23	4	51	61	11	96	99	19	40
24	4	70	62	12	15	100	19	60
25	4	90	63	12	35	200	39	20
26	5	10	64	12	54	300	58	80
27	5	29	65	12	74	400	78	40
28	5	49	66	12	94	500	98	00
29	5	68	67	13	13	600	117	60
30	5	88	68	13	33	700	137	20
31	6	08	69	13	52	800	156	80
32	6	27	70	13	72	900	176	40
33	6	47	71	13	92	1 k.	196	00
34	6	66	72	14	11	2 k.	392	00
35	6	86	73	14	31	3 k.	588	00
36	7	06	74	14	50	4 k.	784	00
37	7	25	75	14	70	5 k.	980	00
38	7	45	76	14	90			

PRODUIT des DÉCIGRAMMES.	décig.	fr.	c.	décig.	fr.	c.
	1/2	0	1	5	0	10
	1	0	2	6	0	12
	2	0	4	7	0	14
	3	0	6	8	0	16
	4	0	8	9	0	18

Ajoutez le produit des décigrammes, chaque fois qu'il y aura des fractions dans les pesées.

Argent à 19 fr. 70 c. les 100 grammes.
197 francs le kilo.

gram.	fr.	c.	gram.	fr.	c.	gram.	fr.	c.
1	0	20	39	7	68	77	15	17
2	0	39	40	7	88	78	15	37
3	0	59	41	8	08	79	15	56
4	0	79	42	8	27	80	15	76
5	0	98	43	8	47	81	15	96
6	1	18	44	8	67	82	16	15
7	1	38	45	8	86	83	16	35
8	1	58	46	9	06	84	16	55
9	1	77	47	9	26	85	16	74
10	1	97	48	9	46	86	16	94
11	2	17	49	9	65	87	17	14
12	2	36	50	9	85	88	17	34
13	2	56	51	10	05	89	17	53
14	2	76	52	10	24	90	17	73
15	2	95	53	10	44	91	17	92
16	3	15	54	10	64	92	18	12
17	3	35	55	10	83	93	18	32
18	3	55	56	11	03	94	18	52
19	3	74	57	11	23	95	18	71
20	3	94	58	11	43	96	18	91
21	4	14	59	11	62	97	19	11
22	4	33	60	11	82	98	19	31
23	4	53	61	12	02	99	19	50
24	4	73	62	12	21	100	19	70
25	4	92	63	12	41	200	39	40
26	5	12	64	12	61	300	59	10
27	5	32	65	12	80	400	78	80
28	5	52	66	13	00	500	98	50
29	5	71	67	13	20	600	118	20
30	5	91	68	13	40	700	137	90
31	6	11	69	13	59	800	157	60
32	6	30	70	13	79	900	177	30
33	6	50	71	13	99	1 k.	197	00
34	6	70	72	14	18	2 k.	394	00
35	6	89	73	14	38	3 k.	591	00
36	7	09	74	14	58	4 k.	788	00
37	7	29	75	14	77	5 k.	985	00
38	7	49	76	14	97			

PRODUIT des DÉCIGRAMMES.	décig.	fr.	c.	décig.	fr.	c.
	1/2	0	1	5	0	10
	1	0	2	6	0	12
	2	0	4	7	0	14
	3	0	6	8	0	16
	4	0	8	9	0	18

Argent à 19 fr. 80 c. les 100 grammes.
198 francs le kilo.

gram.	fr.	c.	gram.	fr.	c.	gram.	fr.	c.
1	0	20	39	7	72	77	15	25
2	0	40	40	7	92	78	15	44
3	0	59	41	8	12	79	15	64
4	0	79	42	8	32	80	15	84
5	0	99	43	8	51	81	16	04
6	1	19	44	8	71	82	16	24
7	1	39	45	8	91	83	16	43
8	1	58	46	9	11	84	16	63
9	1	78	47	9	31	85	16	83
10	1	98	48	9	50	86	17	03
11	2	18	49	9	70	87	17	23
12	2	38	50	9	90	88	17	42
13	2	57	51	10	10	89	17	62
14	2	77	52	10	30	90	17	82
15	2	97	53	10	49	91	18	02
16	3	17	54	10	69	92	18	22
17	3	37	55	10	89	93	18	41
18	3	56	56	11	09	94	18	61
19	3	76	57	11	29	95	18	81
20	3	96	58	11	48	96	19	01
21	4	16	59	11	68	97	19	21
22	4	36	60	11	88	98	19	40
23	4	55	61	12	08	99	19	60
24	4	75	62	12	28	100	19	80
25	4	95	63	12	47	200	39	60
26	5	15	64	12	67	300	59	40
27	5	35	65	12	87	400	79	20
28	5	54	66	13	07	500	99	00
29	5	74	67	13	27	600	118	80
30	5	94	68	13	46	700	138	60
31	6	14	69	13	66	800	158	40
32	6	34	70	13	86	900	178	20
33	6	53	71	14	06	1 k.	198	00
34	6	73	72	14	26	2 k.	396	00
35	6	93	73	14	45	3 k.	594	00
36	7	13	74	14	65	4 k.	792	00
37	7	33	75	14	85	5 k.	990	00
38	7	52	76	15	05			

PRODUIT des DÉCIGRAMMES.	décig.	fr.	c.	décig.	fr.	c.
	1/2	0	1	5	0	10
	1	0	2	6	0	12
	2	0	4	7	0	14
	3	0	6	8	0	16
	4	0	8	9	0	18

Ajoutez le produit des décigrammes, chaque fois qu'il y aura des fractions dans les pesées.

Argent à 19 fr. 90 c. les 100 grammes.
199 francs le kilo.

gram.	fr.	c.	gram.	fr.	c.	gram.	fr.	c.
1	0	20	39	7	76	77	15	32
2	0	40	40	7	96	78	15	52
3	0	60	41	8	16	79	15	72
4	0	80	42	8	36	80	15	92
5	0	99	43	8	56	81	16	12
6	1	19	44	8	76	82	16	32
7	1	39	45	8	95	83	16	52
8	1	59	46	9	15	84	16	72
9	1	79	47	9	35	85	16	91
10	1	99	48	9	55	86	17	11
11	2	19	49	9	75	87	17	31
12	2	39	50	9	95	88	17	51
13	2	59	51	10	15	89	17	71
14	2	79	52	10	35	90	17	91
15	2	98	53	10	55	91	18	11
16	3	18	54	10	75	92	18	31
17	3	38	55	10	94	93	18	51
18	3	58	56	11	14	94	18	71
19	3	78	57	11	34	95	18	90
20	3	98	58	11	54	96	19	10
21	4	18	59	11	74	97	19	30
22	4	38	60	11	94	98	19	50
23	4	58	61	12	14	99	19	70
24	4	78	62	12	34	100	19	90
25	4	97	63	12	54	200	39	80
26	5	17	64	12	74	300	59	70
27	5	37	65	12	93	400	79	60
28	5	57	66	13	13	500	99	50
29	5	77	67	13	33	600	119	40
30	5	97	68	13	53	700	139	30
31	6	17	69	13	73	800	159	20
32	6	37	70	13	93	900	179	10
33	6	57	71	14	13	1 k.	199	00
34	6	77	72	14	33	2 k.	398	00
35	6	96	73	14	53	3 k.	597	00
36	7	16	74	14	73	4 k.	796	00
37	7	36	75	14	92	5 k.	995	00
38	7	56	76	15	12			

PRODUIT des DÉCIGRAMMES.	décig.	fr.	c.	décig.	fr.	c.
	1/2	0	1	5	0	10
	1	0	2	6	0	12
	2	0	4	7	0	14
	3	0	6	8	0	16
	4	0	8	9	0	18

Argent à 20 francs les 100 grammes.
200 francs le kilo.

gram.	fr.	c.	gram.	fr.	c.	gram.	fr.	c.
1	0	20	39	7	80	77	15	40
2	0	40	40	8	00	78	15	60
3	0	60	41	8	20	79	15	80
4	0	80	42	8	40	80	16	00
5	1	00	43	8	60	81	16	20
6	1	20	44	8	80	82	16	40
7	1	40	45	9	00	83	16	60
8	1	60	46	9	20	84	16	80
9	1	80	47	9	40	85	17	00
10	2	00	48	9	60	86	17	20
11	2	20	49	9	80	87	17	40
12	2	40	50	10	00	88	17	60
13	2	60	51	10	20	89	17	80
14	2	80	52	10	40	90	18	00
15	3	00	53	10	60	91	18	20
16	3	20	54	10	80	92	18	40
17	3	40	55	11	00	93	18	60
18	3	60	56	11	20	94	18	80
19	3	80	57	11	40	95	19	00
20	4	00	58	11	60	96	19	20
21	4	20	59	11	80	97	19	40
22	4	40	60	12	00	98	19	60
23	4	60	61	12	20	99	19	80
24	4	80	62	12	40	100	20	00
25	5	00	63	12	60	200	40	00
26	5	20	64	12	80	300	60	00
27	5	40	65	13	00	400	80	00
28	5	60	66	13	20	500	100	00
29	5	80	67	13	40	600	120	00
30	6	00	68	13	60	700	140	00
31	6	20	69	13	80	800	160	00
32	6	40	70	14	00	900	180	00
33	6	60	71	14	20	1 k.	200	00
34	6	80	72	14	40	2 k.	400	00
35	7	00	73	14	60	3 k.	600	00
36	7	20	74	14	80	4 k.	800	00
37	7	40	75	15	00	5 k.	1000	00
38	7	60	76	15	20			

PRODUIT des DÉCIGRAMMES.	décig.	fr.	c.	décig.	fr.	c.
	1/2	0	1	5	0	10
	1	0	2	6	0	12
	2	0	4	7	0	14
	3	0	6	8	0	16
	4	0	8	9	0	18

Ajoutez le produit des décigrammes, chaque fois qu'il y aura des fractions dans les pesées.

Argent à 20 fr. 10 c. les 100 grammes.
201 francs le kilo.

gram.	fr. c.	gram.	fr. c.	gram.	fr. c.
1	0 20	39	7 84	77	15 48
2	0 40	40	8 04	78	15 68
3	0 60	41	8 24	79	15 88
4	0 80	42	8 44	80	16 08
5	1 00	43	8 64	81	16 28
6	1 21	44	8 84	82	16 48
7	1 41	45	9 04	83	16 68
8	1 61	46	9 25	84	16 88
9	1 81	47	9 45	85	17 08
10	2 01	48	9 65	86	17 29
11	2 21	49	9 85	87	17 49
12	2 41	50	10 05	88	17 69
13	2 61	51	10 25	89	17 89
14	2 81	52	10 45	90	18 09
15	3 01	53	10 65	91	18 29
16	3 22	54	10 85	92	18 49
17	3 42	55	11 05	93	18 69
18	3 62	56	11 26	94	18 89
19	3 82	57	11 46	95	19 09
20	4 02	58	11 66	96	19 30
21	4 22	59	11 86	97	19 50
22	4 42	60	12 06	98	19 70
23	4 62	61	12 26	99	19 90
24	4 82	62	12 46	100	20 10
25	5 02	63	12 66	200	40 20
26	5 23	64	12 86	300	60 30
27	5 43	65	13 06	400	80 40
28	5 63	66	13 27	500	100 50
29	5 83	67	13 47	600	120 60
30	6 03	68	13 67	700	140 70
31	6 23	69	13 87	800	160 80
32	6 43	70	14 07	900	180 90
33	6 63	71	14 27	1 k.	201 00
34	6 83	72	14 47	2 k.	402 00
35	7 03	73	14 67	3 k.	603 00
36	7 24	74	14 87	4 k.	804 00
37	7 44	75	15 07	5 k.	1005 00
38	7 64	76	15 28		

PRODUIT des DÉCIGRAMMES.	décig.	fr. c.	décig.	fr. c.
	1/2	0 1	5	0 10
	1	0 2	6	0 12
	2	0 4	7	0 14
	3	6 6	8	0 16
	4	0 8	9	0 18

Argent à 20 fr. 20 c. les 100 grammes.
202 francs le kilo.

gram.	fr. c.	gram.	fr. c.	gram.	fr. c.
1	0 20	39	7 88	77	15 55
2	0 40	40	8 08	78	15 76
3	0 61	41	8 28	79	15 96
4	0 81	42	8 48	80	16 16
5	1 01	43	8 69	81	16 36
6	1 21	44	8 89	82	16 56
7	1 41	45	9 09	83	16 77
8	1 62	46	9 29	84	16 97
9	1 82	47	9 49	85	17 17
10	2 02	48	9 70	86	17 37
11	2 22	49	9 90	87	17 57
12	2 42	50	10 10	88	17 78
13	2 63	51	10 30	89	17 98
14	2 83	52	10 50	90	18 18
15	3 03	53	10 71	91	18 38
16	3 23	54	10 91	92	18 58
17	3 43	55	11 11	93	18 79
18	3 64	56	11 31	94	18 99
19	3 84	57	11 51	95	19 19
20	4 04	58	11 72	96	19 39
21	4 24	59	11 92	97	19 59
22	4 44	60	12 12	98	19 80
23	4 65	61	12 32	99	20 00
24	4 85	62	12 52	100	20 20
25	5 05	63	12 73	200	40 40
26	5 25	64	12 93	300	60 60
27	5 45	65	13 13	400	80 80
28	5 66	66	13 33	500	101 00
29	5 86	67	13 53	600	121 20
30	6 06	68	13 74	700	141 40
31	6 26	69	13 94	800	161 60
32	6 46	70	14 14	900	181 80
33	6 67	71	14 34	1 k.	202 00
34	6 87	72	14 54	2 k.	404 00
35	7 07	73	14 75	3 k.	606 00
36	7 27	74	14 95	4 k.	808 00
37	7 47	75	15 15	5 k.	1010 00
38	7 68	76	15 35		

PRODUIT des DÉCIGRAMMES.	décig.	fr. c.	décig.	fr. c.
	1/2	0 1	5	1 10
	1	0 2	6	2 12
	2	0 4	7	2 14
	3	0 6	8	2 16
	4	0 8	9	3 18

Ajoutez le produit des décigrammes, chaque fois qu'il y aura des fractions dans les pesées.

Argent à **20** fr. **30** c. les 100 grammes.
203 francs le kilo.

gram.	fr.	c.	gram.	fr.	c.	gram.	fr.	c.
1	0	20	39	7	92	77	15	63
2	0	41	40	8	12	78	15	84
3	0	61	41	8	32	79	16	04
4	0	81	42	8	53	80	16	24
5	1	01	43	8	73	81	16	44
6	1	22	44	8	93	82	16	65
7	1	42	45	9	13	83	16	85
8	1	62	46	9	34	84	17	05
9	1	83	47	9	54	85	17	26
10	2	03	48	9	74	86	17	46
11	2	23	49	9	95	87	17	66
12	2	44	50	10	15	88	17	87
13	2	64	51	10	35	89	18	07
14	2	84	52	10	56	90	18	27
15	3	04	53	10	76	91	18	47
16	3	25	54	10	96	92	18	68
17	3	45	55	11	16	93	18	88
18	3	65	56	11	37	94	19	08
19	3	86	57	11	57	95	19	28
20	4	06	58	11	77	96	19	49
21	4	26	59	11	98	97	19	69
22	4	47	60	12	18	98	19	89
23	4	67	61	12	38	99	20	10
24	4	87	62	12	59	100	20	30
25	5	07	63	12	79	200	40	60
26	5	28	64	12	99	300	60	90
27	5	48	65	13	20	400	81	20
28	5	68	66	13	40	500	101	50
29	5	89	67	13	60	600	121	80
30	6	09	68	13	80	700	142	10
31	6	29	69	14	01	800	162	40
32	6	50	70	14	21	900	182	70
33	6	70	71	14	41	1 k.	203	00
34	6	90	72	14	62	2 k.	406	00
35	7	10	73	14	82	3 k.	609	00
36	7	31	74	15	02	4 k.	812	00
37	7	51	75	15	23	5 k.	1015	00
38	7	71	76	15	43			

PRODUIT des DÉCIGRAMMES.	décig.	fr.	c.	décig.	fr.	c.
	1/2	0	1	5	0	10
	1	0	2	6	0	12
	2	0	4	7	0	14
	3	0	6	8	0	16
	4	0	8	9	0	18

Argent à **20** fr. **40** c. les 100 grammes.
204 francs le kilo.

gram.	fr.	c.	gram.	fr.	c.	gram.	fr.	c.
1	0	20	39	7	96	77	15	71
2	0	41	40	8	16	78	15	91
3	0	61	41	8	36	79	16	12
4	0	82	42	8	57	80	16	32
5	1	02	43	8	77	81	16	52
6	1	22	44	8	98	82	16	73
7	1	43	45	9	18	83	16	93
8	1	63	46	9	38	84	17	14
9	1	84	47	9	59	85	17	34
10	2	04	48	9	79	86	17	54
11	2	24	49	10	00	87	17	75
12	2	45	50	10	20	88	17	95
13	2	65	51	10	40	89	18	16
14	2	86	52	10	61	90	18	36
15	3	06	53	10	81	91	18	56
16	3	26	54	11	02	92	18	77
17	3	47	55	11	22	93	18	97
18	3	67	56	11	42	94	19	18
19	3	88	57	11	63	95	19	38
20	4	08	58	11	83	96	19	58
21	4	28	59	12	04	97	19	79
22	4	49	60	12	24	98	19	99
23	4	69	61	12	44	99	20	20
24	4	90	62	12	65	100	20	40
25	5	10	63	12	85	200	40	80
26	5	30	64	13	06	300	61	20
27	5	51	65	13	26	400	81	60
28	5	71	66	13	46	500	102	00
29	5	92	67	13	67	600	122	40
30	6	12	68	13	87	700	142	80
31	6	32	69	14	08	800	163	20
32	6	53	70	14	28	900	183	60
33	6	73	71	14	48	1 k.	204	00
34	6	94	72	14	69	2 k.	408	00
35	7	14	73	14	89	3 k.	612	00
36	7	34	74	15	10	4 k.	816	00
37	7	55	75	15	30	5 k.	1020	00
38	7	75	76	15	50			

PRODUIT des DÉCIGRAMMES.	décig.	fr.	c.	décig.	fr.	c.
	1/2	0	1	5	0	10
	1	0	2	6	0	12
	2	0	4	7	0	14
	3	0	6	8	0	16
	4	0	8	9	0	18

Ajoutez le produit des décigrammes, chaque fois qu'il y aura des fractions dans les pesées.

Argent à 20 fr. 50 c. les 100 grammes.
205 francs le kilo.

gram.	fr.	c.	gram.	fr.	c.	gram.	fr.	c.
1	0	20	39	7	99	77	15	78
2	0	41	40	8	20	78	15	99
3	0	61	41	8	40	79	16	19
4	0	82	42	8	61	80	16	40
5	1	02	43	8	81	81	16	60
6	1	23	44	9	02	82	16	81
7	1	43	45	9	22	83	17	01
8	1	64	46	9	43	84	17	22
9	1	84	47	9	63	85	17	42
10	2	05	48	9	84	86	17	63
11	2	25	49	10	04	87	17	83
12	2	46	50	10	25	88	18	04
13	2	66	51	10	45	89	18	24
14	2	87	52	10	66	90	18	45
15	3	07	53	10	86	91	18	65
16	3	28	54	11	07	92	18	86
17	3	48	55	11	27	93	19	06
18	3	69	56	11	48	94	19	27
19	3	89	57	11	68	95	19	47
20	4	10	58	11	89	96	19	68
21	4	30	59	12	09	97	19	88
22	4	51	60	12	30	98	20	09
23	4	71	61	12	50	99	20	29
24	4	92	62	12	71	100	20	50
25	5	12	63	12	91	200	41	00
26	5	33	64	13	12	300	61	50
27	5	53	65	13	32	400	82	00
28	5	74	66	13	53	500	102	50
29	5	94	67	13	73	600	123	00
30	6	15	68	13	94	700	143	50
31	6	35	69	14	14	800	164	00
32	6	56	70	14	35	900	184	50
33	6	76	71	14	55	1 k.	205	00
34	6	97	72	14	76	2 k.	410	00
35	7	17	73	14	96	3 k.	615	00
36	7	38	74	15	17	4 k.	820	00
37	7	58	75	15	37	5 k.	1025	00
38	7	79	76	15	58			

PRODUIT des DÉCIGRAMMES.	décig.	fr.	c.	décig.	fr.	c.
	1/2	0	1	5	0	10
	1	0	2	6	0	12
	2	0	4	7	0	14
	3	0	6	8	0	16
	4	0	8	9	0	18

Argent à 20 fr. 60 c. les 100 grammes.
206 francs le kilo.

gram.	fr.	c.	gram.	fr.	c.	gram.	fr.	c.
1	0	21	39	8	03	77	15	86
2	0	41	40	8	24	78	16	07
3	0	62	41	8	45	79	16	27
4	0	82	42	8	65	80	16	48
5	1	03	43	8	86	81	16	69
6	1	24	44	9	06	82	16	89
7	1	44	45	9	27	83	17	10
8	1	65	46	9	48	84	17	30
9	1	85	47	9	68	85	17	51
10	2	06	48	9	89	86	17	72
11	2	27	49	10	09	87	17	92
12	2	47	50	10	30	88	18	13
13	2	68	51	10	51	89	18	33
14	2	88	52	10	71	90	18	54
15	3	09	53	10	92	91	18	75
16	3	30	54	11	12	92	18	95
17	3	50	55	11	33	93	19	16
18	3	71	56	11	54	94	19	36
19	3	91	57	11	74	95	19	57
20	4	12	58	11	95	96	19	78
21	4	33	59	12	15	97	19	98
22	4	53	60	12	36	98	20	19
23	4	74	61	12	57	99	20	39
24	4	94	62	12	77	100	20	60
25	5	15	63	12	98	200	41	20
26	5	36	64	13	18	300	61	80
27	5	56	65	13	39	400	82	40
28	5	77	66	13	60	500	103	00
29	5	97	67	13	80	600	123	60
30	6	18	68	14	01	700	146	20
31	6	39	69	14	21	800	164	80
32	6	59	70	14	42	900	185	40
33	6	80	71	14	63	1 k.	206	00
34	7	00	72	14	83	2 k.	412	00
35	7	21	73	15	04	3 k.	618	00
36	7	42	74	15	24	4 k.	824	00
37	7	62	75	15	45	5 k.	1030	00
38	7	83	76	15	66			

PRODUIT des DÉCIGRAMMES.	décig.	fr.	c.	décig.	fr.	c.
	1/2	0	1	5	0	10
	1	0	2	6	0	12
	2	0	4	7	0	14
	3	0	6	8	0	16
	4	0	8	9	0	18

Ajoutez le produit des décigrammes, chaque fois qu'il y aura des fractions dans les pesées.

Argent à 20 fr. 70 c. les 100 grammes.
207 francs le kilo.

gram.	fr.	c.	gram.	fr.	c.	gram.	fr.	c.
1	0	21	39	8	07	77	15	94
2	0	41	40	8	28	78	16	15
3	0	62	41	8	49	79	16	35
4	0	83	42	8	69	80	16	56
5	1	03	43	8	90	81	16	77
6	1	24	44	9	11	82	16	97
7	1	45	45	9	31	83	17	18
8	1	66	46	9	52	84	17	39
9	1	86	47	9	73	85	17	59
10	2	07	48	9	94	86	17	80
11	2	28	49	10	14	87	18	01
12	2	48	50	10	35	88	18	22
13	2	69	51	10	56	89	18	42
14	2	90	52	10	76	90	18	63
15	3	10	53	10	97	91	18	84
16	3	31	54	11	18	92	19	04
17	3	52	55	11	38	93	19	25
18	3	73	56	11	59	94	19	46
19	3	93	57	11	80	95	19	66
20	4	14	58	12	01	96	19	87
21	4	35	59	12	21	97	20	08
22	4	55	60	12	42	98	20	29
23	4	76	61	12	63	99	20	49
24	4	97	62	12	83	100	20	70
25	5	17	63	13	04	200	41	40
26	5	38	64	13	25	300	62	10
27	5	59	65	13	45	400	82	80
28	5	80	66	13	66	500	103	50
29	6	00	67	13	87	600	124	20
30	6	21	68	14	08	700	144	90
31	6	42	69	14	28	800	165	60
32	6	62	70	14	49	900	186	30
33	6	83	71	14	70	1 k.	207	00
34	7	04	72	14	90	2 k.	414	00
35	7	24	73	15	11	3 k.	621	00
36	7	45	74	15	32	4 k.	828	00
37	7	66	75	15	52	5 k.	1035	00
38	7	87	76	15	73			

PRODUIT des DÉCIGRAMMES.	décig.	fr.	c.	décig.	fr.	c.
	1/2	0	1	5	0	10
	1	0	2	6	0	12
	2	0	4	7	0	14
	3	0	6	8	0	17
	4	0	8	9	0	19

Argent à 20 fr. 80 c. les 100 grammes.
208 francs le kilo.

gram.	fr.	c.	gram.	fr.	c.	gram.	fr.	c.
1	0	21	39	8	11	77	16	02
2	0	42	40	8	32	78	16	22
3	0	62	41	8	53	79	16	43
4	0	83	42	8	74	80	16	64
5	1	04	43	8	94	81	16	85
6	1	25	44	9	15	82	17	06
7	1	46	45	9	36	83	17	26
8	1	66	46	9	57	84	17	47
9	1	87	47	9	78	85	17	68
10	2	08	48	9	98	86	17	89
11	2	29	49	10	19	87	18	10
12	2	50	50	10	40	88	18	30
13	2	70	51	10	61	89	18	51
14	2	91	52	10	82	90	18	72
15	3	12	53	11	02	91	18	93
16	3	33	54	11	23	92	19	14
17	3	54	55	11	44	93	19	34
18	3	74	56	11	65	94	19	55
19	3	95	57	11	86	95	19	76
20	4	16	58	12	06	96	19	97
21	4	37	59	12	27	97	20	18
22	4	58	60	12	48	98	20	38
23	4	78	61	12	69	99	20	59
24	4	99	62	12	90	100	20	80
25	5	20	63	13	10	200	41	60
26	5	41	64	13	31	300	62	40
27	5	62	65	13	52	400	83	20
28	5	82	66	13	73	500	104	00
29	6	03	67	13	94	600	124	80
30	6	24	68	14	14	700	145	60
31	6	45	69	14	35	800	166	40
32	6	66	70	14	56	900	187	20
33	6	86	71	14	77	1 k.	208	00
34	7	07	72	14	98	2 k.	416	00
35	7	28	73	15	18	3 k.	624	00
36	7	49	74	15	39	4 k.	832	00
37	7	70	75	15	60	5 k.	1040	00
38	7	90	76	15	81			

PRODUIT des DÉCIGRAMMES.	décig.	fr.	c.	décig.	fr.	c.
	1/2	0	1	5	0	10
	1	0	2	6	0	12
	2	0	4	7	0	15
	3	0	6	8	0	17
	4	0	8	9	0	19

Ajoutez le produit des décigrammes, chaque fois qu'il y aura des fractions dans les pesées.

Argent à 20 fr. 90 c. les 100 grammes.
209 francs le kilo.

gram.	fr.	c.	gram.	fr.	c.	gram.	fr.	c.
1	0	21	39	8	15	77	16	09
2	0	42	40	8	36	78	16	30
3	0	63	41	8	57	79	16	51
4	0	84	42	8	78	80	16	72
5	1	04	43	8	99	81	16	93
6	1	25	44	9	20	82	17	14
7	1	46	45	9	40	83	17	35
8	1	67	46	9	61	84	17	56
9	1	88	47	9	82	85	17	76
10	2	09	48	10	03	86	17	97
11	2	30	49	10	24	87	18	18
12	2	51	50	10	45	88	18	39
13	2	72	51	10	66	89	18	60
14	2	93	52	10	87	90	18	81
15	3	13	53	11	08	91	19	02
16	3	34	54	11	29	92	19	23
17	3	55	55	11	49	93	19	44
18	3	76	56	11	70	94	19	65
19	3	97	57	11	91	95	19	85
20	4	18	58	12	12	96	20	06
21	4	39	59	12	33	97	20	27
22	4	60	60	12	54	98	20	48
23	4	81	61	12	75	99	20	69
24	5	02	62	12	96	100	20	90
25	5	22	63	13	17	200	41	80
26	5	43	64	13	38	300	62	70
27	5	64	65	13	58	400	83	60
28	5	85	66	13	79	500	104	50
29	6	06	67	14	00	600	125	40
30	6	27	68	14	21	700	146	30
31	6	48	69	14	42	800	167	20
32	6	69	70	14	63	900	188	10
33	6	89	71	14	84	1 k.	209	00
34	7	11	72	15	05	2 k.	418	00
35	7	31	73	15	26	3 k.	627	00
36	7	52	74	15	47	4 k.	836	00
37	7	73	75	15	67	5 k.	1045	00
38	7	94	76	15	88			

Argent à 21 francs les 100 grammes.
210 francs le kilo.

gram.	fr.	c.	gram.	fr.	c.	gram.	fr.	c.
1	0	21	39	8	19	77	16	17
2	0	42	40	8	40	78	16	38
3	0	63	41	8	61	79	16	59
4	0	84	42	8	82	80	16	80
5	1	05	43	9	03	81	17	01
6	1	26	44	9	24	82	17	22
7	1	47	45	9	45	83	17	43
8	1	68	46	9	66	84	17	64
9	1	89	47	9	87	85	17	85
10	2	10	48	10	08	86	18	06
11	2	31	49	10	29	87	18	27
12	2	52	50	10	50	88	18	48
13	2	73	51	10	71	89	18	69
14	2	94	52	10	92	90	18	90
15	3	15	53	11	13	91	19	11
16	3	36	54	11	34	92	19	32
17	3	57	55	11	55	93	19	53
18	3	78	56	11	76	94	19	74
19	3	99	57	11	97	95	19	95
20	4	20	58	12	18	96	20	16
21	4	41	59	12	39	97	20	37
22	4	62	60	12	60	98	20	58
23	4	83	61	12	81	99	20	79
24	5	04	62	13	02	100	21	00
25	5	25	63	13	23	200	42	00
26	5	46	64	13	44	300	63	00
27	5	67	65	13	65	400	84	00
28	5	88	66	13	86	500	105	00
29	6	09	67	14	07	600	126	00
30	6	30	68	14	28	700	147	00
31	6	51	69	14	49	800	168	00
32	6	72	70	14	70	900	189	00
33	6	93	71	14	91	1 k.	210	00
34	7	14	72	15	12	2 k.	420	00
35	7	35	73	15	33	3 k.	630	00
36	7	56	74	15	54	4 k.	840	00
37	7	77	75	15	75	5 k.	1050	00
38	7	98	76	15	96			

PRODUIT des DÉCIGRAMMES.	décig.	fr.	c.	décig.	fr.	c.
	1/2	0	1	5	0	10
	1	0	2	6	0	12
	2	0	4	7	0	15
	3	0	6	8	0	17
	4	0	8	9	0	19

PRODUIT des DÉCIGRAMMES.	décig.	fr.	c.	décig.	fr.	c.
	1/2	0	1	5	0	10
	1	0	2	6	0	13
	2	0	4	7	0	15
	3	0	6	8	0	17
	4	0	8	9	0	19

Ajoutez le produit des décigrammes, chaque fois qu'il y aura des fractions dans les pesées.

Argent à 21 fr. 10 c. les 100 grammes.
211 francs le kilo.

gram.	fr.	c.	gram.	fr.	c.	gram.	fr.	c.
1	0	21	39	8	23	77	16	25
2	0	42	40	8	44	78	16	46
3	0	63	41	8	65	79	16	67
4	0	84	42	8	86	80	16	88
5	1	05	43	9	07	81	17	09
6	1	27	44	9	28	82	17	30
7	1	48	45	9	49	83	17	51
8	1	69	46	9	71	84	17	72
9	1	90	47	9	92	85	17	93
10	2	11	48	10	13	86	18	15
11	2	32	49	10	34	87	18	36
12	2	53	50	10	55	88	18	57
13	2	74	51	10	76	89	18	78
14	2	95	52	10	97	90	18	99
15	3	16	53	11	18	91	19	20
16	3	38	54	11	39	92	19	41
17	3	59	55	11	60	93	19	62
18	3	80	56	11	82	94	19	83
19	4	01	57	12	03	95	20	04
20	4	22	58	12	24	96	20	26
21	4	43	59	12	45	97	20	47
22	4	64	60	12	66	98	20	68
23	4	85	61	12	87	99	20	89
24	5	06	62	13	08	100	21	10
25	5	27	63	13	29	200	42	20
26	5	49	64	13	50	300	63	30
27	5	70	65	13	71	400	84	40
28	5	91	66	13	93	500	105	50
29	6	12	67	14	14	600	126	60
30	6	33	68	14	35	700	147	70
31	6	54	69	14	56	800	168	80
32	6	75	70	14	77	900	189	90
33	6	96	71	14	98	1 k.	211	00
34	7	17	72	15	19	2 k.	422	00
35	7	38	73	15	40	3 k.	633	00
36	7	60	74	15	61	4 k.	844	00
37	7	81	75	15	82	5 k.	1055	00
38	8	02	76	16	04			

PRODUIT des DÉCIGRAMMES.	décig.	fr.	c.	décig.	fr.	c.
	1/2	0	1	5	0	11
	1	0	2	6	0	13
	2	0	4	7	0	15
	3	0	6	8	0	17
	4	0	8	9	0	19

Argent à 21 fr. 20 c. les 100 grammes.
212 francs le kilo.

gram.	fr.	c.	gram.	fr.	c.	gram.	fr.	c.
1	0	21	39	8	37	77	16	32
2	0	42	40	8	48	78	16	54
3	0	64	41	8	69	79	16	75
4	0	85	42	8	90	80	16	96
5	1	06	43	9	12	81	17	17
6	1	27	44	9	33	82	17	38
7	1	48	45	9	54	83	17	60
8	1	70	46	9	75	84	17	81
9	1	91	47	9	96	85	18	02
10	2	12	48	10	18	86	18	23
11	2	33	49	10	39	87	18	44
12	2	54	50	10	60	88	18	66
13	2	76	51	10	81	89	18	87
14	2	97	52	11	02	90	19	08
15	3	18	53	11	24	91	19	29
16	3	39	54	11	45	92	19	50
17	3	60	55	11	66	93	19	72
18	3	82	56	11	87	94	19	93
19	4	03	57	12	08	95	20	14
20	4	24	58	12	30	96	20	35
21	4	45	59	12	51	97	20	56
22	4	66	60	12	72	98	20	78
23	4	88	61	12	93	99	20	99
24	5	09	62	13	14	100	21	20
25	5	30	63	13	36	200	42	40
26	5	51	64	13	57	300	63	60
27	5	72	65	13	78	400	84	80
28	5	94	66	13	99	500	106	00
29	6	15	67	14	20	600	127	20
30	6	36	68	14	42	700	148	40
31	6	58	69	14	63	800	169	60
32	6	78	70	14	84	900	190	80
33	7	00	71	15	05	1 k.	212	00
34	7	21	72	15	26	2 k.	424	00
35	7	42	73	15	48	3 k.	636	00
36	7	63	74	15	69	4 k.	848	00
37	7	84	75	15	90	5 k.	1060	00
38	8	06	76	16	11			

PRODUIT des DÉCIGRAMMES.	décig.	fr.	c.	décig.	fr.	c.
	1/2	0	1	5	0	11
	1	0	2	6	0	13
	2	0	4	7	0	15
	3	0	6	8	0	17
	4	0	8	9	0	19

Ajoutez le produit des décigrammes, chaque fois qu'il y aura des fractions dans les pesées.

Argent à **21** fr. **30** c. les 100 grammes.
213 francs le kilo.

gram.	fr.	c.	gram.	fr.	c.	gram.	fr.	c.
1	0	21	39	8	31	77	16	40
2	0	43	40	8	52	78	16	61
3	0	64	41	8	73	79	16	83
4	0	85	42	8	95	80	17	04
5	1	06	43	9	16	81	17	25
6	1	28	44	9	37	82	17	47
7	1	49	45	9	58	83	17	68
8	1	70	46	9	80	84	17	89
9	1	92	47	10	01	85	18	10
10	2	13	48	10	22	86	18	32
11	2	34	49	10	44	87	18	53
12	2	56	50	10	65	88	18	74
13	2	77	51	10	86	89	18	96
14	2	98	52	11	08	90	19	17
15	3	19	53	11	29	91	19	38
16	3	41	54	11	50	92	19	60
17	3	62	55	11	71	93	19	81
18	3	83	56	11	93	94	20	02
19	4	05	57	12	14	95	20	23
20	4	26	58	12	35	96	20	45
21	4	47	59	12	57	97	20	66
22	4	69	60	12	78	98	20	87
23	4	90	61	12	99	99	21	09
24	5	11	62	13	21	100	21	30
25	5	32	63	13	42	200	42	60
26	5	54	64	13	63	300	63	90
27	5	75	65	13	84	400	85	20
28	5	96	66	14	06	500	106	50
29	6	18	67	14	27	600	127	80
30	6	39	68	14	48	700	149	10
31	6	60	69	14	70	800	170	40
32	6	82	70	14	91	900	191	70
33	7	03	71	15	12	1 k.	213	00
34	7	24	72	15	34	2 k.	426	00
35	7	45	73	15	55	3 k.	639	00
36	7	67	74	15	76	4 k.	852	00
37	7	88	75	15	97	5 k.	1065	00
38	8	09	76	16	19			

PRODUIT des DÉCIGRAMMES.	décig.	fr.	c.	décig.	fr.	c.
	1/2	0	1	5	0	11
	1	0	2	6	0	13
	2	0	4	7	0	15
	3	0	6	8	0	17
	4	0	8	9	0	19

Argent à **21** fr. **40** c. les 100 grammes.
214 francs le kilo.

gram.	fr.	c.	gram.	fr.	c.	gram.	fr.	c.
1	0	21	39	8	35	77	16	48
2	0	43	40	8	56	78	16	69
3	0	64	41	8	77	79	16	91
4	0	86	42	8	99	80	17	12
5	1	07	43	9	20	81	17	33
6	1	28	44	9	42	82	17	55
7	1	50	45	9	63	83	17	76
8	1	71	46	9	84	84	17	98
9	1	93	47	10	06	85	18	19
10	2	14	48	10	27	86	18	40
11	2	35	49	10	49	87	18	62
12	2	57	50	10	70	88	18	83
13	2	78	51	10	91	89	19	05
14	3	00	52	11	13	90	19	26
15	3	21	53	11	34	91	19	47
16	3	42	54	11	56	92	19	69
17	3	64	55	11	77	93	19	90
18	3	85	56	11	98	94	20	12
19	4	07	57	12	20	95	20	33
20	4	28	58	12	41	96	20	54
21	4	49	59	12	63	97	20	76
22	4	71	60	12	84	98	20	97
23	4	92	61	13	05	99	21	19
24	5	14	62	13	27	100	21	40
25	5	35	63	13	48	200	42	80
26	5	56	64	13	70	300	64	20
27	5	78	65	13	91	400	85	60
28	5	99	66	14	12	500	107	00
29	6	21	67	14	34	600	120	40
30	6	42	68	14	55	700	149	80
31	6	63	69	14	77	800	171	20
32	6	85	70	14	98	900	192	60
33	7	06	71	15	19	1 k.	214	00
34	7	28	72	15	41	2 k.	428	00
35	7	49	73	15	62	3 k.	642	00
36	7	70	74	15	84	4 k.	856	00
37	7	92	75	16	05	5 k.	1070	00
38	8	13	76	16	26			

PRODUIT des DÉCIGRAMMES.	décig.	fr.	c.	décig.	fr.	c.
	1/2	0	1	5	0	11
	1	0	2	6	0	13
	2	0	4	7	0	15
	3	0	6	8	0	17
	4	0	9	9	0	19

Ajoutez le produit des décigrammes, chaque fois qu'il y aura des fractions dans les pesées.

Argent à 21 fr. 50 c. les 100 grammes.
215 francs le kilo.

gram.	fr.	c.	gram.	fr.	c.	gram.	fr.	c.
1	0	21	39	8	38	77	16	55
2	0	43	40	8	60	78	16	77
3	0	64	41	8	81	79	16	98
4	0	86	42	9	03	80	17	20
5	1	07	43	9	24	81	17	41
6	1	29	44	9	46	82	17	63
7	1	50	45	9	67	83	17	84
8	1	72	46	9	89	84	18	06
9	1	93	47	10	10	85	18	27
10	2	15	48	10	32	86	18	49
11	2	36	49	10	53	87	18	70
12	2	58	50	10	75	88	18	92
13	2	79	51	10	96	89	19	13
14	3	01	52	11	18	90	19	35
15	3	22	53	11	39	91	19	56
16	3	44	54	11	61	92	19	78
17	3	65	55	11	82	93	19	99
18	3	87	56	12	04	94	20	21
19	4	08	57	12	25	95	20	42
20	4	30	58	12	47	96	20	64
21	4	51	59	12	68	97	20	85
22	4	73	60	12	90	98	21	07
23	4	94	61	13	11	99	21	28
24	5	16	62	13	33	100	21	50
25	5	37	63	13	54	200	43	00
26	5	59	64	13	76	300	64	50
27	5	80	65	13	97	400	86	00
28	6	02	66	14	19	500	107	50
29	6	23	67	14	40	600	129	00
30	6	45	68	14	62	700	150	50
31	6	66	69	14	83	800	172	00
32	6	88	70	15	05	900	193	00
33	7	09	71	15	26	1 k.	215	00
34	7	31	72	15	48	2 k.	430	00
35	7	52	73	15	69	3 k.	645	00
36	7	74	74	15	91	4 k.	860	00
37	7	95	75	16	12	5 k.	1075	00
38	8	17	76	16	34			

PRODUIT des DÉCIGRAMMES.	décig.	fr.	c.	décig.	fr.	c.
	½	0.....	1	5	0.....	11
	1	0.....	2	6	0.....	13
	2	0.....	4	7	0.....	15
	3	0.....	6	8	0.....	17
	4	0.....	9	9	0.....	19

Argent à 21 fr. 60 c. les 100 grammes.
216 francs le kilo.

gram.	fr.	c.	gram.	fr.	c.	gram.	fr.	c.
1	0	22	39	8	42	77	16	63
2	0	43	40	8	64	78	16	85
3	0	65	41	8	86	79	17	06
4	0	86	42	9	07	80	17	28
5	1	08	43	9	29	81	17	50
6	1	30	44	9	50	82	17	71
7	1	51	45	9	72	83	17	93
8	1	73	46	9	94	84	18	14
9	1	94	47	10	15	85	18	36
10	2	16	48	10	37	86	18	58
11	2	38	49	10	58	87	18	79
12	2	59	50	10	80	88	19	01
13	2	81	51	11	02	89	19	22
14	3	02	52	11	23	90	19	44
15	3	24	53	11	45	91	19	66
16	3	46	54	11	66	92	19	87
17	3	67	55	11	88	93	20	09
18	3	89	56	12	10	94	20	30
19	4	10	57	12	31	95	20	52
20	4	32	58	12	53	96	20	74
21	4	54	59	12	74	97	20	95
22	4	75	60	12	96	98	21	17
23	4	97	61	13	18	99	21	38
24	5	18	62	13	39	100	21	60
25	5	40	63	13	61	200	43	20
26	5	62	64	13	82	300	64	80
27	5	83	65	14	04	400	86	40
28	6	05	66	14	26	500	108	00
29	6	26	67	14	47	600	129	60
30	6	48	68	14	69	700	151	20
31	6	70	69	14	90	800	172	80
32	6	91	70	15	12	900	194	40
33	7	13	71	15	34	1 k.	216	00
34	7	34	72	15	55	2 k.	432	00
35	7	56	73	15	77	3 k.	648	00
36	7	78	74	15	98	4 k.	864	00
37	7	99	75	16	20	5 k.	1080	00
38	8	21	76	16	42			

PRODUIT des DÉCIGRAMMES.	décig.	fr.	c.	décig.	fr.	c.
	½	0.....	1	5	0.....	11
	1	0.....	2	6	0.....	13
	2	0.....	4	7	0.....	15
	3	0.....	6	8	0.....	17
	4	0.....	9	9	0.....	19

Ajoutez le produit des décigrammes, chaque fois qu'il y aura des fractions dans les pesées.

Argent à 21 fr. 70 c. les 100 grammes.
217 francs le kilo.

gram.	fr.	c.	gram.	fr.	c.	gram.	fr.	c.
1	0	22	39	8	46	77	16	71
2	0	43	40	8	68	78	16	93
3	0	65	41	8	90	79	17	14
4	0	87	42	9	11	80	17	36
5	1	08	43	9	33	81	17	58
6	1	30	44	9	55	82	17	79
7	1	52	45	9	76	83	18	01
8	1	74	46	9	98	84	18	23
9	1	95	47	10	20	85	18	44
10	2	17	48	10	42	86	18	66
11	2	39	49	10	63	87	18	88
12	2	60	50	10	85	88	19	10
13	2	82	51	11	07	89	19	31
14	3	04	52	11	28	90	19	53
15	3	25	53	11	50	91	19	75
16	3	47	54	11	72	92	19	96
17	3	69	55	11	93	93	20	18
18	3	91	56	12	15	94	20	40
19	4	12	57	12	37	95	20	61
20	4	34	58	12	59	96	20	83
21	4	56	59	12	80	97	21	05
22	4	77	60	13	02	98	21	27
23	4	99	61	13	24	99	21	48
24	5	21	62	13	45	100	21	70
25	5	42	63	13	67	200	43	40
26	5	64	64	13	89	300	65	10
27	5	86	65	14	10	400	86	80
28	6	08	66	14	32	500	108	50
29	6	29	67	14	54	600	130	20
30	6	51	68	14	76	700	151	90
31	6	73	69	14	97	800	173	60
32	6	94	70	15	19	900	195	30
33	7	16	71	15	41	1 k.	217	00
34	7	38	72	15	62	2 k.	434	00
35	7	59	73	15	84	3 k.	651	00
36	7	81	74	16	06	4 k.	868	00
37	8	03	75	16	27	5 k.	1085	00
38	8	25	76	16	49			

PRODUIT des DÉCIGRAMMES.	décig.	fr.	c.	décig.	fr.	c.
	1/2	0.....	1	05	0.....	11
	01	0.....	2	06	0.....	13
	02	0.....	4	07	0.....	15
	03	0.....	6	08	0.....	17
	04	0.....	9	09	0.....	19

Argent à 21 fr. 80 c. les 100 grammes.
218 francs le kilo.

gram.	fr.	c.	gram.	fr.	c.	gram.	fr.	c.
1	0	22	39	8	50	77	16	79
2	0	44	40	8	72	78	17	00
3	0	65	41	8	94	79	17	22
4	0	87	42	9	16	80	17	44
5	1	09	43	9	37	81	17	66
6	1	31	44	9	59	82	17	88
7	1	53	45	9	81	83	18	09
8	1	74	46	10	03	84	18	31
9	1	96	47	10	25	85	18	53
10	2	18	48	10	46	86	18	75
11	2	40	49	10	68	87	18	97
12	2	62	50	10	90	88	19	18
13	2	83	51	11	12	89	19	40
14	3	05	52	11	34	90	19	62
15	3	27	53	11	45	91	19	84
16	3	49	54	11	77	92	20	06
17	3	71	55	11	99	93	20	27
18	3	92	56	12	21	94	20	49
19	4	14	57	12	43	95	20	71
20	4	36	58	12	64	96	20	93
21	4	58	59	12	86	97	21	15
22	4	80	60	13	08	98	21	36
23	5	01	61	13	30	99	21	58
24	5	23	62	13	52	100	21	80
25	5	45	63	13	73	200	43	60
26	5	67	64	13	95	300	65	40
27	5	89	65	14	17	400	87	20
28	6	10	66	14	39	500	109	00
29	6	32	67	14	61	600	130	80
30	6	54	68	14	82	700	152	60
31	6	76	69	15	04	800	174	40
32	6	98	70	15	26	900	196	20
33	7	19	71	15	48	1 k.	218	00
34	7	41	72	15	70	2 k.	436	00
35	7	63	73	15	91	3 k.	654	00
36	7	85	74	16	13	4 k.	872	00
37	8	07	75	16	35	5 k.	1090	00
38	8	28	76	16	57			

PRODUIT des DÉCIGRAMMES.	décig.	fr.	c.	décig.	fr.	c.
	1/2	0.....	1	05	0.....	11
	01	0.....	2	06	0.....	13
	02	0.....	4	07	0.....	15
	03	0.....	7	08	0.....	17
	04	0.....	9	09	0.....	20

Ajoutez le produit des décigrammes, chaque fois qu'il y aura des fractions dans les pesées.

Argent à 21 fr. 90 c. les 100 grammes.
219 francs le kilo.

gram.	fr.	c.	gram.	fr.	c.	gram.	fr.	c.
1	0	22	39	8	54	77	16	86
2	0	44	40	8	76	78	17	08
3	0	66	41	8	98	79	17	30
4	0	88	42	9	20	80	17	52
5	1	09	43	9	42	81	17	74
6	1	31	44	9	64	82	17	96
7	1	53	45	9	85	83	18	18
8	1	75	46	10	07	84	18	40
9	1	97	47	10	29	85	18	61
10	2	19	48	10	51	86	18	83
11	2	41	49	10	73	87	19	05
12	2	63	50	10	95	88	19	27
13	2	85	51	11	17	89	19	49
14	3	07	52	11	39	90	19	71
15	3	28	53	11	61	91	19	93
16	3	50	54	11	83	92	20	15
17	3	72	55	12	04	93	20	37
18	3	94	56	12	26	94	20	59
19	4	16	57	12	48	95	20	80
20	4	38	58	12	70	96	21	02
21	4	60	59	12	92	97	21	24
22	4	82	60	13	14	98	21	46
23	5	04	61	13	36	99	21	68
24	5	26	62	13	58	100	21	90
25	5	47	63	13	80	200	43	80
26	5	69	64	14	02	300	65	70
27	5	91	65	14	23	400	87	60
28	6	13	66	14	45	500	109	50
29	6	35	67	14	67	600	131	40
30	6	57	68	14	89	700	153	30
31	6	79	69	15	11	800	175	20
32	7	01	70	15	33	900	197	10
33	7	23	71	15	55	1 k.	219	00
34	7	45	72	15	77	2 k.	438	00
35	7	66	73	15	99	3 k.	657	00
36	7	88	74	16	21	4 k.	876	00
37	8	10	75	16	42	5 k.	1095	00
38	8	32	76	16	64			

PRODUIT des DÉCIGRAMMES.	décig.	fr.	c.	décig.	fr.	c.
	1/2	0	1	5	0	11
	1	0	2	6	0	13
	2	0	4	7	0	15
	3	0	7	8	0	17
	4	0	9	9	0	20

Argent à 22 francs les 100 grammes.
220 francs le kilo.

gram.	fr.	c.	gram.	fr.	c.	gram.	fr.	c.
1	0	22	39	8	58	77	16	94
2	0	44	40	8	80	78	17	16
3	0	66	41	9	02	79	17	38
4	0	88	42	9	24	80	17	60
5	1	10	43	9	46	81	17	82
6	1	32	44	9	68	82	18	04
7	1	54	45	9	90	83	18	26
8	1	76	46	10	12	84	18	48
9	1	98	47	10	34	85	18	70
10	2	20	48	10	56	86	18	92
11	2	42	49	10	78	87	19	14
12	2	64	50	11	00	88	19	36
13	2	86	51	11	22	89	19	58
14	3	08	52	11	44	90	19	80
15	3	30	53	11	66	91	20	02
16	3	52	54	11	88	92	20	24
17	3	74	55	12	10	93	20	46
18	3	96	56	12	32	94	20	68
19	4	18	57	12	54	95	20	90
20	4	40	58	12	76	96	21	12
21	4	62	59	12	98	97	21	34
22	4	84	60	13	20	98	21	56
23	5	06	61	13	42	99	21	78
24	5	28	62	13	64	100	22	00
25	5	50	63	13	86	200	44	00
26	5	72	64	14	08	300	66	00
27	5	94	65	14	30	400	88	00
28	6	16	66	14	52	500	110	00
29	6	38	67	14	74	600	132	00
30	6	60	68	14	96	700	154	00
31	6	82	69	15	18	800	176	00
32	7	04	70	15	40	900	198	00
33	7	26	71	15	62	1 k.	220	00
34	7	48	72	15	84	2 k.	440	00
35	7	70	73	16	06	3 k.	660	00
36	7	92	74	16	28	4 k.	880	00
37	8	14	75	16	50	5 k.	1100	00
38	8	36	76	16	72			

PRODUIT des DÉCIGRAMMES.	décig.	fr.	c.	décig.	fr.	c.
	1/2	0	1	5	0	11
	1	0	2	6	0	13
	2	0	4	7	0	15
	3	0	7	8	0	18
	4	0	9	9	0	20

Ajoutez le produit des décigrammes, chaque fois qu'il y aura des fractions dans les pesées.

Argent à 22 fr. 10 c. les 100 grammes.
221 francs le kilo.

gram.	fr.	c.	gram.	fr.	c.	gram.	fr.	c.
1	0	22	39	8	62	77	17	02
2	0	44	40	8	84	78	17	24
3	0	66	41	9	06	79	17	46
4	0	88	42	9	28	80	17	68
5	1	10	43	9	50	81	17	90
6	1	33	44	9	72	82	18	12
7	1	55	45	9	94	83	18	34
8	1	77	46	10	17	84	18	56
9	1	99	47	10	39	85	18	78
10	2	21	48	10	61	86	19	01
11	2	43	49	10	83	87	19	23
12	2	65	50	11	05	88	19	45
13	2	87	51	11	27	89	19	67
14	3	09	52	11	49	90	19	89
15	3	31	53	11	72	91	20	11
16	3	54	54	11	93	92	20	33
17	3	76	55	12	15	93	20	55
18	3	98	56	12	38	94	20	77
19	4	20	57	12	60	95	20	99
20	4	42	58	12	82	96	21	22
21	4	64	59	13	04	97	21	44
22	4	86	60	13	26	98	21	66
23	5	08	61	13	48	99	21	88
24	5	30	62	13	70	100	22	10
25	5	52	63	13	92	200	44	20
26	5	75	64	14	14	300	66	30
27	5	97	65	14	36	400	88	40
28	6	19	66	14	59	500	110	50
29	6	41	67	14	81	600	132	60
30	6	63	68	15	03	700	154	70
31	6	85	69	15	25	800	176	80
32	7	07	70	15	47	900	198	90
33	7	29	71	15	69	1 k.	221	00
34	7	51	72	15	91	2 k.	442	00
35	7	73	73	16	13	3 k.	663	00
36	7	96	74	16	35	4 k.	884	00
37	8	18	75	16	57	5 k.	1105	00
38	8	40	76	16	80			

PRODUIT des DÉCIGRAMMES.	décig.	fr.	c.	décig.	fr.	c.
	1/2	0	1	5	0	11
	1	0	2	6	0	13
	2	0	4	7	0	15
	3	0	7	8	0	18
	4	0	9	9	0	20

Argent à 22 fr. 20 c. les 100 grammes.
222 francs le kilo.

gram.	fr.	c.	gram.	fr.	c.	gram.	fr.	c.
1	0	22	39	8	66	77	17	09
2	0	44	40	8	88	78	17	32
3	0	67	41	9	10	79	17	54
4	0	89	42	9	32	80	17	76
5	1	11	43	9	55	81	17	98
6	1	33	44	9	77	82	18	20
7	1	55	45	9	99	83	18	43
8	1	78	46	10	21	84	18	65
9	2	00	47	10	43	85	18	87
10	2	22	48	10	66	86	19	09
11	2	44	49	10	89	87	19	31
12	2	66	50	11	10	88	19	54
13	2	89	51	11	32	89	19	76
14	3	11	52	11	54	90	19	98
15	3	33	53	11	77	91	20	20
16	3	55	54	11	99	92	20	42
17	3	77	55	12	21	93	20	65
18	4	00	56	12	43	94	20	87
19	4	22	57	12	65	95	21	09
20	4	44	58	12	88	96	21	31
21	4	66	59	13	10	97	21	53
22	4	88	60	13	32	98	21	76
23	5	11	61	13	54	99	21	98
24	5	33	62	13	76	100	22	20
25	5	55	63	13	99	200	44	40
26	5	77	64	14	21	300	66	60
27	5	99	65	14	43	400	88	80
28	6	22	66	14	65	500	111	00
29	6	44	67	14	87	600	133	20
30	6	66	68	15	10	700	155	40
31	6	88	69	15	32	800	177	60
32	7	10	70	15	54	900	199	80
33	7	33	71	15	76	1 k.	222	00
34	7	55	72	15	98	2 k.	444	00
35	7	77	73	16	21	3 k.	666	00
36	7	99	74	16	43	4 k.	888	00
37	8	21	75	16	61	5 k.	1110	00
38	8	44	76	16	87			

PRODUIT des DÉCIGRAMMES.	décig.	fr.	c.	décig.	fr.	c.
	1/2	0	1	5	0	11
	1	0	2	6	0	13
	2	0	4	7	0	16
	3	0	7	8	0	18
	4	0	9	9	0	20

Ajoutez le produit des décigrammes, chaque fois qu'il y aura des fractions dans les pesées.

Argent à **22** fr. **30** c. les 100 grammes.
223 francs le kilo.

gram.	fr.	c.	gram.	fr.	c.	gram.	fr.	c.
1	0	22	39	8	70	77	17	17
2	0	45	40	8	92	78	17	39
3	0	67	41	9	14	79	17	62
4	0	89	42	9	37	80	17	84
5	1	11	43	9	59	81	18	06
6	1	34	44	9	81	82	18	29
7	1	56	45	10	03	83	18	51
8	1	78	46	10	26	84	18	73
9	2	01	47	10	48	85	18	95
10	2	23	48	10	70	86	19	18
11	2	45	49	10	93	87	19	40
12	2	68	50	11	15	88	19	62
13	2	90	51	11	37	89	19	85
14	3	12	52	11	60	90	20	07
15	3	34	53	11	82	91	20	29
16	3	57	54	12	04	92	20	52
17	3	79	55	12	26	93	20	74
18	4	01	56	12	49	94	20	96
19	4	24	57	12	71	95	21	18
20	4	46	58	12	93	96	21	41
21	4	68	59	13	16	97	21	63
22	4	91	60	13	38	98	21	85
23	5	13	61	13	60	99	22	08
24	5	35	62	13	83	100	22	30
25	5	57	63	14	05	200	44	60
26	5	80	64	14	27	300	66	90
27	6	02	65	14	49	400	89	20
28	6	24	66	14	72	500	111	50
29	6	47	67	14	94	600	133	80
30	6	69	68	15	16	700	156	10
31	6	91	69	15	39	800	178	40
32	7	14	70	15	61	900	200	70
33	7	36	71	15	83	1 k.	223	00
34	7	58	72	16	06	2 k.	446	00
35	7	80	73	16	28	3 k.	669	00
36	8	03	74	16	50	4 k.	892	00
37	8	25	75	16	72	5 k.	1115	00
38	8	47	76	16	95			

PRODUIT des DÉCIGRAMMES.	décig.	fr.	c.	décig.	fr.	c.
	1/2	0	1	5	0	11
	1	0	2	6	0	13
	2	0	4	7	0	16
	3	0	7	8	0	18
	4	0	9	9	0	20

Argent à **22** fr. **40** c. les 100 grammes.
224 francs le kilo.

gram.	fr.	c.	gram.	fr.	c.	gram.	fr.	c.
1	0	22	39	8	74	77	17	25
2	0	45	40	8	96	78	17	47
3	0	67	41	9	18	79	17	70
4	0	90	42	9	41	80	17	92
5	1	12	43	9	63	81	18	14
6	1	34	44	9	86	82	18	37
7	1	57	45	10	08	83	18	59
8	1	79	46	10	30	84	18	82
9	2	02	47	10	53	85	19	04
10	2	24	48	10	75	86	19	27
11	2	46	49	10	98	87	19	49
12	2	69	50	11	20	88	19	71
13	2	91	51	11	42	89	19	94
14	3	14	52	11	65	90	20	16
15	3	36	53	11	87	91	20	38
16	3	58	54	11	10	92	20	61
17	3	81	55	12	32	93	20	83
18	4	03	56	12	54	94	21	06
19	4	26	57	12	77	95	21	28
20	4	48	58	12	99	96	21	50
21	4	70	59	13	22	97	21	73
22	4	93	60	13	44	98	21	95
23	5	15	61	13	66	99	22	18
24	5	38	62	13	89	100	22	40
25	5	60	63	14	11	200	44	80
26	5	82	64	14	34	300	67	20
27	6	05	65	14	56	400	89	60
28	6	27	66	14	78	500	112	00
29	6	50	67	15	01	600	134	40
30	6	72	68	15	23	700	156	80
31	6	94	69	15	46	800	179	20
32	7	17	70	15	68	900	201	60
33	7	39	71	15	90	1 k.	224	00
34	7	62	72	16	13	2 k.	448	00
35	7	84	73	16	35	3 k.	672	00
36	8	06	74	16	58	4 k.	896	00
37	8	29	75	16	80	5 k.	1120	00
38	8	51	76	17	02			

PRODUIT des DÉCIGRAMMES.	décig.	fr.	c.	décig.	fr.	c.
	1/2	0	1	5	0	11
	1	0	2	6	0	13
	2	0	4	7	0	16
	3	0	7	8	0	18
	4	0	9	9	0	20

Ajoutez le produit des décigrammes, chaque fois qu'il y aura des fractions dans les pesées

Argent à 22 fr. 50 c. les 100 grammes.
225 francs le kilo.

gram.	fr.	c.	gram.	fr.	c.	gram.	fr.	c.
1	0	22	39	8	77	77	17	32
2	0	45	40	9	00	78	17	55
3	0	67	41	9	22	79	17	77
4	0	90	42	9	45	80	18	00
5	1	12	43	9	67	81	18	22
6	1	35	44	9	90	82	18	45
7	1	57	45	10	12	83	18	67
8	1	80	46	10	35	84	18	90
9	2	02	47	10	57	85	19	12
10	2	25	48	10	80	86	19	35
11	2	47	49	11	02	87	19	57
12	2	70	50	11	25	88	19	80
13	2	92	51	11	47	89	20	02
14	3	15	52	11	70	90	20	25
15	3	37	53	11	92	91	20	47
16	3	60	54	12	15	92	20	70
17	3	82	55	12	37	93	20	92
18	4	05	56	12	60	94	21	15
19	4	27	57	12	82	95	21	37
20	4	50	58	13	05	96	21	60
21	4	72	59	13	27	97	21	82
22	4	95	60	13	50	98	22	05
23	5	17	61	13	72	99	22	27
24	5	40	62	13	95	100	22	50
25	5	62	63	14	17	200	45	00
26	5	85	64	14	40	300	67	50
27	6	07	65	14	62	400	90	00
28	6	30	66	14	85	500	112	50
29	6	52	67	15	07	600	135	00
30	6	75	68	15	30	700	157	50
31	6	97	69	15	52	800	180	00
32	7	20	70	15	75	900	202	50
33	7	42	71	15	97	1 k.	225	00
34	7	65	72	16	20	2 k.	450	00
35	7	87	73	16	42	3 k.	675	00
36	8	10	74	16	65	4 k.	900	00
37	8	32	75	16	87	5 k.	1125	00
38	8	55	76	17	10			

PRODUIT des DÉCIGRAMMES.	décig.	fr.	c.	décig.	fr.	c.
	1/2	0	1	5	0	11
	1	0	2	6	0	13
	2	0	4	7	0	16
	3	0	7	8	0	18
	4	0	9	9	0	20

Argent à 22 fr. 60 c. les 100 grammes.
226 francs le kilo.

gram.	fr.	c.	gram.	fr.	c.	gram.	fr.	c.
1	0	23	39	8	81	77	17	40
2	0	45	40	9	04	78	17	63
3	0	68	41	9	27	79	17	85
4	0	90	42	9	49	80	18	08
5	1	13	43	9	72	81	18	31
6	1	36	44	9	94	82	18	53
7	1	58	45	10	17	83	18	76
8	1	81	46	10	40	84	18	98
9	2	03	47	10	62	85	19	21
10	2	26	48	10	85	86	19	44
11	2	49	49	11	07	87	19	66
12	2	71	50	11	30	88	19	89
13	2	94	51	11	53	89	20	11
14	3	16	52	11	75	90	20	34
15	3	39	53	11	98	91	20	57
16	3	62	54	12	20	92	20	79
17	3	84	55	12	43	93	21	02
18	4	07	56	12	66	94	21	24
19	4	29	57	12	88	95	21	47
20	4	52	58	13	11	96	21	70
21	4	75	59	13	33	97	21	92
22	4	97	60	13	56	98	22	15
23	5	20	61	13	79	99	22	37
24	5	42	62	14	01	100	22	60
25	5	65	63	14	24	200	45	20
26	5	88	64	14	46	300	67	80
27	6	10	65	14	69	400	90	40
28	6	33	66	14	92	500	113	00
29	6	55	67	15	14	600	135	60
30	6	78	68	15	37	700	158	20
31	7	01	69	15	59	800	180	80
32	7	23	70	15	82	900	203	40
33	7	46	71	16	05	1 k.	226	00
34	7	68	72	16	27	2 k.	452	00
35	7	91	73	16	50	3 k.	678	00
36	8	14	74	16	72	4 k.	904	00
37	8	36	75	16	95	5 k.	1130	00
38	8	59	76	17	18			

PRODUIT des DÉCIGRAMMES.	décig.	fr.	c.	décig.	fr.	c.
	1/2	0	1	5	0	11
	1	0	2	6	0	14
	2	0	4	7	0	16
	3	0	7	8	0	18
	4	0	9	9	0	20

Ajoutez le produit des décigrammes, chaque fois qu'il y aura des fractions dans les pesées.

Argent à 22 fr. 70 c. les 100 grammes.
227 francs le kilo.

gram.	fr.	c.	gram.	fr.	c.	gram.	fr.	c.
1	0	23	39	8	85	77	17	48
2	0	45	40	9	08	78	17	71
3	0	68	41	9	31	79	17	93
4	0	91	42	9	53	80	18	16
5	1	13	43	9	76	81	18	39
6	1	36	44	9	99	82	18	61
7	1	59	45	10	21	83	18	84
8	1	82	46	10	44	84	19	07
9	2	04	47	10	67	85	19	29
10	2	27	48	10	90	86	19	52
11	2	50	49	10	12	87	19	75
12	2	72	50	11	35	88	19	98
13	2	95	51	11	58	89	20	20
14	3	18	52	11	80	90	20	43
15	3	40	53	12	03	91	20	66
16	3	63	54	12	26	92	20	88
17	3	86	55	12	49	93	21	11
18	4	09	56	12	71	94	21	34
19	4	31	57	12	94	95	21	56
20	4	54	58	13	17	96	21	79
21	4	77	59	13	39	97	22	02
22	4	99	60	13	62	98	22	25
23	5	22	61	13	85	99	22	47
24	5	45	62	14	07	100	22	70
25	5	67	63	14	30	200	45	40
26	5	90	64	14	53	300	68	10
27	6	13	65	14	75	400	90	80
28	6	36	66	14	98	500	113	50
29	6	58	67	15	21	600	136	20
30	6	81	68	15	44	700	158	90
31	7	04	69	15	66	800	181	60
32	7	26	70	15	89	900	204	30
33	7	49	71	16	12	1 k.	227	00
34	7	72	72	16	34	2 k.	454	00
35	7	94	73	16	57	3 k.	681	00
36	8	17	74	16	80	4 k.	908	00
37	8	40	75	17	02	5 k.	1135	00
38	8	63	76	17	25			

PRODUIT des DÉCIGRAMMES.	décig.	fr.	c.	décig.	fr.	c.
	1/2	0	...1	5	0	...11
	1	0	...2	6	0	...14
	2	0	...5	7	0	...16
	3	0	...7	8	0	...18
	4	0	...9	9	0	...20

Argent à 22 fr. 80 c. les 100 grammes.
228 francs le kilo.

gram.	fr.	c.	gram.	fr.	c.	gram.	fr.	c.
1	0	23	39	8	89	77	17	56
2	0	46	40	9	12	78	17	78
3	0	68	41	9	35	79	18	01
4	0	91	42	9	58	80	18	24
5	1	14	43	9	80	81	18	47
6	1	37	44	10	03	82	18	70
7	1	60	45	10	26	83	18	92
8	1	82	46	10	49	84	19	15
9	2	05	47	10	72	85	19	38
10	2	28	48	10	94	86	19	61
11	2	51	49	11	17	87	19	84
12	2	74	50	11	40	88	20	06
13	2	96	51	11	63	89	20	29
14	3	19	52	11	86	90	20	52
15	3	42	53	12	08	91	20	75
16	3	65	54	12	31	92	20	98
17	3	88	55	12	54	93	21	20
18	4	10	56	12	77	94	21	43
19	4	33	57	13	00	95	21	66
20	4	56	58	13	22	96	21	89
21	4	79	59	13	45	97	22	12
22	5	02	60	13	68	98	22	34
23	5	24	61	13	91	99	22	57
24	5	47	62	14	14	100	22	80
25	5	70	63	14	36	200	45	60
26	5	93	64	14	59	300	68	40
27	6	16	65	14	82	400	91	20
28	6	38	66	15	05	500	114	00
29	6	61	67	15	28	600	136	80
30	6	84	68	15	50	700	159	60
31	7	07	69	15	73	800	182	40
32	7	30	70	15	96	900	205	20
33	7	52	71	16	19	1 k.	228	00
34	7	75	72	16	42	2 k.	456	00
35	7	98	73	16	64	3 k.	684	00
36	8	21	74	16	87	4 k.	912	00
37	8	44	75	17	10	5 k.	1140	00
38	8	66	76	17	33			

PRODUIT des DÉCIGRAMMES.	décig.	fr.	c.	décig.	fr.	c.
	1/2	0	...1	5	0	...11
	1	0	...2	6	0	...14
	2	0	...5	7	0	...16
	3	0	...7	8	0	...18
	4	0	...9	9	0	...20

Ajoutez le produit des décigrammes, chaque fois qu'il y aura des fractions dans les pesées.

Argent à 22 fr. 90 c. les 100 grammes.
229 francs le kilo.

gram.	fr.	c.	gram.	fr.	c.	gram.	fr.	c.
1	0	23	39	8	93	77	17	63
2	0	46	40	9	16	78	17	86
3	0	69	41	9	39	79	18	09
4	0	92	42	9	62	80	18	32
5	1	14	43	9	85	81	18	55
6	1	37	44	10	08	82	18	78
7	1	60	45	10	30	83	19	01
8	1	83	46	10	53	84	19	24
9	2	06	47	10	76	85	19	46
10	2	29	48	10	99	86	19	69
11	2	52	49	11	22	87	20	92
12	2	75	50	11	45	88	20	15
13	2	98	51	11	68	89	20	38
14	3	21	52	11	91	90	20	61
15	3	43	53	12	14	91	20	84
16	3	66	54	12	37	92	21	07
17	3	89	55	12	59	93	21	30
18	4	12	56	12	82	94	21	53
19	4	35	57	13	05	95	21	75
20	4	58	58	13	28	96	21	98
21	4	81	59	13	51	97	22	21
22	5	04	60	13	74	98	22	44
23	5	27	61	13	97	99	22	67
24	5	50	62	14	20	100	22	90
25	5	72	63	14	43	200	45	80
26	5	95	64	14	66	300	68	70
27	6	18	65	14	88	400	91	60
28	6	41	66	15	11	500	114	50
29	6	64	67	15	34	600	137	40
30	6	87	68	15	57	700	160	30
31	7	10	69	15	80	800	183	20
32	7	33	70	16	03	900	206	10
33	7	56	71	16	26	1 k.	229	00
34	7	79	72	16	49	2 k.	458	00
35	8	01	73	16	72	3 k.	687	00
36	8	24	74	16	95	4 k.	916	00
37	8	47	75	17	17	5 k.	1145	00
38	8	70	76	17	40			

PRODUIT des DÉCIGRAMMES.	décig.	fr.	c.	décig.	fr.	c.
	1/2	0	1	5	0	11
	1	0	2	6	0	14
	2	0	5	7	0	16
	3	0	7	8	0	18
	4	0	9	9	0	21

Argent à 23 francs les 100 grammes.
230 francs le kilo.

gram.	fr.	c.	gram.	fr.	c.	gram.	fr.	c.
1	0	23	39	8	97	77	17	71
2	0	46	40	9	20	78	17	94
3	0	69	41	9	43	79	18	17
4	0	92	42	9	66	80	18	40
5	1	15	43	9	89	81	18	63
6	1	38	44	10	12	82	18	86
7	1	61	45	10	35	83	19	09
8	1	84	46	10	58	84	19	32
9	2	07	47	10	81	85	19	55
10	2	30	48	11	04	86	19	78
11	2	53	49	11	27	87	20	01
12	2	76	50	11	50	88	20	24
13	2	99	51	11	73	89	20	47
14	3	22	52	11	96	90	20	70
15	3	45	53	12	19	91	20	93
16	3	68	54	12	42	92	21	16
17	3	91	55	12	65	93	21	39
18	4	14	56	12	88	94	21	62
19	4	37	57	13	11	95	21	85
20	4	60	58	13	34	96	22	08
21	4	83	59	13	57	97	22	31
22	5	06	60	13	80	98	22	54
23	5	29	61	14	03	99	22	77
24	5	52	62	14	26	100	23	00
25	5	75	63	14	49	200	46	00
26	5	98	64	14	72	300	69	00
27	6	21	65	14	95	400	92	00
28	6	44	66	15	18	500	115	00
29	6	67	67	15	41	600	138	00
30	6	90	68	15	64	700	161	00
31	7	13	69	15	87	800	184	00
32	7	36	70	16	10	900	207	00
33	7	59	71	16	33	1 k.	230	00
34	7	82	72	16	56	2 k.	460	00
35	8	05	73	16	79	3 k.	690	00
36	8	28	74	17	02	4 k.	920	00
37	8	51	75	17	25	5 k.	1150	00
38	8	74	76	17	48			

PRODUIT des DÉCIGRAMMES.	décig.	fr.	c.	décig.	fr.	c.
	1/2	0	1	5	0	11
	1	0	2	6	0	14
	2	0	5	7	0	16
	3	0	7	8	0	18
	4	0	9	9	0	21

Ajoutez le produit des décigrammes, chaque fois qu'il y aura des fractions dans les pesées.

TABLEAU DES MONNAIES D'OR ET D'ARGENT

LEURS TITRES, LEURS POIDS ET LEURS VALEURS.

		TITRE.	POIDS.		VALEURS.	
		millièm.	gr.	cent.	fr.	c.
	FRANCE					
Or	Pièce de 100 francs	900	32	30	100	»
—	— de 50 —	900	16	15	50	»
—	— de 40 —	900	12	90	40	»
—	— de 20 —	900	6	45	20	»
—	— de 10 —	900	3	22	10	»
—	— de 5 —	900	1	61	5	»
Argent	— de 5 —	900	25	»	5	»
	ANGLETERRE.					
Or	Guinée de 21 schellings	915	8	36	26	47
—	Souverain de 20 — depuis 1817	915	7	98	25	20
Argent	Crown ou Couronne de 5 schellings	922	30	»	6	18
—	Nouvelle Couronne frappée depuis 1817	922	28	25	5	81
	BELGIQUE.					
Or	Pièce de 20 francs	900	6	45	20	»
Argent	— de 5 —	900	25	»	5	»
	AUTRICHE.					
Or	Ducat de l'Empire	986	3	49	11	85
—	Souverain	915	11	48	35	80
Argent	Écu de convention	833	28	06	5	19
	ESPAGNE.					
Or	Quadruple ancien	916	27	06	85	20
—	— de 1772 à 1786	894	26	98	83	55
—	— depuis 1786	876	27	»	81	40
—	Pistole de Ferdinand VI	909	6	75	20	45
Argent	Piastre vieille avant 1772	906	27	»	5	50
—	— neuve à l'effigie depuis 1772	902	27	»	5	40
	HOLLANDE.					
Or	Ducat	978	3	45	11	54
—	Ryders	913	9	93	31	65
—	Vingt Florins du Roi Louis	913	13	65	43	10
Argent	Ducaton ou Ryder	935	32	50	6	85
—	Pièce de 2 Florins 1/2	950	25	»	5	26
	LOMBARDO-VÉNITIEN.					
Or	Sequin	997	3	45	11	80
—	Souverain	900	11	34	35	12
—	Pièce de 40 lires	900	12	90	40	»
—	— de 20 lires	900	6	45	20	»
Argent	Écu de 6 livres	900	26	»	5	14
	PRUSSE.					
Or	Double Frédéric	903	13	41	41	62
—	Simple —	903	6	68	20	77
Argent	Rixdale d'espèce ou de convention	830	28	»	5	20

Suite du Tableau des Monnaies.

		TITRE.	POIDS.		VALEURS.	
		milliém.	gr.	cent.	fr.	c.
	RUSSIE.					
Or	Ducat à l'aigle éployée	973	3	45	11	79
—	Impérial de 10 roubles 1756	915	16	41	52	38
—	— de 10 — 1762	915	13	10	41	25
—	— de 10 — 1801	988	12	10	41	10
Argent	Rouble de 100 copecks depuis 1798	870	20	93	4	08
	SARDAIGNE.					
Or	Pièce de 100 lires	900	32	15	100	»
—	— de 50 —	900	16	15	50	»
—	— de 20 —	900	6	45	20	»
Argent	— de 5 —	900	25	»	5	»

France. — Titre ancien, Or et Argent.

Toute espèce d'ouvrage d'or depuis 1797, marqué au coq n° 1 . . . . . . 920 millièmes.
— — — n° 2 . . . . . . 840 —
Toute espèce d'ouvrage d'argent depuis 1797 à 1819, marqué au coq n° 1 . 950 —
— — n° 2 . 800 —

« Dans cette argenterie il existe de 1 à 2 millièmes d'or par kilo de 1 à 2 grammes.
Argenterie depuis 1819. Poinçon de Paris, 1er titre . . . . 950 millièmes.
— non soudée, à la fonte, elle rapporte de . . . . 945 à 947 —
La même, soudée, à la fonte, rapporte de . . . . 920 à 935 —
Le petit bijou d'argent, 2me titre, à 800 mill., à la fonte, rapporte de 755 à 770 —

Angleterre.

Argenterie de table, de . . . . 900 à 930 —

Allemagne.

Argenterie marquée d'une scie . . . . à 757 —
— — de deux épées . . . . » 740 —
— — de deux croix couronnées . . . . » » —
— — de la lettre N, d'un lion ou d'un cheval . . . » 785 —

Tous les ouvrages fabriqués en France, or et argent, suivant leur nature, doivent être au titre prescrit par la loi.

Il y a :

POUR L'OR, 3 TITRES :		POUR L'ARGENT, 2 TITRES :	
1er titre de l'or	920 millièmes.	1er titre de l'argent . . .	950 millièmes.
2e —	840 —	2e —	800 —
3e —	750 —		

La tolérance pour la fabrication de l'or est de 3 millièmes ; pour l'argent elle est de 5 millièmes.

L'on paie pour le droit de contrôle :
Pour l'or : par 100 grammes, 22 francs ; pour l'argent : par kilo, 11 francs.

Dénomination des poinçons depuis la dernière récense de 1838.

GROS POINÇON POUR LE GROS BIJOU D'OR.

Tête de médecin grec pour Paris et les départements. Dans le médaillon, un chiffre arabe indique le titre.

PETIT POINÇON POUR LE PETIT BIJOU.

Tête d'aigle pour Paris ; tête de cheval pour les départements. Pour les chaînes : tête de rhinocéros pour Paris et les départements. Horlogerie : chimère pour Paris et les départements.

ARGENT. —GROS POINÇON POUR LA GROSSE ARGENTERIE.

Tête de Minerve pour Paris et les départements ; dans le médaillon un chiffre arabe indique le titre. — Gros poinçon étranger : un charançon, Paris et les départements.

PETIT POINÇON POUR LE PETIT BIJOU.

Tête de sanglier pour Paris ; crabe pour les départements. Horlogerie : chimère pour Paris et les départements.

Des frais d'affinage pour les matières d'Or et d'Argent.

Il serait difficile d'en établir le prix exact. Ces prix varient beaucoup, suivant la nature des matières à vendre. Ce sera donc aux vendeurs, quand ils auront de fortes parties de matière, d'en débattre le prix avec le changeur.

Je vais faire connaître les prix les plus usités et les plus élevés dans le commerce du change des matières pour les petites opérations.

Affinage des matières d'or et d'argent alliées de cuivre et autre métal, excepté le platine :

De 990 millièmes d'or à 200 millièmes. . . . . 6 fr. » c. par kilo.
De 200   —   à 1   — 3   50

Affinage des matières d'argent ne contenant pas d'or :

De 990 millièmes d'argent à 300 millièmes. . . . . 3 fr. 50   par kilo.
De 300   —   à 1   — 2   50

Dans le commerce des matières d'or et d'argent et le change des monnaies de France et étrangères, une prime est payée suivant la rareté des métaux. Avant que l'on ait fait la découverte de plusieurs mines d'or, une prime de 10 à 15 fr. par mille était accordée à l'or. En 1848, sur les derniers moments, elle s'est payée jusqu'à 25 et 30 fr. par mille.

Depuis cette époque, beaucoup d'or est entré en France, et l'on a frappé considérablement de numéraire de cette matière.

La prime qui existait a subi l'influence de cette abondance, et elle a fini par disparaître, pour se reporter sur l'argent devenu plus rare. La prime en cours moyen est de 10 à 15 fr. par mille; elle s'est élevée jusqu'à 25 et 30 fr.

La grande variété qui existe m'empêche de rien fixer ici ; le vendeur devra faire comme pour les frais d'affinage, et débattre son prix quand il vend ses matières.

Prix du kilo d'Or et d'Argent fin à 1000 millièmes,

AUX PRIX ANCIENS ET NOUVEAUX.

Un arrêté du 17 prairial an II, avait fixé le prix de l'or à . . . . 3,434 fr. 44 c.
    —   —   le prix de l'argent à. 218   89

Par arrêté nouveau de la Commission des monnaies, les prix sont ainsi fixés :
Pour l'or, à. . . . . 3,437 fr. » c.
Pour l'argent, à. 220   56

Ces derniers prix ne sont pas adoptés généralement par le commerce. Pour le change des matières, on achète aux prix nouveaux ou anciens, suivant l'importance des opérations. Pour faciliter le vendeur et l'acheteur, je donne sur les tableaux ci-après, les deux prix par millième de fin.

Les opérations de comptes qui vont suivre sont faites sur les nouveaux prix.

MANIÈRE D'OPÉRER
POUR CONNAITRE LA VALEUR D'UN LINGOT
d'après les titres d'Or et d'Argent donnés par l'essayeur.

1re Opération.

Supposons le titre de l'or à 694 millièmes, le titre d'argent à 156 millièmes; poids du lingot, 745 grammes 6 décigrammes. Il faut toujours multiplier le prix de l'or et de l'argent fin, par les titres d'or et d'argent trouvés dans le lingot.

EXEMPLE :

L'on pose le prix de l'or fin	3437
L'on multiplie par le titre du lingot.	694
	13748
	30933
	20622
Produit de l'or	2385.278
Produit de l'argent	34.407
Réunion de l'or et l'argent	2419685
Frais d'affinage à déduire	6.
	2413.68
Poids du lingot	745.6
	1448208
	1206840
	965472
	1689576
Prix réel du lingot	1799.63.98

L'on pose le prix de l'argent fin.... 220.56
L'on multiplie par le titre du lingot. 156

L'or a produit 2,385 fr. 27 c. le kilo. — 132336
L'argent a produit 34 fr. 40 c. le kilo. — 110280
L'on reporte le prix de l'argent sous le prix de l'or — 22056
ce qui fait 2,419 fr 68 c. le kilo or et argent, — 34.407
sur quoi il convient de déduire 6 fr. par kilo de frais d'affinage; reste à 2,413 fr. 68 c., laquelle somme, multipliée par le poids du lingot, donnera la valeur réelle de ce lingot.............. 1,799 fr. 63 c.

2me Opération.

Pour un lingot d'argent contenant un peu d'or, et qu'on appelle lingot de doré, supposons le titre de l'argent à 835 millièmes, le titre de l'or à 36 millièmes, et le poids du lingot à 2355 grammes. Il faut toujours multiplier le prix de l'argent et de l'or fin, par les titres d'argent et d'or trouvés dans le lingot.

EXEMPLE :

L'on pose le prix de l'argent fin	220.56
L'on multiplie par le titre du lingot.	835
	110280
	66168
	176448
Produit de l'argent	184167.60
Produit de l'or	1237320
Réunion de l'argent avec l'or	3078996
Frais d'affinage à déduire	350
	30439
Poids du lingot	2.355
	152195
	52195
	91317
	60878
Prix réel du lingot	716.83.845

L'on pose le prix de l'or fin 3437
L'on multiplie par le titre du lingot. 36

L'argent a produit 184 fr. 16 c. le kilo. — 20622
L'or a produit 123 fr. 73 c. le kilo. 10311
L'on reporte le prix de l'or sous celui de l'argent, — 123732
ce qui forme 307 fr. 89 c. le kilo argent et or, sur quoi il convient de déduire 3 fr. 50 c. de frais d'affinage; reste à 304 fr. 39 c., laquelle somme, multipliée par le poids du lingot, donnera la valeur réelle de ce lingot............. 716 fr. 83 c.

Généralement les personnes qui sont obligées d'établir des comptes à la plume aiment à trouver des comptes faits qui leur abrègent du temps et leur font éviter les erreurs qu'elles pourraient commettre. C'est dans cette pensée qne j'ai fait les tableaux ci-après. Ils sont faciles à comprendre et auront une grande utilité. Je vais en donner l'exemple et la preuve.

Pour le prix du kilo d'or fin, comme pour l'argent, les comptes sont faits de 10 millièmes en 10 millièmes. Au-dessous de l'or et de l'argent sont les unités de millième; au-dessous des unités de millième sont placés les dixièmes de millièmes pour l'or, dont on se servira pour les lingots d'argent doré, où l'on compte le dixième de millième. Lorsqu'à l'essai l'on trouve des fractions, elles sont toujours marquées sur le bulletin.

Usage de ce Tableau.

Pour donner la preuve des opérations que je viens de décrire, je vais prendre le même titre et le même poids du même lingot.

Lingot d'or 694 mill., Argent 150 mill., Poids 745 gram. 6 décigr.	
Cherchez millièmes d'or 690 donnent.	2 3.7 1.5 3
» unités » 4 » . .	1 3.7 5
» mill. d'argent 150 » . .	3 3.0 8
» unités » 6 » . .	1.3 2
Faites l'addition.	2 4 1 9.6 8
Frais d'affinage à déduire.	6.
Prix net du kilo.	2 4 1 3.6 8
Multipliez par le poids du lingot. . . .	7 4 5.6
	1 4 4 8 2 0 8
	1 2 0 6 8 4 0
	9 6 5 4 7 2
	1 6 8 9 5 7 6
Valeur réelle du lingot : 1799 f. 63 c.	1 7 9 9.6 3.9 8 0 8

Lingot d'Argent 825 mill., Or 30 mill., Poids 1255 grammes.	
Cherchez millièmes d'argent 830 donnent.	1 8 3 0 6
» unités . . . 5 . » . .	1 1 0
» millièmes d'or 30 » . .	1 0 3 1 1
» unités » 6 » . .	2 0 6 2
Faites l'addition.	3 0 7 8 9
Frais d'affinage à déduire.	3 5 0
Prix net du kilo.	3 0 4.3 9
Multipliez par le poids du lingot. . . .	2 3 5 5
	1 5 2 1 9 5
	1 5 2 1 9 5
	9 1 3 1 7
	6 0 8 7 8
Valeur réelle du lingot : 716 fr. 83 c.	7 1 6.8 3.8 4 5

D'après la description explicative que je viens de faire pour les deux opérations ci-contre et l'usage des tableaux, il sera facile de se rendre exactement compte des matières que l'on aura à vendre.

A chaque compte il y aura la prime à ajouter suivant le cours du jour.

OR.

Valeur du kilo d'après le titre de l'essai, le kilo d'Or à 1000 étant de 3437 fr.

mill.	fr.	c.	mill.	fr.	c.	mill.	fr.	c.
10	34	37	350	1202	95	690	2371	53
20	68	74	360	1237	32	700	2405	90
30	103	11	370	1271	69	710	2440	27
40	137	48	380	1306	06	720	2474	64
50	171	85	390	1340	43	730	2509	01
60	206	22	400	1374	80	740	2543	38
70	240	59	410	1409	17	750	2577	75
80	274	96	420	1443	54	760	2612	12
90	309	33	430	1477	91	770	2646	49
100	343	70	440	1512	28	780	2680	86
110	378	07	450	1546	65	790	2715	23
120	412	44	460	1581	02	800	2749	60
130	446	81	470	1615	39	810	2783	97
140	481	18	480	1649	76	820	2818	34
150	515	55	490	1684	13	830	2852	71
160	549	92	500	1718	50	840	2887	08
170	584	29	510	1752	87	850	2921	45
180	618	66	520	1787	24	860	2955	82
190	653	03	530	1821	61	870	2990	19
200	687	40	540	1855	98	880	3024	56
210	721	77	550	1890	35	890	3058	93
220	756	14	560	1924	72	900	3093	30
230	790	51	570	1959	09	910	3127	67
240	824	88	580	1993	46	920	3162	04
250	859	25	590	2027	83	930	3196	41
260	893	62	600	2062	20	940	3230	78
270	927	99	610	2096	57	950	3265	15
280	962	36	620	2130	94	960	3299	52
290	996	73	630	2165	31	970	3333	89
300	1031	10	640	2199	68	980	3368	26
310	1065	47	650	2234	05	990	3402	63
320	1099	84	660	2268	42	1000	3437	00
330	1134	21	670	2302	79			
340	1168	58	680	2337	16			

ARGENT.

Valeur du kilo d'après le titre de l'essai, le kilo d'Argent vierge étant de 220 fr. 56 c.

mill.	fr.	c.	mill.	fr.	c.	mill.	fr.	c.
10	2	21	350	77	20	690	152	19
20	4	41	360	79	40	700	154	39
30	6	62	370	81	61	710	156	60
40	8	82	380	83	81	720	158	80
50	11	03	390	86	02	730	161	01
60	13	23	400	88	22	740	163	21
70	15	44	410	90	43	750	165	42
80	17	64	420	92	64	760	167	63
90	19	85	430	94	84	770	169	83
100	22	06	440	97	05	780	172	03
110	24	26	450	99	25	790	174	24
120	26	47	460	101	46	800	176	45
130	28	67	470	103	66	810	178	65
140	30	88	480	105	87	820	180	86
150	33	08	490	108	07	830	183	06
160	35	29	500	110	28	840	185	27
170	37	50	510	112	59	850	187	48
180	39	70	520	114	79	860	189	68
190	41	91	530	117	00	870	191	89
200	44	11	540	119	10	880	194	09
210	46	32	550	121	31	890	196	30
220	48	52	560	123	51	900	198	50
230	50	73	570	125	72	910	200	71
240	52	93	580	127	92	920	202	92
250	55	14	590	130	13	930	205	12
260	57	35	600	132	34	940	207	33
270	59	55	610	134	54	950	209	53
280	61	76	620	136	75	960	211	74
290	63	96	630	138	95	970	213	94
300	66	17	640	141	16	980	216	15
310	68	37	650	143	36	990	218	35
320	70	58	660	145	57	1000	220	56
330	72	78	670	147	78			
340	74	99	680	149	98			

Unités des millièmes d'Or.

	mill.	fr.	c.	mill.	fr.	c.
PRODUITS à AJOUTER.	1	3	44	6	20	62
	2	6	87	7	24	06
	3	10	31	8	27	50
	4	13	75	9	30	93
	5	17	18			

Unités des millièmes d'Argent.

	mill.	fr.	c.	mill.	fr.	c.
PRODUITS à AJOUTER.	1	0	22	6	1	32
	2	0	44	7	1	54
	3	0	66	8	1	76
	4	0	88	9	1	98
	5	1	10			

Dixièmes des millièmes d'Or.

dix.	fr.	c.	dix.	fr.	c.	dix.	fr.	c.
1	0	34	4	1	37	7	2	41
2	0	69	5	1	72	8	2	75
3	1	03	6	2	06	9	3	09

OR.

Valeur du kilo d'après le titre de l'essai,
le kilo d'Or à 1000 étant de 3434 fr. 44 c.

mill.	fr.	c.	mill.	fr.	c.	mill.	fr.	c.
10	34	34	350	1202	05	690	2369	76
20	68	69	360	1236	46	700	2404	11
30	103	03	370	1270	74	710	2438	45
40	137	38	380	1305	09	720	2472	80
50	171	72	390	1339	43	730	2507	14
60	206	07	400	1373	78	740	2541	49
70	240	41	410	1408	12	750	2575	83
80	274	76	420	1442	46	760	2610	17
90	309	10	430	1476	81	770	2644	52
100	343	44	440	1511	15	780	2678	86
110	377	79	450	1545	50	790	2713	21
120	412	13	460	1579	84	800	2747	55
130	446	48	470	1614	19	810	2781	90
140	480	82	480	1648	53	820	2816	24
150	515	17	490	1682	88	830	2850	59
160	549	51	500	1717	22	840	2884	93
170	583	85	510	1751	56	850	2919	27
180	618	20	520	1785	91	860	2953	62
190	652	54	530	1820	25	870	2987	96
200	686	89	540	1854	60	880	3022	31
210	721	23	550	1888	94	890	3056	65
220	755	58	560	1923	29	900	3091	00
230	789	92	570	1957	63	910	3125	34
240	824	27	580	1991	98	920	3159	68
250	858	61	590	2026	32	930	3194	03
260	892	95	600	2060	66	940	3228	37
270	927	30	610	2095	01	950	3262	72
280	961	64	620	2129	35	960	3297	06
290	995	99	630	2163	70	970	3331	41
300	1030	33	640	2198	04	980	3365	75
310	1064	68	650	2232	39	990	3400	10
320	1099	02	660	2266	73	1000	3434	44
330	1133	37	670	2301	07			
340	1167	71	680	2335	42			

ARGENT.

Valeur du kilo d'après le titre de l'essai,
le kilo d'Argent vierge étant de 218 fr. 89 c.

mill.	fr.	c.	mill.	fr.	c.	mill.	fr.	c.
10	2	19	350	76	61	690	151	03
20	4	38	360	78	80	700	153	22
30	6	57	370	80	99	710	155	41
40	8	76	380	83	18	720	157	60
50	10	94	390	85	37	730	159	79
60	13	13	400	87	56	740	161	98
70	15	32	410	89	74	750	164	17
80	17	51	420	91	93	760	166	36
90	19	70	430	94	12	770	168	55
100	21	89	440	96	31	780	170	73
110	24	08	450	98	50	790	172	92
120	26	27	460	100	69	800	175	11
130	28	46	470	102	88	810	177	30
140	30	64	480	105	07	820	179	49
150	32	83	490	107	26	830	181	68
160	35	02	500	109	44	840	183	87
170	37	21	510	111	63	850	186	06
180	39	40	520	113	82	860	188	25
190	41	59	530	116	01	870	190	43
200	43	78	540	118	20	880	192	62
210	45	97	550	120	39	890	194	81
220	48	16	560	122	58	900	197	00
230	50	34	570	124	77	910	199	19
240	52	53	580	126	96	920	201	38
250	54	72	590	129	15	930	203	57
260	56	91	600	131	33	940	205	76
270	59	10	610	133	52	950	207	95
280	61	29	620	135	71	960	210	13
290	63	48	630	137	90	970	212	32
300	65	67	640	140	09	980	214	51
310	67	86	650	142	28	990	216	70
320	70	04	660	144	47	1000	218	89
330	72	23	670	146	66			
340	74	42	680	148	85			

Unités des millièmes d'Or.

PRODUITS à AJOUTER	mill.	fr.	c.	mill.	fr.	c.
	1	3	43	6	20	61
	2	6	87	7	24	04
	3	10	30	8	27	48
	4	13	74	9	30	91
	5	17	17			

Unités des millièmes d'Argent.

PRODUITS à AJOUTER	mill.	fr.	c.	mill.	fr.	c.
	1	0	22	6	1	31
	2	0	44	7	1	53
	3	0	66	8	1	75
	4	0	88	9	1	97
	5	1	09			

Dixièmes des millièmes d'Or.

dix.	fr.	c.	dix.	fr.	c.	dix.	fr.	c.
1	0	34	4	1	37	7	2	40
2	0	69	5	1	72	8	2	75
3	1	03	6	2	06	9	3	09

POST - FACE

—

Ce petit volume contient toutes les notions générales ayant rapport aux comptes faits pour le prix de l'or et de l'argent et comptes faits pour la vente des lingots.

Mais comme il est impossible, dans un ouvrage de cette nature, de résoudre une foule de questions accidentelles qui peuvent se présenter à chaque instant, l'auteur se fera un véritable plaisir de répondre à toutes les demandes qui lui seront adressées sur cette matière.

— Imp. MICHELS-CARRÉ, passage du Caire, 8 et 10.

POST-FACE

Ce petit volume contient toutes les notions générales ayant rapport aux comptes faits pour le prix de l'or et de l'argent et comptes faits pour la vente des lingots.

Mais comme il est impossible, dans un ouvrage de cette nature, de résoudre une foule de questions accidentelles qui peuvent se présenter à chaque instant, l'auteur se fera un véritable plaisir de répondre à toutes les demandes qui lui seront adressées sur cette matière.

www.ingramcontent.com/pod-product-compliance
Ingram Content Group UK Ltd.
Pitfield, Milton Keynes, MK11 3LW, UK
UKHW022234120726
13694UKWH00002B/831